大数据与人工智能技术丛书

精编人工智能原理与实践

杨胜春 主 编

赵志珍 刘春玥 王亚楠 敖宏昌 副主编

清华大学出版社

北京

内 容 简 介

本书在全面覆盖人工智能框架知识的基础上,以精简内容、突出重点为准则,避免面面俱到。每一部分都是挑选经典、实用的知识内容,同时配有典型案例和源代码,将人工智能原理融会到典型案例中详细讲授,可以使初学者以较快的节奏学习、实践人工智能基础知识,重点掌握关键部分的常用算法,进而了解人工智能领域的知识轮廓。

全书共分7章:第1章为绪论,简要介绍人工智能发展历史和相关技术内容;第2章为知识表示和推理,着重讲授归结演绎推理和产生式系统;第3章为搜索技术,讲授典型的搜索技术,主要包括启发式搜索、博弈树搜索和遗传算法等;第4章为不确定知识表示与推理,主要讲授主观 Bayes 方法、可信度方法和证据理论;第5章为 Agent 技术,讲授 Agent 系统通信和移动 Agent 技术;第6章为神经网络,主要讲授反向传播神经网络和 Hopfield 神经网络;第7章为计算智能,讲授蚁群算法、粒子群优化和模拟退火等经典智能算法。

本教材适合计算机科学与技术、软件工程、智能科学与技术以及自动化等专业的本科生和研究生使用,也可供相关开发人员、广大科技工作者和研究人员参考。

图书在版编目(CIP)数据

精编人工智能原理与实践/杨胜春主编. —北京:清华大学出版社,2024.5
(大数据与人工智能技术丛书)
ISBN 978-7-302-66362-1

Ⅰ. ①精… Ⅱ. ①杨… Ⅲ. ①人工智能 Ⅳ. ①TP18

中国国家版本馆 CIP 数据核字(2024)第 107739 号

责任编辑:贾   斌
封面设计:刘   键
责任校对:徐俊伟
责任印制:沈   露

出版发行:清华大学出版社
    网 址:https://www.tup.com.cn,https://www.wqxuetang.com
    地 址:北京清华大学学研大厦 A 座   邮 编:100084
    社 总 机:010-83470000   邮 购:010-62786544
    投稿与读者服务:010-62776969,c-service@tup.tsinghua.edu.cn
    质量反馈:010-62772015,zhiliang@tup.tsinghua.edu.cn
    课件下载:https://www.tup.com.cn,010-83470236
印 装 者:涿州汇美亿浓印刷有限公司
经 销:全国新华书店
开 本:185mm×260mm 印 张:16   字 数:380 千字
版 次:2024 年 5 月第 1 版   印 次:2024 年 5 月第 1 次印刷
印 数:1~1500
定 价:49.80 元

产品编号:089637-01

前　言

　　人工智能（Artificial Intelligence，AI）是研究理解和模拟人类智能、智能行为及其规律的一门学科。主要任务是建立智能信息处理理论，进而设计可以展现某些近似于人类智能行为的计算系统。人类的许多活动，如下棋、竞技、解题、游戏、规划和编程，甚至驾车和骑车都需要"智能"。如果机器能够执行这种任务，就可以认为机器已具有某种性质的"人工智能"。

　　人工智能的理论和技术发展可以大体分为三个阶段。第一阶段：智能系统代替人类完成部分逻辑推理工作，可以在一定程度上减轻人类复杂推理的工作负担；第二阶段：智能系统能够和环境交互，从运行的环境中获取信息，代替人完成包括不确定性在内的部分思维工作，通过自身的动作，对环境施加影响，并能够根据环境的变化做出相应的适应性调整；第三阶段：智能系统具有类人的认知和思维能力，能够发现新的知识，去完成面临的任务，该阶段的智能主体具有自主的学习、判断、决策、行动等功能，在特定应用领域可以完全代替人类完成相应的工作。

　　人工智能自诞生之日起就引起了人们无限美丽的想象和憧憬，已经成为学科交叉发展中的一盏明灯，光芒四射，但其理论起伏跌宕，也存在争议和误解。人工智能技术发展到今天，其研究和应用领域极其广泛，例如自然语言处理、自动定理证明、智能数据检索系统、机器学习、模式识别、视觉系统、问题求解、人工智能方法和程序语言以及自动程序设计等。所有的研究和应用可以大体归纳为四个方面：智能感知、智能推理、智能学习和智能行动。

　　目前人工智能相关的书籍也较为丰富。大部分书籍力求从人工智能的发展、理论、算法、数学原理等全方位详细讲述，力求覆盖所有的知识点，这样做的结果不但使书本变得非常厚重，大部分内容常常泛泛而论，浅尝辄止，而且对具体常用的知识点缺乏实践应用和深入剖析，使得学习枯燥乏味、效率低下。本书针对高等学校本科或研究生教学学时有限的背景，精选人工智能领域常用的知识和技术编写而成，突出典型知识点的应用实践，以满足初学者在有限的时间内了解人工智能知识架构、掌握人工智能主要技能的需要。本书的主要特色有如下两点：

　　第一，尽量遵循人工智能知识架构，但不要求面面俱到。力求选择有代表性的知识点，进行深度剖析。

　　第二，充分注重理论知识的实践应用。力求在每个知识点的原理基础上，进行丰富的实践应用，包括具体问题的推理、证明、分析及源代码的实现等。

　　本书特别适合计算机科学与技术、智能科学与技术以及自动化等专业的本科生和研究生使用，可以使读者以较快的节奏学习、实践人工智能的基础知识，重点掌握关键部分的常用算法，进而了解人工智能领域的大概知识轮廓。

  人工智能的神秘性和应用宽广性吸引着众多青年学者的学习目光,但是由于较强的理论性和学科交叉性决定了其较高的学习门槛,大大增加了学习难度。当初学者捧着厚重的书籍,读着晦涩难懂的数学公式和枯燥的理论时,往往会望而却步。所以编者才编写了这部教程,将复杂的理论融会于一个个生动的实例中,进行深入讲解,使之通俗易懂,易于理解。本书覆盖了人工智能知识架构的大部分内容,但刻意避免面面俱到,坚持简约而不简单的原则,每部分内容只介绍经典的知识点,同时配有典型案例,注重知识点的精讲,非常适合初学者。

  此外,本书中尽量加入趣味性的案例,比如:井字棋游戏、取火柴问题、八皇后问题、函数优化问题、网球问题、基于 Agent 技术的分布式计算平台、BP 神经网络的二次函数模拟、蚊子分类、基于 Hopfield 神经网络的原始图像回忆、医疗诊断等。每个案例后面尽量提供实际编程代码,学习过程中可以轻松进行验证和二次开发。希望本书能够帮助读者打开人工智能领域的一扇大门,成为指引读者进阶的一盏明灯,祝愿读者阅读愉快!

编 者

2024 年 4 月

目　录

第 1 章

绪 论

人工智能(Artificial Intelligence,AI)是计算机科学中一门正在发展的综合、前沿学科,与计算机科学、信息论、控制论、数学、神经心理学、哲学和语言学等学科相互综合和渗透,是一门蓬勃发展的边缘学科。它的出现及所取得的成就引起了人们的高度重视,并得到了很高的评价。有的人把它与空间技术、原子能技术一起誉为 20 世纪三大学科技术成就之一,是继 3 次工业革命后的又一次革命。人们认为,前 3 次工业革命主要是延长了人手的功能,将人类从繁重的体力劳动中解放出来,而人工智能则延伸了人脑的功能,实现了脑力劳动的自动化。当今,随着计算机技术的日趋成熟,人工智能所涉及到的领域越来越广泛。

本章将讨论智能、人工智能的基本概念,并对人工智能的研究目标、研究内容、研究途径及研究领域进行简要的讨论。

1.1 人工智能的定义

作为一门学科,人工智能从正式诞生到现在已经有半个多世纪了,无论是在理论研究方面还是在技术应用方面,都取得了显著的成就,给人类生活和社会进步带来巨大影响。然而,随着相关学科的发展,人们对智能和人工智能的认识在不断变化,研究人工智能的方法和途径也在不断变化。所以,到目前为止,关于"人工智能"术语的科学定义,学术界一直没有给出完全统一的认识,为了理解的方便,这里介绍一些目前使用较多的定义。

1.1.1 人工智能

在了解人工智能之前,首先来了解什么是智能,智能的本质是什么,以及如何判定和度量智能。

智能(Intelligence)一词来源于拉丁语,字面意思是采集、收集、汇集,并由此进行选择,形成一个东西。人工智能活动的能力是什么含义,人们也是有共同认识的,一般而言,是指人类在认识世界和改造世界的活动中,由脑力劳动表现出来的能力。若更具体地描述人类智能活动,可概括为以下几点。

- 通过视觉、听觉及触觉等感官活动,接受并理解文字、图像、声音及语言等各种外界的"自然信息",这就是认识和理解环境世界的能力。
- 通过人脑的生理与心理活动以及有关的信息处理过程,将感性知识抽象为理性知识,并能对事物运动的规律进行分析、判断和推理,这就是提出概念、建立方法,进行演绎和归纳推理、做出决策的能力。
- 通过教育、训练和学习过程,日益丰富自身的知识和技能,这就是学习取得经验、积累知识的能力。
- 对变化多端的外界环境条件,如干扰、刺激等作用能灵活地作出反应,这就是自我适应的能力。
- 预测、洞察事物发展变化的能力,联想、推理、判断、决策的能力。

综合上述各种观点,可以认为智能是知识与智力的总和。其中,知识是一切智能行为的基础,而智力是获取知识并运用知识求解问题的能力,即在任意给定的环境和目标的条件下,正确制定决策和实现目标的能力,它来自人脑的思维活动。具体地说,智能具有下述特征:

1. 智能具有感知能力

感知能力是指人们通过视觉、听觉、味觉、触觉和嗅觉等感官器官感知外部世界的能力。人类的大脑具备感知能力,通过感知获取外部信息。如果没有感知,人类无法获取前提知识,也就不可能引发各种智能行为。因此,感官是智能活动的必要条件。

在人类的各种感知方式中,它们所起的作用是不完全一样的。据有关研究,大约80%以上的外界信息是通过视觉得到的,10%是通过听觉得到的,这表明视觉与听觉在人类感知中占有主导地位。这就提示我们,在人工智能的机器感知方面,主要应加强机器视觉及机器听觉的研究。

2. 智能具有记忆与思维能力

记忆和思维是人脑最重要的功能,没有记忆无法思维,而仅仅有思维是很有限的。记忆用于存储由感官器官感知到的外部信息以及由思维所产生的知识;思维用于对记忆的信息进行处理,利用已有的知识对信息进行分析、计算、比较、判断、推理、联想及决策等。思维是一个动态过程,是获取知识及运用知识求解问题的根本途径。思维可分为逻辑思维、形象思维以及在潜意识激发下获得灵感而"忽然开窍"的顿悟思维等。其中,逻辑思维和形象思维是两种基本的思维方式。

逻辑思维又称为抽象思维,它是一种根据逻辑规则对信息进行处理的理性思维方式,反映了人们以抽象的、间接的、概括的方式认识客观世界的过程。在此过程中,人们首先通过感觉器官获得对外部事物的感性认识,经过初步概括、知觉定势等形成关于相应事物的信息,存储于大脑中,供逻辑思维进行处理。然后,通过匹配选出相应的逻辑规则,并且作用于已经表示成一定形式的已知信息,进行相应的逻辑推理(演绎)。通常情况下,这种推理都比较复杂,不可能只用一条规则做一次推理就可解决问题,往往要对第一次推出的结果再运用新的规则进行新一轮的推理等。至于推理是否会获得成功,这取决于两个因素,一是用于推理的规则是否完备,二是已知的信息是否完善、可靠。如果推理规则是完备的,由感性认识获得的初始信息是完善、可靠的,则由逻辑思维可以得到合理、可靠的结论。逻辑思维具有如下特点:

(1) 依靠逻辑进行思维。

(2) 思维过程是串行的,表现为一个线性过程。

(3) 容易形式化,其思维过程可以用符号串表达出来。

(4) 思维过程具有严密性、可靠性,能对事物未来的发展给出逻辑上合理的预测,可使人们对事物的认识不断深化。

形象思维又称为直感思维,它是一种以客观现象为思维对象、以感性形象认识为思维材料、以意象为主要思维工具、以指导创造物化形象的实践为主要目的的思维活动。在思维过程中,它有两次飞跃,首先是从感性形象认识到理性形象认识的飞跃,即把对事物的感觉组合起来,形成反映事物多方面属性的整体性认识(即知觉),再在知觉的基础上形成具有一定概括性的感觉反映形式(即表象),然后经形象分析、形象比较、形象概括及组合形成对事物的理性形象认识。思维过程的第二次飞跃是从理性形象认识到实践的飞跃,即对理性形象认识进行联想、想象等加工,在大脑中形成新意象,然后回到实践中,接受时间的检验。这个过程不断循环,就构成了形象思维从低级到高级的运动发展。形象思维具有如下特点:

(1) 主要是依据直觉,即感觉形象进行思维。

(2) 思维过程是并行协同式的,表现为一个非线性过程。

(3) 形式化困难,没有统一的形象联系规则,对象不同,场合不同,形象的联系规则亦不相同,不能直接套用。

(4) 在信息变形或缺少的情况下仍有可能得到比较满意的结果。

由于逻辑思维与形象思维分别具有不同的特点,因而可分别用于不同的场合。当要求迅速做出决策而不要求十分精确时,可用形象思维,但当要求进行严格的论证时,就必须用逻辑思维;当要对一个问题进行假设、猜想时,需用形象思维,而当要对这些假设或猜想进行论证时,则要用逻辑思维。人们在求解问题时,通常把这两种思维方式结合起来使用,首先用形象思维给出假设,然后再用逻辑思维进行论证。

顿悟思维又称为灵感思维,它是一种显意识与潜意识相互作用的思维方式。在工作及日常生活中,我们都有过这样的体验:当遇到一个问题无法解决时,大脑就会处于一种极为活跃的思维状态,从不同角度用不同方法去寻求问题的解决方法,即所谓的"冥思苦想"。突然间,有一个"想法"从脑中涌现出来,它沟通了解决问题的有关知识,使人"茅塞顿开",问题迎刃而解。像这样用于沟通有关知识或信息的"想法"通常被称为灵感。灵感也是一种信息,它可能是与问题直接有关的一个重要信息,也可能是一个与问题并不直接相关、且不起眼的信息,只是由于它的到来"捅破了一层薄薄的窗户纸",使解决问题的智慧被启动起来。顿悟思维具有如下特点：

（1）具有不定期的突发性。

（2）具有非线性的独创性及模糊性。

（3）它穿插于形象思维与逻辑思维之中，起着突破、创新、升华的作用。它比形象思维更复杂，至今人们还不能确切地描述灵感的具体实现以及它产生的机理。

最后还应该指出的是，人的记忆与思维是不可分的，它们总是相随相伴的，其物质基础都是由神经元组成的大脑皮质，通过相关神经元此起彼伏的兴奋与抑制实现记忆与思维活动。

3. 智能具有学习能力、自适应能力及行为能力

学习能力是指通过指导、实践等过程来丰富自身的知识和技巧的能力；自适应能力是指在各种环境下（如干扰等）都能保持同等效率的能力；行为能力是指可以将所反馈到的信息输出的能力。学习是人的本能，每个人随时随地都在学习，既可能是自觉的、有意识的，也可能是不自觉、无意识的。人人都可以通过与环境的相互作用不断学习，并通过学习积累知识、增长才干，适应环境的变化。在这里，由于个体本身都是不相同的，其学习、适应能力也是不相同的，因此体现出不同的智能差异。人们常会对外界的刺激作出反应，并传达某个信息，比如手被开水烫到，手自然会快速收回。行为能力的这种表现形式是受神经系统的控制的，神经系统是正常的，人们的行为能力才会正常，否则手被开水烫到也没有反应。因此智能要具备行为能力，必须是无故障的智能。

总之，智能体现在知识表示和知识运用上，将人类的智能转移到机器的智能上，需要对其进行必要的了解，以便于进一步地研究讨论。

人工智能是研究理解和模拟人类智能、智能行为及其规律的一门学科。其主要任务是建立智能信息处理理论，进而设计可以展现某些近似于人类智能行为的计算系统。

学者们从不同的角度、不同的层面给出了各自的定义。

（1）人工智能是那些与人的思维相关的活动，诸如决策、问题求解和学习等的自动化（Bellman，1978）。

（2）人工智能是研究怎样让计算机模拟人脑从事推理、规划、设计、思考、学习等思维活动，解决至今认为需要由专家才能处理的复杂问题（Elaine Rich，1983）。

（3）人工智能是研究如何让计算机做现阶段只有人才能做好的事情（Rich Knight，1991）。

（4）人工智能是那些使知觉、推理和行为成为可能的计算的研究（Winston，1992）。

（5）广义地讲，人工智能是关于人造物的智能行为，而智能行为包括知觉、推理、学习、交流和在复杂环境中的行为（Nilsson，1998）。

（6）人工智能定义分为4类：像人一样思考的系统、像人一样行动的系统、理性地思考的系统、理性地行动的系统。这里"行动"应广义地理解为采取行动，或制定行动的决策，而不是肢体动作（Struct Russell 和 Peter Norving，2003）。

智能机器（intelligent machine）是能够在各类环境中自主地或交互地执行各种拟人任务的机器。

人工智能能力是智能机器所执行的通常与人类智能有关的智能行为,如判断、推理、证明、识别、感知、理解、通信、设计、思考、规划、学习和问题求解等思维活动。

1.1.2 计算机与人工智能

最初研制计算机的目的就是为了模拟人类大脑的计算、处理功能而能够高速、高效地处理重复的事件,将来计算机的功能也一定会与人脑的功能越来越接近。

人的大脑分成左右两个半球,即左脑和右脑,它们各有不同的功能。一般来说,左脑主要负责逻辑推理、计算和存储,而右脑负责音乐、绘画等形象思维。应该说,如果计算机能够分别完成左脑和右脑的功能,再有一个负责协调的系统,就可以像人脑一样思考,但问题不只是这些。人脑具有自学习、自纠错功能,当有新的突发事件发生时,人脑能够根据已有的经验做出推理和判断,也就是人们常说的"随机应变"。IBM 公司曾研制了"深思"和"深蓝"等号称世界上最"聪明"的计算机来与国际象棋世界冠军对弈,虽然最后战胜了人,但在对弈期间,有许多专家在不停地对计算机进行调试,如果单靠计算机自己来计算,布局阶段可能还能支撑,可当人走出一些从未有过的变招时,计算机就会不知所措了。

人工智能研究者认识到,几乎全部的人类智能活动的详细步骤是未知的,这标志着人工智能开始作为计算机科学的一个分支出现。他们对各种不同的计算和计算描述方法进行了研究,力图既要创造出智能的人工制品,又要理解智能是什么。他们的基本思想是:人类的智能最好用人工智能程序来描述。

人类的智能活动伴随着人类活动到处存在。如果计算机能够执行如下棋、猜谜语等任务,就认为这类计算机具有某种程度的"人工智能"。考虑下棋的计算机程序,现有程序是十分熟练的、具有人类"专家"棋手水平的最好实验系统,但是下得没有人类国际象棋大师那样好。该计算机程序对每个可能的走步空间进行搜索,即考虑比赛中可供选择的各种走步以及它们后面的几步,就像人类棋手所考虑的一样。计算机能够同时搜索几千种走步,而人类棋手只能考虑十来步左右。计算机不能战胜最好的人类棋手的原因在于:"向前看"不是下棋所具有的一切,如果彻底搜索的话,走步太多;而替换走步也并不能保证一定能够导致比赛的胜利。人类棋手在不必彻底搜索走步的情况下也能够胜利,这是人类专家所具有的不能解释的能力之一。

最简单地说,用计算机来表示和执行人类的智能活动就是人工智能,没有计算机的出现,人工智能就无法得到应用。

作为机器思维的人工智能与作为人类思维的人类智能:两者之间具有本质区别:

(1) 二者的物质载体不同。人类智能的物质载体是人的大脑,人工智能的物质载体则是计算机这一人脑的模拟物。

(2) 二者的活动规律不同。人脑的活动,是按照高等生物的高级神经活动规律进行的;计算机则是按照机械的、物理的和电子的活动规律进行的。二者的差别不是程度上的差别,而是本质上的差别。

(3) 人类认识世界和改造世界的活动是有目的、能动的,在与外部环境的物质、能量和信息交换过程中,能够根据环境的变化不断调整自身,具有适应性。而人工智能是无意识、无目的的,没有主观能动性和适应性,只能按照人为它制定的程序进行,机械地模拟人的智力活动,却毫不理解这一活动,更不会提出新问题、研究新问题、解决新问题。

(4) 人类智能或人类的认识能力,只是人类意识的一个因素。人的认识的产生和形成不只是人的认识能力所致,还包括情感、情绪、意志及性格等因素的综合作用。人工智能则是对人的认识能力的一部分——逻辑、理性的模拟,不具备其他因素。

可以说,人类智能的局限性正是人工智能的优越性所在,人工智能的局限性正是人类智能的优越性,"人在质的思考方面胜过机器,而机器则在量的方面胜过人"。二者是互补互动的。人类发明计算机的动因,正是基于对人脑的一些局限性的认识,以及在科学研究与生产实践中,解决用人力很难解决的问题的迫切需要。人工智能的产生和发展为人类智能提供了新的时间和空间尺度,给人类提供了一个新的创造领域。随着技术的进步,计算机应用的深度和广度不断发展,许多原本是人类思维独占的领域,也开始应用人工智能,如专家系统、模式识别、定理证明、问题求解及自然语言理解等。但是,如果由此认为计算机的应用不存在一个技术性的界限,认为人工智能可以代替人的思维,则是没有依据的。

1.2 人工智能的发展

"人工智能"自从在 1956 年达特茅斯学会上被提出,人工智能的概念也随之扩展。在它还不长的历史中,其发展比预想的要慢,但一直在前进。从出现到现在,已经出现了许多人工智能程序,并且它们也影响到了其他技术的发展。

1.2.1 人工智能的形成期

虽然计算机为人工智能提供了必要的技术基础,但直到 20 世纪 50 年代早期人们才注意到人类智能与机器之间的联系。维纳(Wiener)是最早研究反馈理论的专家之一。最常见的反馈控制的例子是自动调温器,它将收集到的房间温度与希望达到的温度比较,并做出反应将加热器开大或关小,从而控制环境温度。这项发现与反馈回路的研究的重要性在于:维纳从理论上指出,所有的智能活动都是反馈机制的结果,而反馈机制是有可能用机器模拟的。所以这项发现对早期人工智能的发展影响很大。

图灵证明了使用一种简单的计算机制理论上能够处理所有问题,从而奠定了计算机的理论基础,并且他也因此而成名。不仅如此,在 1950 年杂志上,他预言了简单的计算机能够回答人的提问,能够下棋。麻省理工学院的香农(C. E. Shannon)于 1949 年提出了能够下国际象棋的计算机程序的基本结构。卡内基-梅隆大学(CMU)的纽厄尔(A. Newell)和西蒙(H. Simon)从心理学的角度研究人是怎样解决问题的,做出了问题求解的模型,并用计算机加以实现。他们发展了香农的设想,编制了下国际象棋的程序。

1955 年末,纽厄尔和西蒙编写了一个名为"逻辑专家"(Logic Theorist)的程序。这个程序被许多人认为是第一个人工智能程序。它将每个问题都表示成一个树形模型,然后选择最可能得到正确结论的那一支来求解问题。"逻辑专家"对公众和人工智能研究领域产生的影响使它成为人工智能发展中一个重要的里程碑。

达特茅斯会议后的 7 年中,人工智能研究开始快速发展。虽然这个领域还没明确定义,但会议中的一些思想已被重新考虑和使用了。卡内基-梅隆大学和 MIT 开始组建人工智能研究中心。而研究也面临着新的挑战,下一步需要建立能够更有效解决问题的系统,例如在"逻辑专家"中减少搜索,还有就是建立可以自我学习的系统。

1957 年,一个新程序"通用解题机"(GPS)的第一个版本通过了测试。这个程序是由制作"逻辑专家"的同一个组开发的。GPS 扩展了维纳的反馈原理,可以解决很多常见的问题。两年以后,IBM 成立了一个 AI 研究组,Herbert Celerneter 花 3 年时间制作了一个解几何定理的程序。

MIT 的麦卡锡在理论研究的基础上,在 1960 年设计了 LISP 程序设计语言,这是一种适用于字符串处理的语言。字符串处理的重要性是从纽厄尔等人编制问题求解程序时得到认识的,那时他们使用的语言即是 LISP 的前身。麦卡锡的 LISP 成为后来的 AI 研究所用语言的基础。

在 MIT,研究人员们使用 LISP 编制了几个问答系统。博布罗(D. Bobrow)开发了解决用英文书写的代数应用问题的 STUDENT 系统,问题本身是高中程度的,是采用自然语言描述的。拉斐尔(B. Raphal)开发了能够存储知识、回答问题的语义信息检索(Sematic Information Retrieval,SIR)系统,如果告诉它"人有两个胳膊","一个胳膊连着一只手"和"一只手上有五个手指",它就能够正确地回答"一个人有几个手指"等问题。虽然输入句型受到严格的限制,但它能够通过推理来回答问题。

在逻辑学方面,鲁滨逊(J. A. Robinson)发表了使用逻辑表达式表示的公理和机械地证明给定的逻辑表达式的方法,被称为归结原理,对后来的自动定理证明和问题求解的研究产生了很大的影响。现在著名的程序设计语言 PROLOG 也是以归纳原理为基础的。

当人工智能各领域的基础建立起来时,美国各主要研究所开始研究综合了各种技术的智能机器人。以明斯基为指导者的 MIT,麦卡锡所在的斯坦福大学,从 MIT 转来的拉斐尔率领的 SRI(当时的斯坦福研究所,现在的名称是国际 SRI)是研究的中心。在各个研究所,智能机器人的研究目标多少有所不同。在 MIT 和斯坦福大学,着重于观察、识别积木,制作简单的结构体等,而 SRI 研究的机器人 Shakey 能够观察房间,躲开障碍物,移动、推运物体等。给机器人下达简单的命令,如"把物体 B 拿到房间 A 去",机器人自己就能制出详细的作业计划。研究智能机器人的目的不在于创造能代替人工作的机器人,而在于证实人工智能的能力。与研究智能机器人的发展同步,问题求解的理论研究也在发展,和机器人没有很直接关系的复杂作业过程的研究也在发展。此外,利用积木的边线确定三维积木的理论也建立起来了。

在这个时期最大的人工智能研究成果是涉及语义处理的自然语言处理(英语)的研究。MIT 的研究生威诺格拉德(T. Winograd)开发了能够在机器人世界进行会话的自然语言系统 SHRDLU。它不仅能分析语法,而且能够语义分析和解释意义不明确的句子,对提问通过推理进行回答。第一届人工智能国际会议也得以召开,人工智能作为一个学术领域得到了承认。

斯坦福大学成立了人工智能实验室,SRI 也成立了推进 AI 课题的组织。卡内基-梅隆大学在稍微晚些时候,大概 1970 年左右开始在计算机系内研究人工智能。MIT、斯坦福大学和 CMU 被称为人工智能和计算机科学的三大中心。

1.2.2　人工智能的发展期

从 1970 年初到 1979 年左右,人工智能得到了广泛的发展和应用。在计算机视觉方面的研究中,人工智能的研究不仅包括机器人识别积木和室内景物的方法,而且还包括处理机械零件、室外景物、医学相片等对象所使用的视觉信息。这种视觉信息不仅包括颜色深度,还包括不同的颜色和距离。在机器人的控制方面,使用触觉信息和受力信息,控制机械手的速度和力度。

受威诺格拉德研究的影响,自然语言的研究多了起来。与 SHRDLU 那样局限于机器人世界的系统相比,后来的研究则把重点放在处理较大范围的自然语言上。人在使用语言交流思想的时候,是以对方具有某种程度的知识为前提的。因此,会话中省略了对方能够正确推断的内容。而计算机为了理解人的语言,需要具有许多知识。因此,需要研究如何在计算机内有效地存储知识,并且根据需要使用它。

在自然语言理解和计算机视觉的领域,明斯基考察了知识表示和使用方法的各种实现方法,于 1947 年提出名为“框架”的知识表示方法,作为各种方法共同的基础。框架理论为许多研究者所接受,出现了支持使用框架的程序设计语言(Frame Representation Language,FRL)。转入斯坦福大学的威诺格拉德和附近 Xerox 研究所的博布罗共同开发了基于框架的知识表示语言(Knowledge Representation Language,KRL),作为其应用,开发了用自然语言回答问题,制订旅行计划的系统。

以知识利用为中心的另一研究领域是知识工程。它通过把熟练技术人员或医生的知识存储在计算机内,用以进行故障诊断或者医疗诊断。1973 年费根鲍姆在斯坦福大学开始研究 HPP(启发式程序设计计划),研究其在医学方面的应用,几年间试制了几个系统,其中最有名的是肖特利夫(E. Shortliff)开发的 MYCIN 系统。肖特利夫从哈佛大学数学系毕业后,考入斯坦福大学医学系取得了医师的资格。同时,和费根鲍姆等人协作,三年间完成了 MYCIN 的研究。MYCIN 采用与自然语言相近的语言进行对话,具有解释和推理的功能,为后来的研究提供了一个样本。

在这样的背景下,在 1977 年的第五届人工智能国际会议上,费根鲍姆提议使用“知识工程”这个名词。他说:“人工智能研究的知识表示和知识利用的理论,不能直接地用于解决复杂的实际问题。知识工程师必须把专家的知识变换成易于计算机处理的形式加以存储。计算机系统通过利用知识进行推理的方式来解决实际问题。”从此以后,处理专家知识的知识工程和利用知识工程的应用系统(专家系统)大量涌现。专家系统可以预测在一定条件下某种解的概率。由于当时计算机已有巨大容量,专家系统有可能从数据中得出规律。专家系统的市场应用很广,十年间,专家系统被用于股市预测,帮助医生诊断疾病,以及指示矿工确定矿藏位置等。这一切都是因为专家系统存储规律和信息的能力能够对世纪问题的解决提供帮助。

1.2.3　人工智能的成熟期

进入 20 世纪 80 年代以来,人工智能的各种成果已经作为实用产品出现。在实用这一点上,出现最早的是工厂自动化中的计算机视觉、产品检验、IC 芯片的引线焊接等方面的应用,从 20 世纪 70 年代后期开始普及。但这些都是各公司为了在公司内部使用,作为一种生产技术所开发的,而其作为一种产品进入市场还是 20 世纪 80 年代以后的事情。例如,20 世纪 70 年代 SRI 开发的计算机视觉系统,进入 20 世纪 80 年代以后,由风险投资企业机器智能公司商品化。

典型的人工智能产品最早要算 LISP 机,其作用是用高速专用工作站把以往在大型计算机上运行的人工智能语言 LISP 加以实现。MIT 从 1975 年左右开始试制 LISP 机,作为一个副产品,一部分研究者成立了公司,最早把 LISP 机商品化。美国主要的人工智能研究所最先购入 LISP 机,用户的范围逐渐扩大。再者,各种程序设计语言也商品化了。除此之外,还有作为人机接口的自然语言软件(英语)、CAI(Computer Aided Instruction)、具有视觉的机器人等。在各公司内部使用的产品中,GE 公司的机车故障诊断系统和 DEC 公司的由计算机构成的辅助系统是最有名的。

此外,随着专家系统应用的不断深入,专家系统自身存在的知识获取难、知识领域窄、推理能力弱、智能水平低、没有分布式功能、实用性差等问题逐步暴露出来。日本、美国、英国和欧洲所制订的那些针对人工智能的大型计划多数执行到 20 世纪 80 年代中期就开始面临重重困难,已经可以看出达不到预想的目标。1992 年,第五代计算机(FGCS)正式宣告失败。进一步分析便能够发现,这些困难不只是个别项目的制定有问题,其失败已经涉及了人工智能研究的根本性问题。

总的来讲困难主要来自两个方面,一是所谓的交互(Interaction)问题,即传统方法只能模拟人类深思熟虑的行为,而不包括人与环境的交互行为;另一个问题是扩展(Scaling up)问题,即所谓的大规模的问题,传统人工智能方法只适用于建造领域狭窄的专家系统,不能把这种方法简单地推广到规模更大、领域更宽的复杂系统中去。这些计划的失败,对人工智能的发展是一个挫折。于是到了 20 世纪 80 年代中期,AI 特别是专家系统热大大降温,进而导致了部分人对 AI 前景持悲观态度,甚至有人提出 AI 的冬天已经来临。

尽管 20 世纪 80 年代中期人工智能研究的淘金热跌到谷底,但大部分 AI 研究者都还保持着清醒的头脑。一些老资格的学者早就呼吁不要过于渲染 AI 的威力,应多做些脚踏实地的工作,甚至在淘金热到来时就已预言其很快就会降温。也正是在这批人的领导下,大量扎实的研究工作还在不断地进行着,从而使 AI 技术和方法论的发展始终保持了较高的速度。

20 世纪 80 年代中期的降温并不意味着 AI 研究停滞不前或遭受重大挫折,因为过高的期望未达到是预料中的事,不能认为是受到挫折。从此以后,AI 研究进入稳健的线性增长时期,而人工智能技术的实用化进程也步入成熟时期。

1.3 人工智能的研究目标及基本内容

1.3.1 人工智能的研究目标

关于人工智能的研究目标,在由 MIT 不久前出版的新书 *Artificial Intelligence at MIT. Expanding Frontiers* 中作了明确的论述:"它的中心目标是使计算机有智能,一方面是使它们更有用,另一方面是理解使智能成为可能的原理。"显然,人工智能的研究的目标是构造可实现人类智能的智能计算机或智能系统。它们都是为了"使得计算机有智能",为了实现这一目标,就必须开展"使智能称为可能的原理"的研究。

人工智能研究的近期目标是使现有的电子数字计算机更聪明、更有用,使它不仅能执行一般的数值计算及非数值信息的数据处理,而且能运用知识处理问题,能模拟人类的部分智能行为。针对这一目标,人们就要根据现有计算机的特点研究实现智能的有关理论、技术和方法,建立相应的智能系统。例如目前研究开发的专家系统、机器翻译系统、模式识别系统、机器学习系统、机器人等。

研制智能机器,使它不仅能模拟而且可以延伸、扩展人的智能,是人工智能研究的根本目标。为实现这个目标,就必须彻底搞清楚使智能成为可能的原理,同时还需要相应硬件及软件的密切配合,这涉及到脑科学、认知科学、计算机科学、系统科学、控制论、微电子学等多种学科,依赖于它们的协同发展。但是,这些学科的发展目前还没有达到所要求的水平。就以目前使用的计算机来说,其体系结构是集中式的,工作方式是串行的,基本原件是二态逻辑,而且刚性连接的硬件与软件是分离的,这就与人类智能中分布式的体系结构、串行与并行共存且以并行为主的工作方式、非确定性的多态逻辑等不相适应。因此,可把构造智能计算机作为人工智能研究的远期目标。

人工智能研究的远期目标与近期目标是相辅相成的。远期目标为近期目标指明了方向,而近期目标的研究则为远期目标的最终实现奠定了基础,做好了理论及技术上的准备。另外,近期目标的研究成果不仅可以造福于当代社会,还可进一步增强人们对实现远期目标的信息,消除疑虑。人工智能的创始人麦卡锡曾经告诫说:"我们正处在一个让人们认为是魔术师的局面,我们不能忽视这种危险。"这大概也是为了强调近期研究目标的重要性,希望以更多的研究成果证明人工智能是可以实现的,它不是虚幻的。

最后还应该指出的是,近期目标与远期目标之间并无严格的界限。随着人工智能研究的不断深入、发展,近期目标将不断地变化,逐步向远期目标靠近,近年来在人工智能各个领域中所取得的成就充分说明了这一点。

1.3.2 人工智能研究的基本内容

人工智能面临各种各样的智能问题的求解,所以其研究内容十分丰富。人工智能有多种研究领域,各个领域的研究重点互不相同。另外,在人工智能的不同发展阶段,研究的侧重点也有区别,那些本来是研究重点的内容,一旦理论及技术上的问题都得到了解决,就不再成为研究内容。因此只能在较大的范围内讨论人工智能的基本研究内容。结合人工智能的远期目标,人工智能的基本研究内容包括以下几个方面。

1. 知识表示

知识表示就是将人类知识形式化或者模型化,即对知识的一种描述,或者说是一组约定,一种计算机可以接受的用于描述知识的数据结构。对于知识表示方法的研究,离不开对知识的研究与认识。由于目前对人类知识的结构及机制还没有完全搞清楚,因此关于知识表示的理论及规范还没有建立起来。但是,人们在对智能系统的研究和建立过程中,还是结合具体领域提出了一些知识的表示方法。这些方法大概可以分为两大类：符号表示法和连接机制表示法。

符号表示法是用各种包含具体含义的符号，以各种不同的方式和顺序组合起来表示知识的一类方法。它主要用来表示逻辑性知识。连接机制表示法是用神经网络表示知识的一种方法。它把各种物理对象按不同的方式及顺序连接起来，并在其间相互传递及加工各种包含具体意义的信息，以此来表示相关的概念和知识。相对符号表示法而言，连接机制表示法是一种隐式的表示知识的方法。

2. 机器感知

机器感知就是使机器(计算机)具有类似于人的感知能力，其中以机器视觉与机器听觉为主。机器视觉是让机器能够识别并理解文字、图像、物景等；机器听觉是让机器能识别并理解语言、声响等。

机器感知是机器获取外部信息的基本途径，是使机器具有智能不可缺少的组成部分，正如人的智能离不开感知一样，为了使机器具有感知能力，就需要为它配置上能"听"、会"看"的感觉器官，对此人工智能中已经形成了两个专门的研究领域，即模式识别与自然语言理解。

3. 机器思维

机器思维是指对通过感知得来的外部信息及机器内部的各种工作信息进行有目的的处理。正像人的智能是来自大脑的思维活动一样，机器智能也主要是通过机器思维实现的。因此，机器思维是人工智能研究中最重要、最关键的部分。为了使机器能模拟人类的思维活动，使它能像人那样既可以进行逻辑思维，又可以进行形象思维。

机器思维有如下特点。

(1) 包含意义不明确或不确定信息的各种复杂情况的集成。

(2) 主动获取必要的信息和知识，通过归纳学习范化知识。

(3) 系统本身能适应用户和环境的变化。

(4) 根据处理对象系统进行自组织。

(5) 容错处理能力。

4. 机器学习

人类具有获取新知识、学习新技巧，并在实践中不断完善、改进的能力，机器学习就是使计算机具有这种能力。人们可以把有关知识归纳、整理在一起，并用计算机可接受的、处理的方式输入到计算机中去，使计算机具有知识。显然，这种方法不能及时更新知识，特别是计算机不能适应环境的变化。为了使计算机能有智能，必须使计算机像人类那样，具有获得新知识、学习新技巧、并在实践中不断完善、改进的能力，最终实现自我完善。

5. 机器行为

与人的行为能力相对应，机器行为主要是指计算机的表达能力，即"说""写"及"画"等能力。对于智能机器人,它还应该具有人的四肢能力,即能走路、取物及能操作等。

感知能力可以使机器人认识对象和环境,但解决问题还要依靠规划功能拟定行动计划步骤和动作序列。例如,给定工作装配任务,机器人按照上面步骤去操作每个工作。在杂乱的环境下,机器人如何寻求避免与障碍碰撞的路径,去接近某个目标。机器人规划系统的基本任务是:在一个特定的工作区域中自动生成从初始步骤到结束步骤的动作序列、运动过程等控制程序。例如,自然语言生成,用计算机等模拟人说话的行为;机器人行为规则,模拟人的动作行为;倒立摆智能控制,模拟杂技演员的平衡控制行为;机器人的协调控制,模拟人的运动协调控制行为等。

除此之外,为了实现人工智能的近期目标及远期目标,还要建立智能系统及智能机器,开展对模型、系统分析与构造技术、建造工具及语言等的研究。

1.4 人工智能的研究方法

随着人工智能的不断发展,人工智能的研究出现了多种途径和方法,也称为人工智能的学派或流派。以下给出基于不同的划分方法下的学派或流派。

1.4.1 传统划分方法

目前,多数观点采用如下的划分:符号主义学派、连接主义学派和行为主义学派。

1. 符号主义学派

符号主义(Symbolism)学派也称心理学派、计算机学派、功能学派、逻辑学派、宏观结构学派。

符号主义是以人脑的心理模型为依据,将问题或知识表示成某种符号,采用符号推演的方法,宏观上模拟人脑的推理、联想、学习、计算等功能,实现人工智能。

符号主义的研究主要是基于 Simon(西蒙)提出的物理符号系统假设。物理符号系统由三部分组成:

(1)一组符号:对应于客观世界的某些物理模型。

(2)一组结构:由以某种方式相关联的符号的实例所构成。

(3)一组操作:包括输入、输出、存储、复制、条件转移和建立符号结构,它们可作用于符号结构并产生另一些符号结构。

在这个定义下,一个物理符号系统就是能够逐步生成一组符号的产生器。人的认知是符号,人的认知过程是符号操作过程。按照 Simon 的说法,知识的基本元素是符号,智能的基础依赖于知识。任何一个物理符号系统,如果是有智能的,则肯定能执行对符号的输入、输出、存储、复制、条件转移和建立符号结构这六种操作。反之,能执行这六种操作的任何系统,也就一定能够表现出智能。根据这个假设,可以推出以下结论:人是具有智能的,因此,人是一个物理符号系统;计算机是一个物理符号系统,因此,它必具有智能;由此可以说,计算机能模拟人,或者说能模拟人的大脑功能。

符号主义是从人的思维过程的心理特性出发,探索智能活动的心理过程,从宏观上模拟人的思维活动。人工智能的大多数研究成果都基于这一研究方法取得,因此,符号主义学派也被认为是人工智能的主流学派。专家系统就是其代表性成果,其成功得益于专家系统侧重于应用专业领域知识,而避开了符号主义所遇到的"常识"问题的障碍,以及不确知事物的知识表示和问题求解等难题,而这些难题正是符号主义学派受到其他学派的批评与否定的"软肋"。

2. 连接主义学派

连接主义(Connectionism)学派也称生理学派、仿生学派、微观结构学派。

连接主义学派不仅要求机器产生的智能和人相同,产生的过程和机理也应该相同。人或某些动物所具有的智能皆源自大脑,通过对大脑微观结构的模拟达到对智能的模拟,这是一条很自然的研究人工智能的途径。因此,这一学派的研究重点是人脑结构及活动规律,通过对生物神经系统结构的模拟,即用人工神经元(神经细胞)组成的人工神经网络来作为信息和知识的载体,实现学习、记忆、联想、计算和推理等功能,从而模拟人脑的智能行为,使计算机表现出某种智能。这种方法也称为神经计算。

连接主义学派是以人脑的生理模型为依据,探索人的认知过程,从微观上模拟人的思维活动。人工神经网络是其成功的代表作,但它仅是对生物的世纪神经系统相当粗浅的模拟。因此,连接主义学派的进一步发展和突破将很大程度上依赖于生命科学、脑科学等众多学科的进展,相信在不久的将来会迎来一片新天地。

3. 行为主义学派

行为主义(Actionism)学派也称进化主义学派、控制论学派、实用技术学派。

行为模拟是模拟人在控制过程中的智能活动和行为特性,如自适应、自寻优、自学习、自组织等,以此来研究和实现人工智能。

以美国麻省理工学院人工智能实验室教授布鲁克斯(R. Brooks)为首的研究小组认为,智能取决于感知和行动,智能行为可以不需要知识,对符号主义提出了尖刻的质疑,甚至提出了"无需知识表示的智能、无需推理的智能"的口号。他们认为传统人工智能中知识的形式化和模型化方法是人工智能的重要障碍之一。智能只是在与环境的交互作用中表现出来,所构建的智能系统在形式世界中应具有行动和感知的能力。智能系统的能力应该分阶段逐渐增强,在每个阶段都是一个完整的系统。

行为主义学派的研究观点是采用使用行为来模拟人类智能,因此也称之为实用技术学派。它是一种基于"感知-行为"或"激励-响应"模型的研究途径和方法,并基于这种工作模式来建立实用工程装置。

行为主义学派的代表人物是麻省理工学院的布鲁克斯教授,其代表作是六足机器虫。

上述三种研究途径都有各自的优缺点,它们的完美结合才是人工智能研究的明智之举。

1.4.2　现代划分方法

近年来,人工智能的新进展又开辟了许多新的研究途径和方法,促进了广义人工智能的形成和发展。何华灿教授认为,广义人工智能有许多不同的发展源头,它们的共同特征是以模拟自然智能为手段,以制造比较聪明的智能机器为目的。用宏观的观点梳理这些源头,大致又可以划分为如下三大流派。

1. 符号智能流派

符号智能流派由心理学派、认知学派、语言学派、计算机学派、逻辑学派和数学学派等汇集而成。如前面所述,本流派的共同特征是对智能和人工智能持狭义的观点,侧重于研究任何利用计算机软件来模拟人的抽象思维过程,并把思维过程看成一个抽象的符号处理过程。五十多年来符号主义在人工智能中一直占有霸主地位。

2. 计算智能流派

计算智能流派是连接主义、行为主义、进化计算、免疫计算和模糊计算等学派的统称。它们与符号智能流派完全不同,计算机智能又重新回到依靠数值计算解决问题的轨道上来,它是对符号智能中符号推演的再次否定。连接主义学派的复兴大有夺取人工智能霸主地位之势,但人脑的神经元内部结构及构成的网络的超复杂结构,暴露了完全利用简单的人工神经网络来模拟人脑的高级功能的局限性。

3. 群体智能流派

群体智能流派由多智能体系统、生态平衡、细胞自动机、蚁群算法和微粒群算法等组成。它认同智能同样可以表现在群体的整体特性上,群体中每个个体的智能虽然很有限,但通过个体之间的分工协作和相互竞争,可以表现出很高的智能。这个流派形成晚,虽然年轻,却极有发展前途,它用生态系统的观点看待智能,相信团结就是力量。

根据广义智能观,国内的钟义信、何华灿和涂序彦等人在这三个流派的基础上提出了"机制主义",它以泛逻辑学为基础,以研究一切可以把信息转化为知识、把知识转化为智能的机制为支柱,并注重在顶层进行多智能体之间和多机制之间的统一协调。

人工智能研究途径或学派的划分随着人工智能的发展而不断变化,正说明了人们对智能、人工智能的认识在不断地深入,人工智能是一个蓬勃发展、前景广阔的学科。

1.5　人工智能的基本技术

尽管人工智能还是一个正在发展中的学科,尚未形成完整的理论体系,但就其目前各个分支领域的研究内容来看,人工智能的基本技术大概有以下几种。

1.5.1　推理技术

几乎所有的人工智能领域都要用到推理,因此,推理技术是人工智能的基本技术之一。需要指出的是,对推理的研究往往涉及到对逻辑的研究。逻辑是人脑思维的规律,也是推理的理论基础。机器推理或人工智能用到的逻辑,主要包括经典逻辑中的谓词逻辑和由它经某种扩充、发展而来的各种逻辑。后者通常称为非经典或非标准逻辑。经典中的谓词逻辑不仅可在机器上进行像人一样的"自然演绎"推理,而且可以实现不同于人类的"归结反演"推理。

非标准逻辑泛指除经典逻辑以外的那些逻辑,如多值逻辑、多类逻辑、模糊逻辑、模态逻辑、时态逻辑及动态逻辑等。各种非标准逻辑是在人工智能需要的基础上发展而来的,是对经典逻辑进行某种扩充和发展而来的。在非标准逻辑中,又可以分为两种情况,一种是对经典逻辑的语义进行扩充而产生的,如多值逻辑、模糊逻辑等。这些逻辑也可以看作是与经典逻辑平行的逻辑。因为它们使用的语言与经典逻辑基本相同,区别在于经典逻辑中的一些定理在这种非标准逻辑中不再成立,而且增加了一些新的概念和定理。另一种是对经典逻辑的语言结构进行扩充而得到的,如模态逻辑、时态逻辑等。这些逻辑承认经典逻辑的定理,但在两个方面进行了补充,一是扩充了经典逻辑的语言,二是补充了经典逻辑的定理。

上述逻辑为推理特别是机器推理提供了理论基础,同时也开辟了新的推理技术和方法。随着推理的需要,还会出现一些新的逻辑;同时,这些新逻辑也会提供一些新的推理方法。事实上,推理与逻辑是相辅相成的。一方面,推理为逻辑提出课题;另一方面,逻辑为推理奠定基础。

1.5.2 搜索技术

搜索就是为了达到某一"目标"而连续进行推理的过程。搜索技术就是对推理进行引导和控制的技术,它也是人工智能的基本技术之一。事实上,许多智能活动的过程,甚至所有智能活动的过程,都可看作或抽象为一个"问题求解"的过程。而"问题求解"过程,实质上就是在显式或隐式的问题空间中进行搜索的过程。即在某一状态图,或者与或图,或者某种逻辑网络上也是搜索过程,它是在定理集合上搜索的过程。

搜索技术也是一种规划技术。因为对于有些问题,其解就是由搜索而得到的"路径"。搜索技术是人工智能中发展最早的技术。大体上来说,搜索分为两种,一种是非启发式的搜索,另一种是启发式搜索。非启发式的搜索在搜索过程中不改变搜索策略,不利用搜索获得的中间信息,它盲目性大,效率差,用于小型问题还可以,用于大型问题根本不可能;而启发式搜索在搜索过程中加入了与问题有关的启发性信息,用以指导搜索向着一个比较小的范围内进行,更快的获取结果。在人工智能研究的初期,"启发式"搜索算法曾一度是人工智能的核心课题。截至目前,对启发式搜索的研究,人们已经取得不少成果。如著名的 A* 算法和 AO* 算法就是两个重要的启发式搜索算法。但至今,启发式搜索算法仍然是人工智能的重要研究课题之一。

传统的搜索技术都是基于符号推演方式进行的。近年来,人们又将神经网络技术用于问题求解,开辟了问题求解与搜索技术研究的新途径。例如,用 Hopfield 网解决 31 个城市的旅行商问题,已取得了很好的效果。

1.5.3 归纳技术

归纳技术,是指机器自动提取概念、抽取知识、寻找规律的技术。显然,归纳技术与知识获取及机器学习密切相关,因此,它也是人工智能的重要基本技术。

归纳可分为基于符号处理的归纳和基于神经网络的归纳。这两种途径目前都有很大发展。值得一提的是前者,除了已开发出的归纳学习外,基于数据库的数据挖掘和知识发现技术,为归纳技术的发展和应用注入了新的活力。

1.5.4　联想技术

联想是最基本、最基础的思维活动,它几乎与所有的 AI 技术息息相关。因此,联想技术也是人工智能的一个基本技术。联想的前提是联想记忆或联想存储,这也是一个富有挑战性的技术领域。

另外还有前面提到的知识表示技术,以上这些技术构成了人工智能的基本理论和技术。

1.6　人工智能的主要研究领域及实践

人工智能是一门应用学科,它的很多理论和技术研究都是在应用的驱动下展开的。因此,在一定意义上可以说,人工智能的应用领域就是人工智能的研究领域。人工智能发展到今天,其应用无处不在、应用领域五花八门,无法一一列举。另外,将人类解决各类问题的理论和方法上升到一定层次,会发现它们具有一定的通用性和交叉性,所以,无论怎么样划分这些领域都不可避免地出现理论和方法上的相互依赖、相互交叉。因此,这里只列举一些人工智能经典的、有代表性的并对其他领域有重要影响的研究领域。

1.6.1　博弈与专家系统

博弈(Game Playing)可泛指单方、双方或多方依靠“智力”获取成功或击败对手获胜等活动过程,不仅仅指棋类游戏。博弈广泛地存在于自然界、人类社会的各种活动中,如蚁群寻觅食物时的最优路径选择,政治、经济、军事领域的合作、竞争与协商等,处处都体现着博弈的思想。

从 1956 年塞缪尔的跳棋程序,到 1997 年能够战胜世界国际象棋冠军卡斯帕罗夫的超级计算机“深蓝”,以及目前较为流行的对抗类游戏,人工智能技术都是其中的核心技术。计算机博弈为人工智能提供了重要的理论研究和实验场所,反过来,博弈中的很多概念、方法和成果对人工智能自身及其他领域提供了极具价值的参考和指导,如在政治、军事、经济等领域就有极其广泛的应用。

人工智能在研究博弈问题时常常以下棋为例,是因为下棋是一个典型的智力问题,棋盘状态、下棋规则及下棋的技巧性知识(启发知识)等较容易形式化,进而在计算机上表示与实现,而且还可以依赖人类专家的判断对所实现的下棋程序的“智力”水平做出评价。

博弈问题的求解过程通常是一个启发式搜索过程,它以棋盘的全局作为状态,以合法的走步为操作,以启发性知识为导航,在一个有限或无限的状态空间内寻找使自己到达获胜终局的途径。其中,最重要的是使用各种剪枝技术克服状态的组合爆炸问题,带 α-β 剪枝的极大极小分析技术在各种游戏的实现中都得到了广泛的应用。

专家系统(Expert System)是一种智能计算机系统,在一定程度上辅助、模拟或代替人类专家解决某一领域内的问题,其水平可以达到甚至超过人类专家的水平。专家系统需要总结人类专家求解领域问题相关的知识,包括理论知识和经验,并以某种适合推理的形式进行表示,形成系统的知识库;采用一定的推理机制进行推理,求解用户提出的该领域的各种问题。通常,专家系统还具有"回答"和"解释"的能力。专家系统是在关于人工智能的研究处于低潮时提出来的,它的出现及其所显示出来的巨大潜能不仅使人工智能摆脱了困境,而且走上了发展时期。

专家系统是一个智能的计算机程序,顾名思义,专家系统是解决只有专家才能解决的困难问题,它运用大量的经验、知识及推理步骤来完成问题的求解。目前在许多领域里,专家系统已经取得显著效果。

从处理的问题性质看,专家系统善于解决那些不确定性的、非结构化的、没有算法解或虽有算法解但在现有的机器上无法实施的困难问题;从处理问题的方法看,专家系统则是靠知识和推理(而不是使用固定的算法)来解决问题,所以,专家系统是基于知识的智能问题求解系统。

在专家系统广泛应用的基础上,人们研发出专家系统开发工具,可以在输入某领域专家知识后自动生成该领域的专家系统。然而,经历了近十年的发展之后,人们意识到,没有常识知识支持的知识系统是一个能力极其受限的系统,甚至难以面对现实中非常简单的问题。所以,专家系统的成功还不能代表人工智能的全面成功。

近年来,出现了新型专家系统。新型专家系统在结构和功能上都有了很大的提高,处理问题的能力和范围日益强大。主要体现在:

(1)针对实际数据分布在不同区域的特点,充分利用计算机网络资源,进行分布式专家系统和协同式专家系统的研究、开发和应用。

(2)在知识获取方面,引入知识发现、数据挖掘等方法和技术,使专家知识的获取不再完全依靠领域专家,在一定程度上解决了专家系统研究中知识获取这一"瓶颈"问题,使专家系统的开发周期和开发成本大大降低。

(3)引入新兴的软件开发思想,如面向对象理论、智能 Agent、构件化编程思想等,使得专家系统的开发更加容易,代码的重用性进一步提高。

1.6.2　模式识别与机器学习

广义的模式识别(Pattern Recognition)是指对表征事物或现象的各种形式的信息进行处理和分析,以对事物或现象进行描述、辨认、分类和解释的过程,是研究人和生物的感知能力在计算机上的模拟和扩展,即狭义地理解为计算机配置各种感觉器官或用计算机进行事物识别。这里的事物一般指文字、符号、图形、语音、声音及传感器信息等各种形式的实体对象。

例如,采用动态手写签名识别技术对信用卡客户的身份进行比对,保证了客户、银行和商家的利益,或将手掌识别技术运用到银行客户身份认证,确保交易的高安全性;采用手掌识别、指纹识别等生物识别技术,为酒店提供客户注册、客房管理、管理权限、会员及客户档案管理、消费结算等一站式酒店管理服务;还有基于自动车牌识别实现智能交通监控系统等。

模式识别的方法主要有两种：决策理论方法和句法方法，又分别称为统计方法和语言学方法，这两种方法不能截然分开，将这两种方法结合起来分别施加于模式识别的不同层次和阶段可以收到较好的效果。本质上，模式识别的过程也是一个分类过程。

模式识别的应用主要有以下几种：

- 文字识别。文字识别的对象主要包括手写体和印刷体。从识别技术的难度来说，手写体识别的难度高于印刷体识别，而在手写体识别中，脱机手写体的难度又远远超过了联机手写体识别。到目前为止，联机手写体识别已经广泛应用，如手机中的手写体输入；脱机手写体识别也已应用到邮政系统（数字）的识别中，汉字等文字的脱机手写体识别还处在实验阶段。

- 语音识别。语音识别技术所涉及的领域包括：信号处理、概率论和信息论、发声机理和听觉机理等。近年来，在生物识别技术领域中，声纹识别技术以其方便性、经济型和准确性等优势日益成为人们日常生活和工作中普遍使用的安全验证方式。

- 指纹识别。利用人的手指内侧表面的皮肤纹路的唯一性，将一个人同其指纹对应起来，通过对其指纹和预先保存的指纹进行比较、归类、检索，便可以验证其真实身份。目前，指纹识别在日常生活和刑侦等领域已经得到普遍应用。

- 遥感。遥感图像识别已广泛用于农作物估产、资源勘察、气象预报和军事侦察等。

- 医学诊断。在癌细胞检测、X射线照片分析、血液化验、染色体分析、心电图诊断和脑电图诊断等方面，模式识别已取得了突出成效。

人们经常提到的一个问题是："机器在博弈的过程中能否战胜它的设计者？"通常的认识是，机器下棋时所使用的策略都是由其设计者设计出来的，且不说人的很多知识、智慧难以形式化，即使都能够形式化并在计算机内部表示，计算机最多也就是达到和人相当的水平；但另一个问题是，人类棋手在对弈过程中战胜他的教练大家却并不觉得奇怪，为什么呢？因为人类棋手会学习。那么，如果机器也会学习呢？那它也一定能够战胜它的设计者。由此看来，要模拟人类智能，机器一定需要具备学习能力。

机器学习（Machine Learning）研究如何使机器通过经验来改善、提高其自身性能。具体地说，即研究用计算机模拟或实现人类的学习能力，使其解决同一问题的水平不断提高。机器学习是人工智能的高级课题，同时也是众多相关研究领域的基础，它的应用涉及博弈、数据挖掘、模式识别、自然语言处理等众多领域，主要使用归纳、统计、计算等方法。

1.6.3 自然语言处理与自动程序设计

用自然语言与计算机进行通信、交流是人们长期以来的愿望。实现人机间自然语言通信意味着要使计算机既能理解自然语言文本的意义，又能以自然语言文本来表达给定的意图、思想等。前者称为自然语言理解，后者称为自然语言生成。

无论是自然语言理解还是生成，其实现都是十分困难的。根本原因是自然语言系统不是一个形式语言系统。在自然语言文本和对话的各个层次上广泛地存在各种各样的歧义性或多义性（Ambiguity），即自然语言的形式（字符串）与其意义之间是一种多对多的关系。

在自然语言处理(Natural Language Processing)中,最典型、最具代表性的任务就是机器翻译。以下几个例子可以看出机器翻译的难度。

例如:英语句子 The spirit is willing but the flesh is weak,正确译文为"心有余而力不足",先翻译成俄语,然后再翻译成中文时竟变成了"酒是好的,肉变质了",即 The wine is good but the meat is spoiled。

又如:Time flies like an arrow 正确译文应该为"光阴似箭",翻译成日语再翻译成中文,得到的译文是"时间苍蝇喜欢箭",机器翻译还可以得到以下几种译文:

时间像箭一样飞驰;

时间以箭运动的方式飞着;

用测箭速的方法测量蝇速;

测量像箭似的苍蝇的速度。

上面的例子表明同一个文本或字符串可能对应多个意义,反过来,一个相同或相近的意义同样可以用多个文本或字符串来表示。

自然语言中歧义现象的广泛存在,使得消除它们需要大量的知识和推理。如何将这些知识较完整地加以收集和整理,如何找到合适的形式将它们存入计算机系统中,以及如何有效地利用它们来消除歧义,都是工作量极大且十分困难的工作。

大家都知道,高级程序设计语言是一个语言系统,它的编译(翻译)技术已经非常成熟。自然语言也是一个语言系统,它的处理是否也可以采用高级程序设计语言的编译(翻译)方法和技术呢?答案是肯定的。早期的机器翻译使用的就是以 B. Vauquois 提出的"机器翻译金字塔"(MT Pyramid)为代表的翻译过程,与高级程序设计语言的编译过程非常类似。

这种基于句法-语义规则的方法称为理性主义方法,几十年来以这些方法为主流的自然语言处理研究在理论和方法上都取得了很多成就,但在处理大规模真实文本的系统研制方法时遇到了障碍。

随着 Web 应用的日益普及,从 20 世纪 90 年代开始,人们对规模真实文本处理的迫切需求日益增长,诞生了基于大规模语料库的方法,也称为经验主义方法。各种各样大规模机器可读语料库的出现和使用,为自然语言处理中使用机器学习的方法获取语言知识铺平了道路。各种文本挖掘,文本分类计数为文本处理的众多实际任务提供了技术基础。在自然语言处理所使用的机器学习方法中,基于统计的方法尤为受到重视。

从目前的理论和技术现状看,通用、高质量的自然语言处理系统,仍然是较长期的努力目标,但是针对一定应用,具有相当自然语言处理能力的实用系统已经出现,有些已商品化甚至开始产业化。典型的例子有:多语种数据库和专家系统的自然语言接口、各种机器翻译系统、全文信息检索系统、自动文摘系统等。

编制复杂的计算机程序是一项十分艰巨的脑力劳动,这项工作是否能用计算机来协助完成呢?自动程序设计就是根据给定问题的原始描述(更确切地说应是给定问题的规范说明)自动生成满足要求的程序。显然这是个高难度的研究课题,目前在这方面已取得一些初步的进展,尤其是程序变换技术已引起计算机科学工作者的重视。自动程序设计大致可分成两个阶段——生成阶段和改进阶段来进行。在程序的生成阶段,人们将从具体问题的形式规定出发,先设计一个面向问题的、易于解决的正确程序,这时暂时不考虑程序的运行效率;在程序的改进阶段,通过一系列的保证正确性的程序变换,进行数据结构和算法的求精,最终将生成阶段所生成的程序变换成一个面向过程的、效率高的程序。现在一些国家已陆续出现一些实验性的程序变换系统,如英国爱丁堡大学的程序自动变换系统 POP-2,西德默森技术大学的程序变换系统 CIP 等。中国的南京大学、上海交通大学、科学院计算所、北京航天大学及厦门大学等单位也正在积极从事这方面的研究工作。

1.6.4　计算智能与软计算

计算智能(Computational Intelligence)也称自然智能(或自然计算),是基于"从大自然中获取智慧"的理念、受到大自然智慧和人类智慧的启发而设计出来的一类算法的统称。这些算法或模仿生物界的进化过程,或模仿生物的生理构造和身体机能,或模仿动物的群体行为,或模仿人类的思维、语言和记忆过程的特性,或模仿自然界的物理现象,实现对实际问题的优化求解,在可接受的时间内求出可以接受的解。

例如,Hopfield 神经网络可局部模拟生物神经系统的动态信息传递和信息处理行为;遗传算法模拟的是生物在进化过程中所蕴含的"优胜劣汰、适者生存"的自然规律,解决现实中的最优化问题;在群体智能算法中,人工蚁群算法模拟的是生物蚁群集体行为中所蕴含的智能寻优模式,人工粒群算法模拟的是鸟群等类似生物群体所蕴含的分布式自主寻优模式;免疫算法模拟生物体免疫系统的免疫功能,建立人工免疫系统模型,其目标是保证整个智能信息系统的基本信息处理功能正常运作。

除以上介绍的集中算法之外,模拟退火算法和禁忌搜索算法等也都是计算智能领域的典型算法。这些方法具有自学习、自组织、自适应的特征和简单、通用、健壮、适于并行处理等优点,在并行搜索、联想记忆、模式识别、知识自动获取等方面得到了广泛的应用。

计算智能的研究和发展反映了当代科学技术多学科交叉与集成的重要发展趋势,目前,计算智能算法在国内外受到了广泛关注,在理论和技术研究方面都取得了令人鼓舞的成绩,它促进了计算和物理符号相结合的人脑思维机制的研究,在人工智能研究中引入生物智能,已经成为人工智能以及计算机科学的重要研究方向。其应用领域涉及国防、科技、经济、工业和农业等各个方面。当然,计算智能还处于不断发展和完善的过程,目前还没有牢固的数学基础,计算智能技术将在自身性能的提高和应用范围的拓展中不断完善。

通常把神经计算、模糊计算和进化计算作为软计算的 3 个主要的内容。它一般来说多应用于缺乏足够的先验知识,只有一大堆相关的数据和记录的问题。如模仿人类处理问题方式而引入的模糊计算;依据生物神经网络的工作规则引入的神经计算等。总的来说,它是临近的相关学科领域共有的计算工具或方法和技术的汇总。根据应用领域的不同,这些工具可以独立使用,也可以联合起来一起使用。目前软计算的主要问题是算法的"可扩展性"和"可理解性"问题,即所给的算法对处理海量数据是否有效,以及由所给算法得来的规则对人来说是否易于理解。下面就计算工具进行简要介绍。

人工神经网络是一个用大量简单处理单元经广泛连接而组成的人工网络,用来模拟大脑神经系统的结构和功能。由于它的工作原理模仿了人类大脑的某些工作机制,因此而得名,所以严格来讲应该叫作神经网络计算。早在 1943 年,神经心理学家麦克洛奇和数学家皮兹就提出了形式神经元的数学模型(M-P 模型),从此开创了神经科学理论研究的时代。20 世纪 60—70 年代,由于神经网络的研究自身的局限性,使其研究陷入了低潮。但是 20 世纪 80 年代,对神经网络的研究取得突破性进展,科学家们提出了多层前向神经网络的 BP 学习方法、霍普菲尔德神经网络模型等,有力地推动了神经网络的研究。

人工神经网络这种计算模型与传统计算机的计算模式完全不同,传统计算机的计算模式是利用一个或几个 CPU 负担所有的计算任务,整个计算过程中利用大量简单计算单元,组成一个大网络,通过大规模并行计算来完成。

人工神经网络最通常的应用是机器学习。在学习问题中,权和或非线性函数需要经过自适应的调整周期,更新网络的这些参数,直到达到一个稳定的状态,这些参数不再更改。人工神经网络支持有监督和无监督的学习,基于神经网络的学习已经在模式识别、图像处理、自动控制和机器人学等领域获得日益广泛的应用。

模糊逻辑处理的是模糊集合和逻辑连接符,以描述现实世界中类似人类多处理的推理问题。和传统的集合不同,模糊集合包含论域中所有的元素,但是具有[0,1]区间的可变的隶属值。模糊集合最初由 Zadeh 教授在系统理论中提出,后来又扩充并应用于专家系统中的近似计算。对模糊逻辑作出重要贡献的主要有:Mamdani 的模糊控制,Kosko等的模糊神经网络,Tanaka 在控制系统稳定性分析方面的工作等。

遗传算法是一种随机算法,它是模拟生物进化的"优胜劣汰"自然法则的进化过程而设计的算法。它基于达尔文的进化论,在物种自然选择过程中,其基本信念是适者生存。遗传算法最初是在 1967 年提出的,后来不断有人在这方面进行研究,特别是 1975 年 Holland 出版的专著 Adaptation in Natural and Artificial Systems,对遗传算法的理论和机制做出了出色的工作,奠定了遗传算法的理论基础。如今遗传算法在众多领域得到了广泛的应用,如在智能搜索、机器学习及组合优化问题等领域中得到了应用。

在遗传算法中,问题的状态一般用染色体表示,通常表示为二进制的串。遗传算法中最常用的操作是杂交和变异。遗传算法的进化周期由以下 3 个阶段组成。

(1) 群体的生成(用染色体表示问题的状态)。

(2) 先杂交后变异的遗传进化。

(3) 从生成的群体中选择一个更好的候选状态。

在上述循环中,第一步确定一些初始问题状态,第二步通过杂交和变异过程生成新的染色体,第三步是从所产生的群体中选择固定数量的更好的候选状态。上述过程需要重复多次,以获得给定问题的解答。

1.6.5 数据挖掘与机器人学

数据挖掘是从大量的、不完全的、有噪声的、模糊的、随机的数据集中识别有效的、新颖的、潜在有用的,以及最终可理解的模式的非平凡过程。它是一门涉及面很广的交叉学科,包括机器学习、数理统计、神经网络、数据库、模式识别、粗糙集及模糊数学等相关技术。

随着计算机网络的飞速发展,计算机处理的信息量越来越大。数据库中包含的大量信息无法得到充分利用,造成信息浪费,甚至变成大量的数据垃圾。人们开始考虑以数据库作为新的知识源。数据挖掘的目的就是从数据库中找出有意义的模式。这些模式可以是一组规划、聚类、决策树、依赖网络或其他方式表示的知识。一个典型的数据挖掘过程可以分成 4 个阶段:数据预处理、建模、模型评估及模型应用。数据预处理阶段主要包括数据的理解、属性选择、连续属性离散化、数据中噪声及丢失值处理和实例选择等。建模包括学习算法的选择、算法参数的确定等。模型评估是进行模型训练和测试,对得到的模型进行评价。在得到满意的模型后,就可以运用此模型对新数据进行解释。

机器人是指可模拟人类行为的机器。人工智能的所有技术都可在它身上得到应用,因此它可被当做人工智能理论、方法、技术的试验场地。反过来,对机器人学的研究又大大推动了人工智能研究的发展。

自 20 世纪 60 年代初研制出尤尼梅特和沃莎特兰这两种机器人以来,机器人的研究已经从低级到高级经历了三代的发展历程,它们是:

1. 程序控制机器人

第一代机器人是程序控制机器人,它完全按照事先装入到机器人存储器中的程序安排的步骤进行工作。程序的生成及装入有两种方式,一种是由人根据工作流程编制程序并将它输入到机器人的存储器中;另一种是"示教-再现"方式,所谓"示教"是指在机器人第一次执行任务之前,由人引导机器人取执行操作,即教机器人去做应做的工作,机器人将其所有动作一步步地记录下来,并将每一步表示为一条指令,示教结束后机器人通过执行这些指令(即再现)以同样的方式和步骤完全同样的工作。如果任务或环境发生了变化,则要重新进行程序设计。这一代机器人能成功地模拟人的运动功能,它们会拿取和安放、会拆卸和安装、会翻转和抖动,能尽心尽职地看管机床、熔炉、焊机、生产线等,能有效地从事安装、搬运、包装、机械加工等工作。目前国际上商品化、实用化的机器人大都属于这一类。这一代机器人的最大缺点是它只能刻板地完成程序规定的动作,不能适应变化了的情况,环境情况略有变化(例如装配线上的物品略有倾斜),就会出现问题。更糟糕的是它会对现场的人员造成危险,由于它没有感觉功能,以致有时会出现机器人伤害人的情况,日本就曾经出现机器人把现场的一个工人抓起来塞到刀具下面的情况。

2. 自适应机器人(第二代)

第二代机器人的主要标志是自身配备有相应的感觉传感器,如视觉传感器、触觉传感器、听觉传感器等,并用计算机对之进行控制。这种机器人通过传感器获取作业环境、操作对象的简单信息,然后由计算机对获得的信息进行分析、处理,控制机器人的动作。由于它能随着环境的变化而改变自己的行为,故称为自适应机器人。目前,这一代机器人也已进入商品化阶段,主要从事焊接、装配、搬运等工作。第二代机器人虽然具有一些初级的智能,但还没有达到完全"自治"的程度,有时也称这类机器人为人-眼协调型机器人。

3. 智能机器人(第三代)

这是指具有类似于人的智能的机器人,即它具有感知环境的能力,配备有视觉、听觉、触觉、嗅觉等感觉器官,能从外部环境中获取有关信息;具有思维能力,能对感知到的信息进行处理,以控制自己的行为;具有作用于环境的行为能力,能通过传动机构使自己的"手""脚"等肢体行动起来,正确、灵巧地执行思维机构下达的命令。目前研制的机器人大都只具有部分智能,真正的智能机器人还处于研究之中。

1.7 习题

(1) 什么是智能?它有哪些主要特征?

(2) 何谓人工智能?发展过程中经历了哪些阶段?

(3) 人工智能研究的目标是什么?它研究的基本内容有哪些?

(4) 什么是以符号处理为核心的方法?什么是以网络连接为主的连接机制方法?各有什么特征?

(5) 人工智能有哪些主要的研究领域?

第 **2** 章

知识表示和推理

　　人类进行的"聪明"行动,是在对许多已知事实(知识)进行综合,或者说进行加工(推理)的基础上形成的,为了能用计算机实现这种"聪明"行动,怎样表示知识,怎样进行推理就成了需要解决的问题。人类进行的推理是非常复杂的,现在只有一部分推理方法是清楚的。要有效地解决应用领域的问题和实现软件的智能化,就必须拥有应用领域的知识。知识表示技术起源于 20 世纪 70 年代,丰富的研究成果使得知识表示技术和方法多种多样。随着人工智能技术的不断深入研究和应用,知识表示的工程化取得了重大进展。

　　本章讨论知识表示语言的问题,介绍人工智能中重要的知识表示语言——命题逻辑和谓词逻辑,本章还将介绍归结演绎推理、产生式系统以及一些知识表示的其他方法。

2.1　概述

2.1.1　知识以及知识的表示

　　什么是知识? 从认识论的角度看,知识就是人类认识自然界(包括社会和人)的精神产物,是人类进行智能活动的基础。计算机所处理的知识,按其作用可大致分为如下三类。

　　(1)描述性知识。表示对象及概念的特征及其相互关系的知识,以及问题求解状况的知识,也称为事实性知识。

　　(2)判断性知识。表示与领域有关的问题求解知识,如推理规则等,也称为启发性知识。

　　(3)过程性知识。表示问题求解的控制策略,即如何应用判断性知识进行推理的知识。

　　按照作用的层次,知识还可以分成如下两类。

（1）对象级知识。直接描述有关领域对象的知识，也称为领域相关的知识。

（2）元级知识。描述对象级知识的知识，如关于领域知识的内容、特征、应用范围、可信程度的知识以及如何运用这些知识的知识。

所谓"表示"就是为描述世界所作的一组决定，是把知识符号化的过程。知识的表示与知识的获取、管理、处理、解释等有直接的关系，对于问题能否求解，以及问题求解的效率有重大的影响。恰当的知识表示可以使复杂的问题迎刃而解。

目前在知识表示方面主要有两种基本观点：一种是陈述性的观点，另一种是过程性的观点。陈述性的知识表示观点将知识的表示和知识的运用分开处理，在知识表示时不涉及如何运用知识的问题。在人工智能程序中，采用的比较多的是陈述性知识表示和处理方法，即知识的表示和运用是分离的。陈述性知识在设计人工智能系统中处于突出的地位，关于知识表示的各种研究也主要是针对陈述性知识的。原因在于人工智能系统一般易于修改、更新和改变。

但是，陈述性知识表示计算开销大，效率较低。因为陈述性知识一般要求应用程序对其做解释性执行，显然效率比用过程性知识低。换言之，陈述性知识是以牺牲效率来换取灵活性的。

陈述性知识表示和过程性知识表示在人工智能研究中都很重要，各有优缺点。这两种知识表示的应用具有如下的倾向性。

（1）由于高级的智能行为（如人的思维）似乎强烈地依赖于陈述性知识，因此人工智能的研究应注重陈述性的开发。

（2）过程性知识的陈述化表示。基于知识系统的控制规则和推理机制一般都是属于陈述性知识，它们从推理机分离出来，由推理机解释执行，这样做可以促进推理和控制的透明化，有利于智能系统的维护和进化。

（3）以适当方式将过程性知识和陈述性知识综合，可以提高智能系统的性能。如框架系统为这种综合提供了有效的手段，每个框架陈述性地表示了对象的属性和对象间的关系，并以附加程序等方式表示过程性知识。

2.1.2 知识的特性与分类

知识主要具有如下一些特性：

1. 相对正确性

知识是人们对客观世界认识的结晶，并且受到长期实践的检验。因此，在一定的条件及环境下，知识一般是正确的，可信任的。这里，"一定的条件及环境"是必不可少的，它是知识正确性的前提。因为任何的知识都是在一定的条件及环境下产生的，因而也就只有在这种条件及环境下才是正确的，在人们的日常生活及科学实验中可以找到好多这样的例子。例如汤加人"以胖为美"，并且以胖的程度作为财富的标志，这在汤加是一条被广为接受的正确知识，但在别的地方人们却不这样认为，它就变成了一条不正确的知识。再如，1+1=2，这是一条妇幼皆知的正确知识，但它也只是在十进制的前提下才是正确的，如果是二进制，它就不正确了。

2．不确定性

知识是有关信息关联在一起形成的信息结构，"信息"与"关联"是构成知识的两个要素。由于现实世界的复杂性，信息可能是精确的，也可能是不精确的、模糊的；关联可能是确定的，也可能是不确定的。这就使得知识并不总是只有"真"与"假"这两种状态，而是在"真"与"假"之间还存在许多中间状态，即存在为"真"的程度问题，知识的这一特性称为不确定性。

造成知识的不确定的原因是多方面的，概括起来可归结为以下几种情况：

（1）由随机性引起的不确定性。在随机现象中一个事件是否发生是不能预先确定的，它可能发生，也可能不发生，因而需要用[0,1]上的一个数来指出它发生的可能性。显然，由这种事件所形成的知识不能简单地用"真"或"假"来刻画它，它是不确定的。就"如果头痛且流涕，则有可能患感冒"这一条知识来说，其中的"有可能"实际上就是反映了"头痛且流涕"与"患感冒"之间的一种不确定性的因果关系，因为具有"头痛且流涕"的人并不一定都是"患感冒"。因此它是一条具有不确定性的知识。

（2）由模糊性引起的不确定性。由于某些事物客观上存在的模糊性，使得人们无法把两个类似的事物严格地区分开来，不能明确地判定一个对象是否符合一个模糊概念；又由于某些事物间存在着模糊关系，使得我们不能准确地确定它们之间关系究竟是"真"还是"假"。像这样由模糊概念、模糊关系所形成的知识显然是不确定的。

（3）由不完全性引起的不确定性。人们对客观世界的认识是逐步提高的，只有在积累了大量的感性认识后才能升华到理性认识的高度，形成某种认识的高度，形成某种知识，因此知识有一个逐步完善的过程。在此过程中，或者由于客观事物表露的不够充分，致使人们对它的认识不够全面，或者对充分表露的事物一时抓不住本质，致使对它的认识不够准确。这种认识上的不完全、不准确必然导致相应的知识是不精确、不确定的。

事实上，由于现实世界的复杂性，人们很难一下掌握完全的信息，因而不完全性就成为引起知识不确定性的一个重要原因。人们在求解问题时，很多情况下也是在知识不完全的背景下进行思考并最终求得问题的解的。

（4）由经验性引起的不确定性。在人工智能的重要研究领域专家系统中，知识都是由领域专家提供的，这种知识大都是领域专家在长期的实践及研究中积累起来的经验性知识。尽管领域专家能够得心应手地运用这些知识，正确地解决领域内的有关问题，但若让他们精确地表达出来却是相当困难的，这是引起知识不确定性的一个原因。另外，由于经验性自身就蕴含着不精确性及模糊性，这就形成了知识不确定性的另一个原因。因此，在专家系统中大部分知识都具有不确定性这一特性。

3．可表示性与可利用性

知识是可以用适当形式表示出来的，如用语言、文字、图形、神经元网络等，正是由于它具有这一特性，所以它才能被储存并得以传播。至于它的可利用性，这是不言而喻的，我们每个人天天都在利用自己掌握的知识解决所面临的各种各样问题。

对知识从不同角度划分，可以得到不同的分类方法，这里仅讨论其中常见的几种。

（1）若就知识的作用范围来划分，知识可分为：常识性知识和领域性知识。

常识性知识是通用性知识，是人们普遍知道的知识，适用于所有领域。领域性知识是面向某个具体领域的知识，是专业性的知识，只有相应专业人员才能掌握并用来求解领域内的有关问题，例如专家的经验及有关理论就属于领域知识。专家系统主要是以领域知识为基础建立起来的。

（2）若就知识的作用及表示来划分，知识可分为：事实性知识、过程性知识和控制性知识。

事实性知识用于描述领域内的有关概念、事实、事物的属性及状态等。例如：

盐是咸的。

西安是一个古老的城市。

一年有十二个月。

这都是事实性知识。事实性知识一般采用直接表达的形式，如用谓词公式表示等。过程性知识主要是指与领域相关的知识，用于指出如何处理与问题相关的信息以求得问题的解。过程性知识一般是通过对领域内各种问题的比较与分析得出的规律性的知识，由领域内的规则、定律、定理及经验构成。对于一个智能系统来说，过程性知识是否完善、丰富、一致将直接影响到系统的性能及可信任性，是智能系统的基础。其表示方法既可以是下面将要讨论的一组产生式规则，也可以是语义网络等。控制性知识又称为深层知识或者元知识，它是关于如何运用已有的知识进行问题求解的知识，因此又称为"关于知识的知识"。例如：问题求解中的推理策略（正向推理及逆向推理）、信息传播策略（如不确定性的传递算法）、搜索策略（广度优先、深度优先、启发式搜索等）、求解策略（求第一个解、全部解、严格解、最优解等）、限制策略（规定推理的限度）等。关于表达控制信息的方式，按表达形式级别的高低可分成三大类，即策略级控制（较高级）、语句级控制（中级）及实现级控制（较低级）。

（3）若就知识的确定性来划分，知识可分为：确定性知识和不确定性知识。

确定性知识是指可指出其值为"真"或"假"的知识，它是精确性的知识。不确定性知识是指具有"不确定"特性的知识，它是对不精确、不完全及模糊性知识的总称。

（4）若就知识的结构及表现形式来划分，知识可分为：逻辑性知识和形象性知识。

逻辑性知识是反映人类逻辑思维过程的知识，例如人类的经验性知识等。这种知识一般都具有因果关系及难以精确描述的特点，它们通常是基于专家的经验，以及对一些事物的直观感觉。在下面将要讨论的知识表示方法中，一阶谓词逻辑表示法、产生式表示法等都是用来表示这一种知识的。人类的思维过程除了逻辑思维外，还有一种称之为"形象思维"的思维方式。例如，我们问"什么是树？"，如果用文字来回答这个问题，那将是十分困难的，但若指着一棵树说"这就是树"，就容易在人们的头脑中建立起"树"的概念。像这样通过事物的形象建立起来的知识称为形象性知识。目前人们正在研究用神经元网络连接机制来表示这种知识。

（5）如果撇开知识涉及领域的具体特点，从抽象的、整体的观点来划分，知识可分为：零级知识、一级知识和二级知识。

这种关于知识的划分还可以继续下去，每一级知识都对其低一层的知识有指导意义。

其中：零级知识是指问题领域内的事实、定理、方程、实验对象和操作等常识性知识及原理性知识；一级知识是指具有经验性、启发性的知识，例如经验性规则、含义模糊的建议、不确切的判断标准等；二级知识是指如何运用上述两级知识的知识。在实际应用中，通常把零级知识与一级知识统称为领域知识，而把二级以上的知识统称为元知识。

2.1.3 人工智能对知识表示方法的要求

对于很多大型而复杂的基于知识的应用系统，常常包含多种不同的问题求解活动，不同的活动往往需要采用不同方式表示的知识，是以统一的方式表示所有的知识，还是以不同的方式表示不同的知识，这是建造基于知识的系统时所面临的一个选择。统一的知识表示方法在知识获取和知识库维护上具有简易性，但是处理效率较低。而不同的知识表示方法处理效率较高，但是知识难以获取，知识库难以维护。在具体应用中选择和建立合适的知识表示方法，可以从下面几个方面考虑：

1. 表示能力

要求能够准确、有效地将问题求解所需要的各类知识都表示出来。

2. 可理解性

所表示的知识应易懂、易读。

3. 便于知识的获取

使得智能系统能够渐进地增加知识，逐步进化。在吸收新知识的同时应便于消除可能引起的新老知识之间的矛盾，便于维护知识的一致性。

4. 便于搜索

表示知识的符号结构和推理机制应支持对知识库的高效搜索，使得智能系统能够迅速地感知事物之间的关系和变化；同时很快地从知识库中找到有关的知识。

5. 便于推理

要能够从已有的知识中推出需要的答案和结论。

2.2 命题逻辑

在逻辑系统中，最简单的逻辑系统是命题逻辑。所谓命题逻辑就是具有真假意义的陈述句，如"今天下雪。""人是会死的。""1+2＝3。"等，这些句子在特殊情况下都具有"真"和"假"的意义，都是命题。一个命题总是具有一个值，称为真值。其值只有"真"和"假"两种，一般分别用符号 T 和 F 表示。命题不能同时既为真又为假，但可以在一定条件下为真，在另一种条件下为假。没有真假意义的语句（如感叹句、祈使句、疑问句等）都不是命题。例如，"1+1＝10"在二进制情况下是真值为 T 的命题，但在十进制的情况下却是真值为 F 的命题。同样,对于命题"今天是晴天",也要看当天的实际情况才能决定其真值。

2.2.1 语法

通常用大写拉丁字母 P、Q、R、S 等表示原子命题,当它们表示确定的命题时称为命题常元,当它们表示不确定的命题时称为命题变元,它的取值范围是集合{真,假}。字母 T 和 F 表示其值分别为"真"和"假"的命题常元。

命题逻辑的符号包括以下几种:

(1) 命题常元:True(T)和 False(F)。

(2) 命题符号:P、Q、R 等。

(3) 联结词:

① ¬(否定,not),¬P 称"非 P"。

② ∧(合取,conjunction),$P \land Q$ 表示"P 和 Q"。

③ ∨(析取,disjunction),$P \lor Q$ 表示"P 或 Q"。

④ →(蕴涵,implication),$P \to Q$ 表示"P 蕴涵 Q",P 常称为蕴涵的前件,Q 常称为蕴涵的后件。

⑤ ↔(等价,equivalent),$P \leftrightarrow Q$ 表示"P 当且仅当 Q"。

命题逻辑主要使用这 5 个联结词,通过这些联结词,可以由简单的命题构成复杂的复合命题。

(4) 括号:()。

由命题常元、变元和联结词可组成适当的表达式,即命题公式。

定义 2.1 命题公式如下定义:

(1) 命题常元和命题变元是命题公式,也称为原子公式。

(2) 如果 P、Q 是命题公式,那么 ¬P、$P \land Q$、$P \lor Q$、$P \to Q$ 和 $P \leftrightarrow Q$ 也是命题公式。

(3) 只有有限步引用(1)(2)条款所组成的符号串是命题公式。

在命题逻辑中,这 5 个联结词的优先级顺序(从高到低)为:¬、∧、∨、→、↔。因此,句子 ¬$P \lor Q \land R \to S$ 等价于句子 $((¬P) \lor (Q \land R)) \to S$。

2.2.2 语义

为了说明一个句子的意义,必须提供它的解释,说明它对应属于哪个事实。如命题 P 可以表示"今天阴天",也可以表示"太阳从东方升起"。逻辑常量 True 就表示真的事实,False 则表示假的事实。

复合命题的意义是命题组成成分的函数。如复合命题 $P \land Q$ 的意义就决定于其组成成分 P 和 Q 以及联结词 ∧ 的意义,P 和 Q 的意义是合取 ∧ 的输入,一旦 P、Q、∧ 的意义确定了,那么该句子的意义也就确定了。

联结词的语义可以定义如下:

¬P 为真,当且仅当 P 为假。

$P \land Q$ 为真,当且仅当 P 和 Q 都为真。

$P \lor Q$ 为真,当且仅当 P 为真,或者 Q 为真。

$P \rightarrow Q$ 为真,当且仅当 P 为假,或者 Q 为真。

$P \leftrightarrow Q$ 为真,当且仅当 $P \rightarrow Q$ 为真,并且 $Q \rightarrow P$ 为真。

上述关系可用表 2.1 的真值表说明。

表 2.1　真值表

P	Q	$\neg P$	$P \wedge Q$	$P \vee Q$	$P \rightarrow Q$	$P \leftrightarrow Q$
T	T	F	T	T	T	T
T	F	F	F	T	F	F
F	T	T	F	T	T	F
F	F	T	F	F	T	T

定义 2.2　设 G 是公式,$A_1, A_2, \cdots, A_n$ 为 G 中出现的所有原子命题。G 的一种指派是对 $A_1, A_2, \cdots, A_n$ 赋予的一组真值,其中每个 $A_i (i=1, \cdots, n)$ 或者为 T,或者为 F。

定义 2.3　公式 G 称为在一种指派 α 下为真,当且仅当 G 按该指派算出的真值为 T,否则称为在该指派下为假。

若在公式中有 n 个不同的原子 $A_1, A_2, \cdots, A_n$,那么该公式就有 $2n$ 个不同指派。

定义 2.4　公式 A 称为永真式或重言式,如果对任意指派 α,α 均弄真 A,即 $\alpha(A)=$ T。公式 A 称为可满足的,如果存在指派 α 使 $\alpha(A)=$ T;否则称 A 为不可满足对的,或永假式。

很显然,永真式是可满足的。当 A 为永真式(或永假式)时,$\neg A$ 为永假式(或永真式)。

定义 2.5　称公式 A 逻辑蕴涵公式 B,记为 $A \Rightarrow B$,如果所有弄真 A 的指派亦必弄真 B;称公式集 Γ 逻辑蕴涵公式 B,记为 $\Gamma \Rightarrow B$,如果弄真 Γ 中所有公式的指派亦必弄真 B。

定义 2.6　称公式 A 逻辑等价公式 B,记为 $A \Leftrightarrow B$,如果 $A \Rightarrow B$ 且 $B \Rightarrow A$。

定理 2.1　设 A 为含有命题变元 p 的永真式,那么将 A 中 p 的所有出现均代换为命题公式 B,所得公式(称为 A 的代入实例)仍为永真式。

定理 2.2　设命题公式 A 含有子公式 C(C 为 A 中的符号串,且 C 为命题公式),如果 $C \Leftrightarrow D$,那么将 A 中子公式 C 的某些出现(未必全部)用 D 替换后所得公式 B 满足 $A \Leftrightarrow B$。

定理 2.3　逻辑蕴涵关系具有自反性、反对称性及传递性,即逻辑蕴涵关系为一个序关系;逻辑等价关系满足自反性、对称性和传递性,即逻辑等价关系为一个等价关系。

定义 2.7　命题公式 B 称为命题公式 A 的合取(或析取)范式,如果 $B \Leftrightarrow A$,且 B 呈如下形式:

$$C_1 \wedge C_2 \wedge \cdots \wedge C_m (\text{或 } C_1 \vee C_2 \vee \cdots \vee C_m)$$

其中,$C_i (i=1, 2, \cdots, m)$ 形如 $L_1 \vee L_2 \vee \cdots \vee L_n$(或 $L_1 \wedge L_2 \wedge \cdots \wedge L_n$),$L_j (j=1, 2, \cdots, n)$ 为原子公式或原子公式的否定,称 L_j 为文字。

定理 2.4　任一命题公式 φ 有其对应的合取(析取)范式。

定义 2.8　命题公式 B 称为公式 A 的主合取(或主析取)范式,如果

(1) B 是 A 的合取(或析取)范式。

(2) B 中每一子句均有 A 中命题变元的全部出现,且仅出现一次。

定理 2.5　n 元命题公式的全体可以划分为 2^{2^n} 个等价类,每一类中的公式彼此逻辑等价,并等价于它们共同的主合取范式(或主析取范式)。

2.2.3　命题演算形式系统

命题演算是从一个给定公式集合产生所有重言推论的形式化方法。

1. 公式

符号表 $\sum = \{(,),\neg,\rightarrow,p_1,p_2,p_3,\cdots\}$,其中"("和")"是技术符号——括号,$p_1$,$p_2$,$p_3$,$\cdots$为命题变元。

命题逻辑的合式公式的定义如下:

(1) $p_1,p_2,p_3,\cdots$为命题逻辑的合式公式。

(2) 如果 A、B 是公式,那么$(\neg A)$、$(A \rightarrow B)$也是命题逻辑的合式公式。

(3) 命题逻辑的合式公式仅由(1)(2)所定义。

2. 命题演算形式系统

命题演算形式系统包括 3 条公理模式(A1~A3)和 1 条推理规则 r_{mp}:

A1. $A \rightarrow (B \rightarrow A)$

A2. $(A \rightarrow (B \rightarrow C)) \rightarrow ((A \rightarrow B) \rightarrow (A \rightarrow C))$

A3. $(\neg A \rightarrow \neg B) \rightarrow (B \rightarrow A)$

$$r_{mp}\quad \frac{A, A \rightarrow B}{B}$$

该规则称为分离规则。

定义 2.9　称下列公式序列为公式 A 在 PC 中的一个证明(proof):

$$A_1, A_2, \cdots, A_m (=A)$$

其中,$A_i(i=1,2,\cdots,m)$或者是 PC 的公理,或者是 $A_j(j<i)$,或者是由 $A_j,A_k(j,k<i)$使用分离规则所导出,而 A_m 即公式 A。

定义 2.10　称 A 为 PC 中的定理,记为 $\vdash_{pc}A$,如果公式 A 在 PC 中有一个证明。

定义 2.11　设 Γ 为一公式集,称以下公式序列为公式 A 的、以 Γ 为前提的演绎:

$$A_1, A_2, \cdots, A_m = A$$

其中,$A_i(i=1,2,\cdots,m)$或者是 PC 的公理,或者是 Γ 的成员,或者是 $A_j(j<i)$,或者是由 $A_j,A_k(j,k<i)$使用分离规则所导出,而 A_m 即公式 A。

定义 2.12　称 A 为前提 Γ 的演绎结果,记为 $\Gamma\vdash_{pc}A$,如果公式 A 有以 Γ 为前提的演绎。若 $\Gamma=\{B\}$,则用 $B\vdash_{pc}A$ 表示 $\Gamma\vdash_{pc}A$。

若 $B\vdash_{pc}A$,$A\vdash\vdash_{pc}B$ 则记为 $A\vdash\vdash B$。

例 2.1　证明 $\vdash_{pc}\neg B \rightarrow (B \rightarrow A)$。

$\neg B \rightarrow (B \rightarrow A)$的证明序列如下:

(1) $\neg B \rightarrow (\neg A \rightarrow \neg B)$　　　　　　　　　　　　　　　　公理 A1

(2) $(\neg A \rightarrow \neg B) \rightarrow (B \rightarrow A)$ 公理 A3

(3) $((\neg A \rightarrow \neg B) \rightarrow (B \rightarrow A)) \rightarrow (\neg B \rightarrow ((\neg A \rightarrow \neg B) \rightarrow (B \rightarrow A)))$ 公理 A1

(4) $\neg B \rightarrow ((\neg A \rightarrow \neg B) \rightarrow (B \rightarrow A))$ r_{mp}(2)(3)

(5) $(\neg B \rightarrow ((\neg A \rightarrow \neg B) \rightarrow (B \rightarrow A))) \rightarrow ((\neg B \rightarrow (\neg A \rightarrow \neg B)) \rightarrow (\neg B \rightarrow (B \rightarrow A)))$

公理 A2

(6) $(\neg B \rightarrow (\neg A \rightarrow \neg B)) \rightarrow (\neg B \rightarrow (B \rightarrow A))$ r_{mp}(4)(5)

(7) $\neg B \rightarrow (B \rightarrow A)$ r_{mp}(1)(6)

定理 2.6(演绎定理) 对 PC 中任意公式集 Γ 和公式 A,B, $\Gamma \cup \{A\} \vdash_{pc} B$ 当且仅当 $\Gamma \vdash_{pc} A \rightarrow B$。

定理 2.7 PC 是可靠的,即对任意公式集 Γ 及公式 A,若 $\Gamma \vdash A$,则 $\Gamma \models A$。特别地,若 A 为 PC 的定理($\vdash A$),则 A 永真($\models A$)。

定理 2.8(一致性定理) PC 是一致的,即不存在公式 A,使得 A 与 $\neg A$ 均为 PC 之定理。

定理 2.9(完全性定理) PC 是完全的,即对任意公式集 Γ 和公式 A,若 $\Gamma \models A$,则 $\Gamma \vdash A$。特别地,若 A 永真($\models A$),则 A 必为 PC 之定理($\vdash A$)。

2.3 谓词逻辑

谓词逻辑是一种形式语言,也是到目前为止能够表达人类思维活动规律的一种最精确的语言,它与人们的自然语言比较接近,又可方便地存储到计算机中去并被计算机做精确处理。因此,它成为最早应用于人工智能中表示知识的一种逻辑。

2.3.1 表示知识方法

谓词逻辑适合于表示事物的状态、属性、概念等事实性的知识,也可以用来表示事物间确定的因果关系,即规则。事实通常用谓词公式的与/或形表示,所谓与/或形是指用合取符号($\wedge$)及析取符号($\vee$)连接起来的公式。规则通常用蕴涵式表示。例如对于

如果 x,则 y

可表示为

$$x \rightarrow y$$

用谓词公式表示知识时,需要首先定义谓词,指出每个谓词的确切含义,然后再用连接词把有关的谓词连接起来,形成一个谓词公式表达一个完整的意义。

例 2.2 用谓词逻辑表示如下的知识:

武汉是一个美丽的城市,但她不是一个沿海城市。

如果马亮是男孩,张红是女孩,则马亮比张红长得高。

解:按照知识表示步骤,用谓词公式表示上述知识。

第一步:定义谓词如下。

BCity(x):x 是一个美丽的城市。

HCity(x):x 是一个沿海城市。

Boy(x)：x 是男孩。

Girl(x)：x 是女孩。

High(x,y)：x 比 y 长得高。

这里涉及的个体有：武汉(wuhan)，马亮(mal)，张红(zhangh)。

第二步：将这些个体代入谓词中，得到 BCity(wuhan)，HCity(wuhan)，Boy(mal)，Girl(zhangh)，High(mal,zhangh)。

第三步：根据语义，用逻辑连接符将它们连接起来，就得到了表示上述知识的谓词公式。

BCity(wuhan) $\wedge \neg$ HCity(wuhan)

(Boy(mal) $\wedge$ Girl(zhangh))$\rightarrow$High(mal,zhangh)

例 2.3　用谓词逻辑表示如下知识：

所有学生都穿彩色制服。

任何整数或者为正数或者为负数。

自然数都是大于零的整数。

解：首先定义谓词如下。

Student(x)：x 是学生。

Uniform(x,y)：x 穿 y。

N(x)：x 是自然数。

I(x)：x 是整数。

P(x)：x 是正数。

Q(x)：x 是负数。

L(x)：x 大于零。

按照第二步和第三步的要求，上述知识可以用谓词公式分别表示如下。

($\forall x$)(Student(x)$\rightarrow$Uniform(x,color))

($\forall x$)(I(x)$\rightarrow$P(x)$\vee$Q(x))

($\forall x$)(N(x)$\rightarrow$L(x)$\wedge$I(x))

例 2.4　写出机器人搬弄积木块问题的谓词逻辑表示。

设在一个房间里，有一个机器人 ROBOT，一个壁室 ALCOVE，一个积木块 BOX，两个桌子 A 和 B。开始时，机器人 ROBOT 在壁室 ALCOVE 的旁边，且两手是空的，桌子 A 上放着积木块 BOX，桌子 B 上是空的。机器人把积木块 BOX 从桌子 A 上转移到桌子 B。

解：根据给出的知识表示步骤，解答如下。

第一步：定义谓词如下。

TABLE(x)：x 是桌子。

EMPTTYHANDED(x)：x 双手是空的。

AT(x,y)：x 在 y 旁边。

HOLDS(y,w)：y 拿着 w。

ON(w,x)：w 在 x 上。

EMPTYTABLE(x)：桌子 x 上是空的。

第二步：本问题所涉及的个体定义如下。

机器人—ROBOT；积木块—BOX；壁室—ALCOVE；桌子—A；桌子—B。

第三步：根据问题的描述将问题的初始状态和目标状态分别用谓词公式表示出来。

问题的初始状态是 AT(ROBOT, ALCOVE) ∧ EMPTTYHANDED(ROBOT) ∧ ON(BOX, A) ∧ TABLE(A) ∧ TABLE(B) ∧ EMPTYTABLE(A)。

问题的初始状态是 AT(ROBOT, ALCOVE) ∧ EMPTTYHANDED(ROBOT) ∧ ON(BOX, B) ∧ TABLE(A) ∧ TABLE(B) ∧ EMPTYTABLE(A)。

第四步：问题表示出来后，如何求解问题。

在将问题初始状态和目标状态表示出来后，对此问题的求解，实际上是寻找一组机器人可进行的操作，实现由初始状态到目标状态的机器人操作过程。机器人可进行的操作一般分为先决条件和动作两部分，先决条件可以很容易地用谓词公式表示，而动作则可以通过前后的状态变化表示出来，也就是说只要指出动作执行后，应从动作前的状态表中删除和增加什么谓词公式，就可以描述相应的动作了。

机器人要将积木块从桌子 A 上移到桌子 B 上所要执行的动作有如下 3 个。

GOTO(x, y)：从 x 处走到 y 处。

PICK_UP(x)：在 x 处拿起积木块。

SET_DOWN(x)：在 x 处放下积木块。

这 3 个操作可以分别用条件和动作表示如下。

GOTO(x, y)

  条件：AT(ROBOT, x)

  动作：删除 AT(ROBOT, x)

    增加 AT(ROBOT, y)

PICK_UP(x)

  条件：ON(BOX, x) ∧ TABLE(x) ∧ AT(ROBOT, x) ∧ EMPTTYHANDED(ROBOT)

  动作：删除 ON(BOX, x) ∧ EMPTTYHANDED(ROBOT)

    增加 HOLDS(ROBOT, BOX)

SET_DOWN(x)

  条件：TABLE(x) ∧ AT(ROBOT, x) ∧ HOLDS(ROBOT, BOX)

  动作：删除 HOLDS(ROBOT, BOX)

    增加 ON(BOX, x) ∧ EMPTTYHANDED(ROBOT)

机器人在执行每一操作之前还需检查所需先决条件是否满足，只有条件满足以后，才执行相应的动作。如机器人拿起 A 桌上的 BOX 这一操作，先决条件是 ON(BOX, A) ∧ AT(ROBOT, A) ∧ EMPTTYHANDED(ROBOT)。

2.3.2　谓词逻辑形式系统 FC

一阶谓词演算系统的理论部分也称为一阶逻辑，它们可用 ζ 表示。系统 FC 的理论

部分记为 $\zeta(FC)$。

$\zeta(FC)$ 的公理组由下列公理模式及其所有全称化所组成。这里 A、B、C 为 FC 的任意公式，v 为任意变元，t 为任意项。

AX(1.1). $\quad A \rightarrow (B \rightarrow A)$

AX(1.2). $\quad (A \rightarrow (B \rightarrow C)) \rightarrow ((A \rightarrow B) \rightarrow (A \rightarrow C))$

AX(1.3). $\quad (\neg A \rightarrow \neg B) \rightarrow (B \rightarrow A)$

AX2. $\quad\quad \forall v A \rightarrow A_t^v$ (t 对 A 中变元 v 可代入)

AX3. $\quad\quad \forall v(A \rightarrow B) \rightarrow (\forall v A \rightarrow \forall v B)$

AX4. $\quad\quad A \rightarrow (\forall v A$ (v 在 A 中无自由出现))

$\zeta(FC)$ 的推理规则模式仍为

$$r_{mp} \quad \frac{A, A \rightarrow B}{B}$$

在一阶谓词演算系统中，"证明""A 为 ζ 中的定理""公式 A 的、以 Γ 为前提的演绎""A 为前提 Γ 的演绎结果"等概念与命题逻辑系统类似。

定理 2.10 对 FC 中任一公式 A，变元 v，如果 $\vdash A$，那么 $\vdash \forall v A$（全称推广规则）。

定理 2.11 设 Γ 为 FC 的任一公式集合，A、B 为 FC 的任意公式，那么

$$\Gamma; A \vdash B \text{ 当且仅当 } \Gamma \vdash A \rightarrow B$$

定理 2.12 一阶谓词演算系统是可靠的，即 $\vdash \alpha$ 蕴涵着 $\vDash \alpha$。

定理 2.13 一阶谓词演算系统是完全的，即 $\vDash \alpha$ 蕴涵着 $\vdash \alpha$。

定义 2.13 一类问题称为是可判定的，如果存在一个算法或过程，该算法用于求解该类问题时，可以有限步内停止，并给出正确的解答。如果不存在这样的算法或过程，则称这类问题是不可判定的。

定理 2.14 任何至少含有一个二元谓词的一阶谓词的一阶谓词演算系统都是不可判定的。

定理 2.15 一阶谓词演算是半可判定。即对于一阶谓词演算存在一个可机械地实现的过程，能对一阶谓词演算中的定理做出肯定的判断，但对于非定理的一阶谓词演算公式却未必能做出否定的判断。

定义 2.14 文字是原子或原子之非。

定义 2.15 公式 G 称为合取范式，当且仅当 G 有形式 $G_1 \wedge G_2 \wedge \cdots \wedge G_n (n \geqslant 1)$，其中每个 G_i 都是文字的合取式。

定理 2.16 对任意不含量词的公式，都有与之等值的合取范式和析取范式。

可按下述程序使用上一节中的等价式将一个公式化为合取范式或析取范式。

(1) 使用等价式中的联结词化归律消去公式中的联结词 $\rightarrow$ 和 $\leftrightarrow$。

(2) 反复使用双重否定律和德·摩根律将 $\neg$ 移到原子之前。

(3) 反复使用分配律和其他定律得出一个标准型。

在一阶逻辑中，为了简化定理证明程序，需要引入所谓的"前束标准型"。

定义 2.16 设 F 为一谓词公式，如果其中的所有量词均不以否定形式出现在公式之中，而它们的辖域为整个公式，则称 F 为前束范式。一般地，前束范式可以写成

$$(Q_1 x_1)(Q_2 x_2)\cdots(Q_n x_n)M(x_1,x_2,\cdots,x_n)$$

其中,$Q_i(i=1,2,\cdots,n)$为前缀,$(Q_1 x_1)(Q_2 x_2)\cdots(Q_n x_n)$是一个由全称量词或存在量词组成的量词串,$M(x_1,x_2,\cdots,x_n)$为母式,它是一个不含任何量词的谓词公式。

2.3.3　一阶谓词逻辑特点与应用

1. 一阶谓词逻辑表示法的优点

(1) 严密性:可以保证其演绎推理的正确性,可以较精确地表达知识。

(2) 自然性:它的表现方式和人类自然语言非常接近。

(3) 通用性:拥有通用的逻辑演算方法和推理规则。

(4) 知识易于表达:对逻辑的某些外延进行扩展后,可以把大部分精确性的知识表达成一阶谓词逻辑的形式。

(5) 易于实现:用它表示的知识易于模块化,便于知识的增删及修改,便于在计算机上实现。

2. 一阶谓词逻辑表示法的缺点

(1) 效率低:由于推理是根据形式逻辑进行的,把推理演算和知识含义截然分开,抛弃了表达内容所含的语义信息,往往造成推理过程太冗长,降低了系统效率。另一方面,谓词表示越细,表达越清楚,推理越慢,效率越低。

(2) 灵活性差:不便于表达和加入启发性知识和元知识,不便于表达不确定性的指示。人类的知识大都具有不确定性和模糊性,这使得它表示知识的范围受到了限制。

(3) 组合爆炸:在其推理过程中,随着事实数目的增大及盲目地使用推理规则,有可能产生组合爆炸。

本节给出一个例子以说明一阶谓词逻辑在问题求解中的应用。处理问题的一般途径是首先对问题进行符号化,而后证明某个公式是另一组公式的逻辑推论。

例 2.5　每个去临潼游览的人或者参观秦始皇兵马俑,或者参观华清池,或者洗温泉澡。凡去临潼游览的人,如果爬骊山就不能参观秦始皇兵马俑,有的游览者既不参观华清池,也不洗温泉澡。因而有的游览者不爬骊山。

解:定义 G(x)表示"x 去临潼游览";

A(x)表示"x 参观秦始皇兵马俑";

B(x)表示"x 参观华清池";

C(x)表示"x 洗温泉澡";

D(x)表示"x 爬骊山"。

前提:$\forall x(G(x) \rightarrow A(x) \vee B(x) \vee C(x))$　　　　(1)

　　　$\forall x(G(x) \wedge D(x) \rightarrow \neg A(x))$　　　　(2)

　　　$\exists x(G(x) \wedge \neg B(x) \wedge \neg C(x))$　　　　(3)

结论:$\exists x(G(x) \wedge \neg D(x))$

证明:

(1) G(a) ∧ ¬B(a) ∧ ¬C(a)	由前提(3)
(2) G(a) → A(a) ∨ B(a) ∨ C(a)	由前提(1)
(3) G(a) ∧ D(a) → ¬A(a)	由前提(2)
(4) A(a) → ¬G(a) ∨ ¬D(a)	由式(3)
(5) G(a)	由式(1)
(6) A(a) ∨ B(a) ∨ C(a)	由式(5)(2)
(7) ¬B(a),¬C(a)	由式(1)
(8) A(a)	由式(6)(7)
(9) ¬D(a)	由式(4)(5)(8)
(10) ∃x(G(x) ∧ ¬D(x))	由式(5)(9)　　结论得证

2.4 归结演绎推理

归结原理是鲁滨逊在 1965 年提出的,又称消解原理。用归结原理推理常使用归结反演方法,归结反演本质上是一种反证法,即要证明 Q 在前提 F 下为真,只需要证明反命题 $\neg Q$ 恒假。具体做法是从不可满足子句集推出空子句,鲁滨逊提出的归结原理使定理证明的机械化变为现实。

2.4.1 命题逻辑中的归结原理

1. 归结式的定义及性质

对子句 C_1 和 C_2,若 C_1 中有一个文字 L_1,而 C_2 中有一个与 L_1 成互补的文字 L_2,则分别从 C_1,C_2 中删去 L_1 和 L_2,并将其剩余部分组成新的析取式,则称该子句为归结式。

例 2.6 设两个子句 $C_1 = L \lor C_1'$,$C_2 = (\neg L) \lor C_2'$,则归结式 $C = C_1' \lor C_2'$。

定理 2.17 子句 C_1 和 C_2 的归结式是 C_1 和 C_2 的逻辑推论。

证明: 设

$$C_1 = P \lor C_1', \quad C_2 = (\neg P) \lor C_2'$$

有

$$R(C_1, C_2) = C_1' \lor C_2'$$

其中以 C_1' 和 C_2' 都是文字的析取式。

假定 C_1 和 C_2 根据某种解释 I 为真。若 P 按 I 解释为假,则 C_1 必不是单元子句(即单个文字),否则 C_1 按 I 解释为假。因此,C_1' 按 I 解释必为真,即归结式 $R(C_1, C_2) = C_1' \lor C_2'$ 按 I 解释为真。

若 P 按 I 解释为真,则 $\neg P$ 按 I 解释为假,此时 C_2 必不是单元子句,并且 C_2' 必按 I 解释为真,所以 $R(C_1, C_2) = C_1' \lor C_2'$ 按 I 解释为真。由此得出,$R(C_1, C_2)$ 是 C_1 和 C_2 的逻辑推论。证毕。

推论: 子句集 $S = \{C_1, C_2, \cdots, C_n\}$ 与子句集 $S_1 = \{C, C_1, C_2, \cdots, C_n\}$ 的不可满足性

是等价的（其中 C 是 C_1 和 C_2 的归结式）。

证：设 S 是不可满足的，则 $C_1, C_2, \cdots, C_n$ 中必有一为假，因而 S_1 必为不可满足的。

设 S_1 是不可满足的，则对于不满足 S_1 的任一解释 I，可能有两种情况：

(1) I 使 C 为真，则 $C_1, C_2, \cdots, C_n$ 中必有一子句为假，因而 S 是不可满足的。

(2) I 使 C 为假，则根据定理有 $C_1 \wedge C_2$ 为假，即 I 或使 C_1 为假，或使 C_2 为假，因而 S 也是不可满足的。

由此可见 S 和 S_1 的不可满足性是等价的。

同理可证 S_i 和 S_{i+1}（由 S_i 导出的扩大的子句集）的不可满足性也是等价的，其中 $i = 1, 2, \cdots$。

归结原理就是从子句集 S 出发，应用归结推理规则导出子句集 S_1。再从 S_1 出发导出 S_2，以此类推，直到某一个子句集 S_n 出现空子句为止。

根据不可满足性等价原理，已知若 S_n 为不可满足的，则可逆向依次推得 S 必为不可满足的。

用归结法，过程比较单纯，只涉及归结推理规则的应用问题，因而便于实现机器证明。

2. 命题逻辑的归结过程

命题逻辑中，若给定前提集 F 和命题 P，则归结证明过程可归纳如下：

(1) 把 F 转化成子句集表示，得子句集 S_0；

(2) 把命题 P 的否定式 $\neg P$ 也转化成子句集表示，并将其加到 S_0 中，得 $S = S_0 \cup S_{\neg P}$；

(3) 对子句集 S 反复应用归结推理规则，直至导出含有空子句的扩大子句集为止。即出现归结式为空子句的情况时，表明已找到了矛盾，证明过程结束；

例 2.7 设已知前提为

$P(1) \cdots\cdots\cdots(1)$　　　　$(P \wedge Q) \rightarrow R \cdots\cdots\cdots(2)$

$(S \vee T) \rightarrow Q \cdots\cdots\cdots(3)$　　　$T \cdots\cdots\cdots(4)$

求证 R。

证明：化成子句集

$S = \{P, \neg P \vee \neg Q \vee R, \neg S \vee Q, \neg T \vee Q, T, \neg R\}$

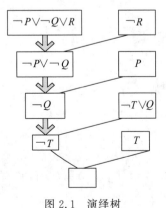

图 2.1　演绎树

归结可用图 2.1 的演绎树表示，由于根部出现空子句，因此命题 R 得证。

3. 归结反演的搜索策略

对子句集进行归结时，一个关键问题是决定选取哪两个子句做归结。为此需要研究有效的归结控制策略。

1) 排序策略

假设原始子句（包括待证明合式公式的否定的子句）称为 0 层归结式。$(i+1)$ 层的归结式是一个 i 层归结式和一个 $j(j \leqslant i)$ 层归结式进行归结所得到的归结式。

宽度优先就是先生成第 1 层所有的归结式，然后是第

2 层所有的归结式,以此类推,直到产生空子句结束,或不能再进行归结为止。深度优先是产生第 1 层的归结式,然后用第 1 层的归结式和第 0 层的归结式进行归结,得到第 2 层的归结式,直到产生空子句结束;否则,用第 2 层及以下各层进行归结,产生第 3 层。以此类推。

顺序策略的另一个策略是单元优先策略,即在归结过程中优先考虑仅由一个文字构成的子句,这样的子句称为单元子句。

2) 精确策略

精确策略不涉及被归结子句的排序,它们只允许某些归结发生。这里主要介绍 3 种精确归结策略。

(1) 支持集策略,每次归结时,参与归结的子句中至少应有一个是由目标公式的否定所得到的子句,或者是它们的后裔。

所谓后裔是说,如果 α_2 是 α_1 与另外某子句的归结式,或者 α_2 是 α_1 的后裔与其他子句的归结式,则称 α_2 是 α_1 的后裔,α_1 是 α_2 的祖先。

支持集策略是完备的,即假如对一个不可满足的子句集合运用支持集策略进行归结,那么最终会导出空子句。

(2) 线性输入,参与归结的两个子句中至少有一个原始子句集中的子句(包括那些待证明的合式公式的否定)。

线性输入策略是不完备的。如子句集合 $\{P \vee Q, P \vee \neg Q, \neg P \vee Q, \neg P \vee \neg Q\}$ 不可满足,但是无法用线性输入归结推出。

(3) 祖先过滤,由于线性输入策略是不完备的,改进该策略得到祖先过滤策略:参与归结的两个子句中至少有一个是初始子句集中的句子,或者一个子句是另一个子句的祖先。该策略是完备的。

2.4.2 谓词逻辑中的归结推理

和命题演算一样,在谓词演算中也具有归结推理规则和归结反演过程。只是由于谓词演算中的量词和个体变元等问题,使得谓词演算中的归结问题比命题演算中的归结问题复杂很多。

1. 合一算法

考虑集合 $\{P(a), P(x)\}$。为了求出该集合的合一置换,首先找出两个表达式的不一致之处,然后再试图消除。对 $P(a)$ 和 $P(x)$,不一致之处可用集合 $\{a, x\}$ 表示。由于 x 是变量,可以取 $\theta = \{a/x\}$,于是有 $P(a)\theta = P(x)\theta = P(a)$,即 θ 是 $\{P(a), P(x)\}$ 的合一置换。这就是合一算法所依据的思想。

例 2.8 求下面集合的差异集:
$$W = \{P(x, f(y,z)), P(x, a), P(x, g(h(k(x))))\}$$

解:在 W 的 3 个表达式中,前 4 个对应符号"$P(x,$"是相同的,第 5 个符号不全相同,所以 W 的不一致集合为 $\{f(y,z), a, g(h(k(x)))\}$。

假设 D 是 W 的差异集,有以下结论:

若 D 中无变量符号,则 W 是不可合一的。

若 D 中只有一个元素,则 W 是不可合一的。

若 D 中有变量符号 x 和项 t,且 x 出现在 t 中,则 W 是不可合一的。

下面给出合一算法。

第 1 步:置 $k=0$,$W_k=W$,$\delta_k=\varepsilon$。

第 2 步:若 W_k 中只有一个元素,终止,并且 δ_k 为 W 的最一般合一;否则求出 W_k 的差异集 D_k。

第 3 步:若 D_k 中存在元素 v_k 和 t_k,并且 v_k 是不出现在 t_k 中的变量,则转向第 4 步;否则终止,并且 W 是不可合一的。

第 4 步:置 $\delta_{k+1}=\delta_k\{t_k/v_k\}$,$W_{k+1}=W_k\{t_k/v_k\}$(记 $W_{\delta_{k+1}}$ 为 W_{k+1})。

第 5 步:置 $k=k+1$,转向第 2 步。

注意:在第 3 步,要求 v_k 不出现在 t_k 中,这称为 occur 检查,算法的正确性依赖于它。例如,假设 $W=\{P(x,x),P(y,f(y))\}$,执行合一算法,结果如下:

(1) $D_0=\{x,y\}$。

(2) $\delta_1=\{y/x\}$,$W_{\delta_1}=\{P(x,x),P(y,f(y))\}$。

(3) $D_1=\{y,f(y)\}$,因为 y 出现在 $f(y)$ 中,W 不可合一。但是如果不做 occur 检查,则算法不能停止。

2. 谓词逻辑的归结过程

设 C_1 和 C_2 为不具有完全相同变元的两个子句,子句中的变量已标准化。采用文字集的形式来表示子句(即文字之间理解为析取关系),则有

$$C_1=\{C_{1i}\},(i=1,2,\cdots,n)$$
$$C_2=\{C_{2j}\},(j=l,2,\cdots,m)$$

设 $\{L_{1K}\}$ 和 $\{L_{2K}\}$ 分别为 C_1 和 C_2 的两个子集。若 $\{L_{1K}\}$ 和 $\{\neg L_{2K}\}$ 的并集存在一个 mgus,则两个子句的归结式为

$$C=\{\{C_{1i}\}-\{L_{1K}\}\}s\bigcup\{\{C_{2j}\}-\{L_{2K}\}\}s$$

可能有多种方式选取 $\{L_{1K}\}$ 和 $\{L_{2K}\}$,因此归结式不是唯一的。

例:$C_1=P(x,f(A))\vee P(x,f(y))\vee Q(y)$

$C_2=\neg P(z,f(A))\vee\neg Q(z)$

(1) 取 $L_{11}=P(x,f(A))$,$L_{21}=\neg P(z,f(A))$,则 $s=\{z/x\}$ 使 L_{11} 和 $\neg L_{21}$ 合一,归结式为

$$P(z,f(y))\vee Q(y)\vee\neg Q(z)$$

(2) 取 $L_{11}=P(x,f(y))$,$L_{21}=\neg P(z,f(A))$,则 $s=\{z/x,A/y\}$,归结式为

$$Q(A)\vee\neg Q(z)$$

(3) 取 $L_{11}=Q(y)$,$L_{21}=\neg Q(z)$,则 $s=\{y/z\}$,归结式为

$$P(x,f(A))\vee P(x,f(y))\vee P(y,f(A))$$

选择不同文字对做归结时可得到不同的归结式,但由于都是用最一般的合一者作置换,因此这些归结式仍是最一般的归结式。用最一般的归结式,以增加归结过程的灵活性。

例 2.9 已知：

(1) 会朗读的人是识字的；

(2) 海豚都不识字；

(3) 有些海豚是很机灵的。

证明：有些很机灵的东西不会朗读。

解：把问题用谓词逻辑描述如下，

已知：

(1) $(\forall x)(R(x) \to L(x))$

(2) $(\forall x)(D(x) \to \neg L(x))$

(3) $(\exists x)(D(x) \wedge I(x))$

求证：$(\exists x)(I(x) \wedge \neg R(x))$

前提化简，待证结论取反并化成子句形，求得子句集：

(1) $\neg R(x) \vee L(x)$

(2) $\neg D(y) \vee \neg L(y)$

(3a) $D(A)$

(3b) $I(A)$

(4) $\neg I(z) \vee R(z)$

一个可行的证明过程：

(5) $R(A)$ (3b)和(4)的归结式

(6) $L(A)$ (5)和(1)的归结式

(7) $\neg D(A)$ (6)和(2)的归结式

(8) NIL   (7)和(3a)的归结式

3. 归结反演

和命题逻辑一样，谓词逻辑的归结反演也是仅有一条推理规则的问题求解方法，为证明 $\vdash A \to B$，其中 A、B 是谓词公式，使用反演过程，先建立合式公式：

$$G = A \wedge \neg B$$

进而得到相应的子句集 S，只需证明 S 是不可满足的即可。

例 2.10 "某些患者喜欢所有医生。没有患者喜欢庸医。所以没有医生是庸医。"定义谓词如下：$P(x)$ 表示"x 是患者"，$D(x)$ 表示"x 是医生"，$Q(x)$ 表示"x 是庸医"，$L(x, y)$ 表示"x 喜欢 y"。前提和结论可以符号化如下：

A_1：$(\exists x)(P(x) \wedge (\forall y)(D(y) \to L(x, y)))$

A_2：$(\forall x)(P(x) \to (\forall y)(Q(y) \to \neg L(x, y)))$

G：$(\forall x)(D(x) \to \neg Q(x))$

目的是证明 G 是 A_1 和 A_2 的逻辑结论，即证明 $A_1 \wedge A_2 \wedge \neg G$ 是不可满足的。首先求出子句集合：

A_1：$(\exists x)(P(x) \wedge (\forall y)(D(y) \to L(x, y)))$

$\to (\exists x)(\forall y)(P(x) \wedge (\neg D(y) \vee L(x, y)))$

Skolem 化：$(\forall y)(P(a)\wedge(\neg D(y)\vee L(a,y)))$

A_2：$(\forall x)(P(x)\rightarrow(\forall y)(Q(y)\rightarrow\neg L(x,y)))$

$\rightarrow(\forall x)(\neg P(x)\vee(\forall y)(\neg Q(y)\vee\neg L(x,y)))$

$\rightarrow(\forall x)(\forall y)(\neg P(x)\vee(\neg Q(y)\vee\neg L(x,y)))$

$\neg G$：$\neg(\forall x)(D(x)\rightarrow\neg Q(x))$

$\rightarrow(\exists x)(D(x)\wedge Q(x))$

Skolem 化：$(D(b)\wedge Q(b))$

因此 $A_1\wedge A_2\wedge\neg G$ 的子句集合 S 为

$S=\{P(a),\neg D(y)\vee L(a,y),\neg P(x)\vee\neg Q(y)\vee\neg L(x,y),D(b),Q(b)\}$

归结证明 S 是不可满足的：

(1) $P(a)$

(2) $\neg D(y)\vee L(a,y)$

(3) $\neg P(x)\vee\neg Q(y)\vee\neg L(x,y)$

(4) $D(b)$

(5) $Q(b)$

(6) $L(a,b)$　　　　　　　　　　由第(2)、(4)句归结得到

(7) $\neg Q(y)\vee\neg L(a,y)$　　　　由第(1)、(3)句归结得到

(8) $\neg L(a,b)$　　　　　　　　　由第(5)、(7)句归结得到

(9) NIL　　　　　　　　　　　　由第(6)、(8)句归结得到

2.4.3　谓词演算归结反演的合理性和完备性

归结原理是反演完备的,即如果一个子句集合是不可满足的,则归结将会推导出矛盾。归结不能用于产生某子句集合的所有结论,但是它可以用于说明某个给定的句子是该子句集合所蕴涵的。因此,使用前面介绍的否定目标的方法,它可以发现所有的答案。

1. Herbrand 域和 Herbrand 解释

在归结反演中,为了证明 A 为 G 的结论,把 A 的否定命题加入 G 中,证明 G 的子句集合 S 不可满足。因为合式公式的解释有无穷多种,研究所有定义域上的所有解释是不可能的。存在这种定义域(Herbrand 域, H 域),如果子句集合 S 是不可满足的,当且仅当对 H 上的所有解释, S 的真值都为假。

2. 语义树

由 H 解释的定义可以看出,通常子句集合 S 的 H 解释的个数是可数个,这样可以使用"语义树"枚举出 S 的所有可能的 H 解释,形象地描述子句集在 H 域上的所有解释,以观察每个分枝对应的 S 的逻辑真值是真是假。

当子句集包含的原子公式均为命题时,其原子集是有限集,则很容易画出完整的语义树。如图 2.2 所示,为完全语义树。

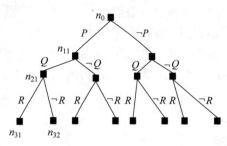

图 2.2 完全语义树

3. Herbrand 定理

在上述研究工作的基础上，Herbrand 提出了后来以他名字命名的 Herbrand 定理，该定理是符号逻辑中的重要定理，它是机器定理证明的基础。由前面的 H 解释的性质知道，若子句集合 S 按它的任一 H 解释都为假，则可以判定 S 是不可满足的。通常 S 的 H 解释的个数是可数个，可以使用语义树来组织它们。

定理 2.18 （Ⅰ 型 Herbrand 定理）

子句集合 S 是不可满足的，当且仅当相应 S 的每个完全语义树都存在有限封闭的语义树。

定理 2.19 （Ⅱ 型 Herbrand 定理）

子句集合 S 是不可满足的，当且仅当存在不可满足的 S 的有限基例集。

定理 2.20 （归结原理的完备性）

子句集合 S 是不可满足的，当且仅当存在使用归结推理规则由 S 对空子句的演绎。

需要注意的有以下几点：

(1) 归结原理是不可判定的。即如果 S 不是不可满足的，则使用归结原理方法可能得不到任何结果。

(2) 归结原理是建立在 Herbrand 定理之上的。

(3) 如果在子句集 S 中允许出现等号或不等号时，归结法就不完备了。

(4) 归结方法是一种可以机械化实现的方法，它是 Prolog 语言的基础。

2.4.4 归结原理的应用实例

归结原理不仅可以用于定理证明，而且也可以用来求取问题的答案。方法是定义一个新的谓词 ANSWER，加到目标公式的否定中，把新形成的子句加入子句集中进行归结，具体步骤如下。

(1) 把已知前提条件用谓词公式表示出来，并且化为子句集 S。

(2) 把待求解的问题用谓词公式表示出来，然后将其否定，并与谓词公式 ANSWER 构成析取式。ANSWER 是一个为了求解问题而专设的谓词，并且其变元必须与谓词公式中的变元一致。

(3) 将(2)中的析取式化为子句集，并且将该子句集并入到子句集 S 中。得到子句集 S'。

(4) 对子句集 S' 应用归结原理进行归结。

(5) 若得到归结式 ANSWER,则答案就在 ANSWER 中。

例 2.11　已知:小张和小李是同班同学,如果 x 和 y 是同班同学,则 x 上课的教室也是 y 上课的教室。现在小张在 301 教室上课,请问小李在哪个教室上课?

解:

(1) 定义谓词和个体。

$C(x,y)$ 表示 x 和 y 是同班同学

$A(x,z)$ 表示 x 在 z 教室上课

Zhang 表示个体小张

Li 表示个体小李

(2) 将已知事实和结论用谓词表示法表示。

已知:$C(\text{Zhang},\text{Li})$

$(\forall x)(\forall y)(\forall z)(C(x,y) \wedge A(x,y) \rightarrow A(y,z))$

$A(\text{Zhang},301)$

求解:$\neg(\exists v)A(\text{Li},v) \vee \text{ANSWER}(v)$

(3) 将已知事实和结论的否定式化为子句集。

① $C(\text{Zhang},\text{Li})$

② $\neg C(x,y) \vee \neg A(x,z) \vee A(y,z)$

③ $A(\text{Zhang},301)$

④ $\neg A(\text{Li},v) \vee \text{ANSWER}(v)$

(4) 将子句集进行归结。

⑤ $\neg A(\text{Zhang},z) \vee A(\text{Li},z)$　　①与②式归结 $\{\text{Zhang}/x,\text{Li}/y\}$

⑥ $A(\text{Li},301)$　　③与⑤式归结 $\{301/z\}$

⑦ $\text{ANSWER}(301)$　　④与⑥式归结 $\{301/v\}$

求得小李在 301 教室上课。

例 2.12　某旅游团去西藏旅游,除拉萨市之外,还有 6 个城市或景区可供选择:E 市、F 市、G 湖、H 山、I 峰、J 湖。考虑时间、经费、高原环境和人员身体状况等因素,决定如下:

(1) G 湖和 J 湖中至少去一个地方。

(2) 如果不去 E 市或者不去 F 市,则不能去 G 湖游览。

(3) 如果不去 E 市,也不能去 H 山游览。

(4) 如果去 J 湖,则去 I 峰。

如果由于气候的原因,这个团队不去 I 峰,那么该团队一定去哪些景点游览?

解:谓词 $g(x)$ 表示旅游团去景点 x 游览。将已知条件表示如下:

$g(G) \vee g(J)$

$\neg g(E) \vee \neg g(F) \rightarrow \neg g(G)$

$\neg g(E) \rightarrow \neg g(H)$

$g(J) \rightarrow g(I)$

$\neg g(I)$

求：$\neg g(x) \vee \text{ANSWER}(x)$

将上述各式化为子句集：

(1) $g(G) \vee g(J)$

(2) $g(E) \vee \neg g(G)$

(3) $g(F) \vee \neg g(G)$

(4) $g(E) \vee \neg g(H)$

(5) $\neg g(J) \vee g(I)$

(6) $\neg g(I)$

(7) $\neg g(x) \vee \text{ANSWER}(x)$

应用归结原理进行归结：

(8) $g(E) \vee g(J)$ (1)与(2)进行归结

(9) $g(F) \vee g(J)$ (1)与(3)进行归结

(10) $g(G) \vee g(I)$ (1)与(5)进行归结

(11) $\neg g(J)$ (5)与(6)进行归结

(12) $g(G)$ (1)与(11)进行归结

(13) $g(E) \vee g(I)$ (2)与(10)进行归结

(14) $g(F) \vee g(I)$ (3)与(10)进行归结

(15) $g(E)$ (6)与(13)进行归结

(16) $g(F)$ (6)与(14)进行归结

(17) $\text{ANSWER}(G)$ (7)与(12)进行归结$\{G/x\}$

(18) $\text{ANSWER}(E)$ (7)与(15)进行归结$\{E/x\}$

(19) $\text{ANSWER}(F)$ (7)与(16)进行归结$\{F/x\}$

求得该旅游团一定去 G 湖、E 市和 F 市游览。

例 2.13 设 A、B、C 中有人从来不说真话,也有人从来不说假话,某人向这三人分别同时提出一个问题：谁是说谎者? A 答:"B 和 C 都是说谎者";B 答:"A 和 C 都是说谎者";C 答:"A 和 B 中至少有一个人说谎。"用归结原理求谁是老实人,谁是说谎者?

解：用 $T(x)$ 表示 x 说真话。

如果 A 说的是真话则有：$T(A) \rightarrow (\neg T(B) \wedge \neg T(C))$

如果 A 说的是假话则有：$\neg T(A) \rightarrow (T(B) \vee T(C))$

对 B 和 C 所说的话做相同的处理,可得：

$T(B) \rightarrow (\neg T(A) \wedge \neg T(C))$

$\neg T(B) \rightarrow (T(A) \vee T(C))$

$T(C) \rightarrow (\neg T(A) \vee \neg T(B))$

$\neg T(C) \rightarrow (T(A) \wedge T(B))$

将上面的公式化为子句集 S：

(1) $\neg T(A) \vee \neg T(B)$

(2) $\neg T(A) \vee \neg T(C)$

(3) $T(A) \vee T(B) \wedge T(C)$

(4) $\neg T(B) \lor \neg T(C)$

(5) $\neg T(A) \lor \neg T(B) \lor \neg T(C)$

(6) $T(A) \lor T(C)$

(7) $T(A) \lor T(C)$

首先求谁是老实人，即 $T(x)$。把 $\neg T(x) \lor \text{ANS}(x)$ 并入 S 中，得到子句集 S_1，即 S_1 比 S 中多了一个子句：

(8) $\neg T(x) \lor \text{ANS}(x)$

应用归结原理对 S_1 进行归结：

(9) $\neg T(A) \lor T(C)$	(1)与(7)归结
(10) $T(C)$	(6)与(9)归结
(11) $\text{ANS}(C)$	(8)与(10)归结，$\{C/x\}$

归结得到的子句仅剩下辅助谓词，这样就得到了答案，即 C 是老实人，C 从来不说假话。

下面来证明 A 和 B 不是老实人，设 A 不是老实人，则有 $\neg T(A)$，将其否定并入 S 中，得到子句集 S_2，即 S_2 比 S 多了一个子句：

(8)' $\neg(\neg T(A))$ 即 $T(A)$

利用归结原理进行归结：

(9)' $\neg T(A) \lor T(C)$	(1)与(7)归结
(10)' $T(C)$	(6)与(9)'归结
(11)' $\neg T(A)$	(2)与(10)'归结
(12)' NIL	(8)'与(11)'归结

即可证明 A 不是老实人，用同样的方法可以证明 B 也不是老实人。

2.5　产生式系统

产生式知识表示方法由美国数学家 E. Post 于 1943 年提出，他设计的 Post 系统，目的是为了构造一种形式化的计算模型，模型中的每一条规则称为一个产生式。所以，产生式表示法又称为产生式规则表示法，它和图灵机有相同的计算能力。目前产生式表示法已成为人工智能中应用最多的一种知识表示方法，许多成功的智能软件都采用产生式系统的典型结构，机器翻译的一些基础部分模块分析也使用产生式规则，因而本节将阐述产生式系统。

2.5.1　产生式系统的基本形式

产生式通常用于表示具有因果关系的知识，其基本形式是

$$P \rightarrow Q$$

或者

$$\text{If } P \text{ then } Q$$

其中，P 是产生式的前提或条件，用于指出该产生式是否是可用的条件；Q 是一组结

论或动作,用于指出该产生式的前提条件 P 被满足时,应该得出的结论或应该执行的操作。P 和 Q 都可以是一个或一组数学表达式或自然语言。

从上面的论述可以看出,产生式的基本形式和谓词逻辑中的蕴涵式具有相同的形式,但蕴涵式是产生式的一种特例,它们的区别如下。

(1) 蕴涵式只能表示经确定的知识,其真值或为真,或为假;而产生式不仅可以表示精确知识,还可以表示不精确的知识。

(2) 在用产生式表示知识的智能系统中,决定一条知识是否可用的方法是检查当前是否有已知事实可与前提中所规定的条件匹配,而且匹配可以是精确的,也可以是不精确的,只要按照某种算法求出前提条件与已知事实的相似度达到某个指定的范围,就认为是可匹配的。但在谓词逻辑中,蕴涵式前提条件的匹配总要求是精确的。

2.5.2 产生式系统的系统结构

一个高效的人工智能系统需要有大量的相关知识作为背景,问题求解所需的知识即问题求解框架包含的三方面知识:叙述性知识、过程性知识和控制性知识,与这三方面知识对应,产生式系统结构也包含三个组成部分:动态数据库、产生式规则库和推理机。如图 2.3 所示。

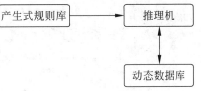

图 2.3 产生式系统结构图

动态数据库也称为全局数据库、黑板,是产生式系统所使用的主要数据结构,它存放输入的事实和问题状态,包括推理的中间结果和最后结果。动态数据库中的数据根据应用的问题不同,可以是常量、变量、谓词、表结构和图像等。动态数据库对应着叙述性知识,相当于人类的短期记忆功能。

产生式规则库也称产生式规则集或知识库,是用规则形式表示的知识的集合。规则集包含将问题从初始状态转换到目标状态的所有转换规则,按照其逻辑关系,一般可以形成一个称为推理网络的结构图。产生式规则库对应着过程性知识,相当于人类的长期记忆功能。

推理机也称控制执行机构,负责将动态数据库中的事实与产生式规则库中的前提进行匹配,并且采用合适的策略从已匹配的规则中选择规则,然后,执行规则后件的动作或结果,规则的执行会改变全局数据库中的内容。另外推理机还负责规则的解释等功能。推理机对应着控制性知识。

对于复杂的产生式系统,其控制系统还可以是一个产生式系统,以此类推,这样的产生式系统称为高阶产生式系统。

很多问题的求解系统结构可以表示为产生式系统结构,下面通过一个例子来说明构造问题求解的产生式系统。

例 2.14 猴子摘香蕉问题。一个房间里,天花板上挂着一串香蕉,地上有一只猴子,还有一只可被猴子推移的箱子,而且当猴子登上箱子时刚好可以摘到香蕉。设猴子在房间的 a 处,箱子在 b 处,香蕉在 c 处,如图 2.4 所示。问猴子如何行动可以摘取香蕉? 建立产生式系统。

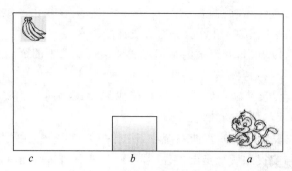

图 2.4　猴子摘香蕉问题图

解：按照生产系统的结构，猴子摘香蕉问题的产生式系统建立如下：

(1) 全局数据库中的事实主要表达问题在求解过程中所处的各种状态，此处就是要表示猴子的水平位置、猴子是否在箱子上、箱子的水平位置以及猴子是否拿到香蕉，因此用四元组 (w, x, y, z) 来表示状态，其中：

w 表示猴子的水平位置，取值为 a、b、c；

x 表示猴子是否在箱顶，0 表示不在箱顶，1 表示在箱顶；

y 表示箱子的水平位置，取值为 a、b 或 c；

z 表示猴子是否拿到香蕉，0 表示没有拿到香蕉，1 表示拿到香蕉。

初始事实是 $(a, 0, b, 0)$，目标位置为 $(c, 1, c, 1)$。

(2) 规则集如表 2.2 所示。

表 2.2　猴子摘香蕉问题规则集

规　　则	动　　作	条　　件	动态数据库事实变化
R_1	goto(u)	$(w, 0, y, z)$	$(u, 0, y, z)$
R_2	pushbox(v)	$(w, 0, w, z)$	$(v, 0, v, z)$
R_3	climbbox	$(w, 0, w, z)$	$(w, 1, w, z)$
R_4	grasp	$(c, 1, c, 0)$	$(c, 1, c, 1)$

(3) 推理：

$$(a, 0, b, 0) \xrightarrow[\text{goto}(b)]{R_1} (b, 0, b, 0) \xrightarrow[\text{pushbox}(c)]{R_2} (c, 0, c, 0) \xrightarrow[\text{climbbox}]{R_3} (c, 1, c, 0) \xrightarrow[\text{grasp}]{R_4} (c, 1, c, 1)$$

推理过程中可以使用各种搜索策略选择规则，如广度优先搜索、最好优先搜索等。终止条件是猴子摘到香蕉，即分量 z 为 1。

2.5.3　产生式系统的控制策略

如何选择一条可应用的规则，作用于当前的综合数据库，生成新的状态以及记住选用的规则序列是构成控制策略的主要内容。

产生式系统的运行就表现出一种搜索过程，在每一个循环中选一条规则试用，直至找到某一个序列能产生一个满足结束条件的数据库为止。

由此可见，高效率的控制策略是需要有关被求解问题的足够知识，这样才能在搜索过程中减少盲目性,比较快地找到解路径。

控制策略可划分为不可撤回方式和试探性方式两大类,其中试探性方式可分为回溯方式和图搜索方式。

1. 不可撤回方式

利用问题给出的局部知识来决定如何选取规则,根据当前可靠的局部知识选一条可应用规则并作用于当前综合数据库。再根据新状态继续选取规则,搜索过程一直进行下去,不必考虑撤回用过的规则。这是由于在搜索过程中如能有效利用局部知识,即使使用了一条不理想的规则,也不妨碍下一步选另一条更合适的规则。这样不撤销用过的规则,并不影响求到解,只是解序列中可能多了一些不必要的规则。

人们在登山过程中,目标是爬到峰顶,问题就是确定如何在下一步朝着目标前进达到顶峰。其实这就是一个在"爬山"过程中寻求函数极大值的问题。

利用高度随位置变化的函数 $H(P)$ 来引导爬山,就可实现不可撤回的控制方式。

用不可撤回的方式(爬山法)来求解登山问题,只有在登单峰的山时才总是有效的(即对单极值的问题可找到解)。对于比较复杂的情况,如碰到多峰、山脊或平顶的情况时,爬山搜索法并不总是有效的。多峰时如果初始点处在非主峰的区域,则只能找到局部优的点,即得到一个实现了目标的错觉。对有山脊的情况,如果搜索方向与山脊的走向不一致,则会停留在山脊处,并以为找到极值点。当出现大片平顶区把各山包孤立起来时,就会在平顶区漫无边际地搜索,总是试验不出度量函数有变化的情况,这导致了随机盲目的搜索。

运用爬山过程的思想使产生式系统具有不可撤回的控制方式,首先要建立一个描述综合数据库变化的函数,如果这个函数具有单极值,且这个极值对应的状态就是目标,则不可撤回的控制策略就是选择使函数值发生最大增长变化的那条规则来作用于综合数据库,如此循环下去,直到没有规则使函数值继续增长,这时函数值取最大值,满足结束条件。

以九宫图为例,用"不在位"将牌个数并取其负值 $-W(n)$ 作为状态描述的函数("不在位"将牌个数是指当前状态与目标状态对应位置逐一比较后有差异的将牌总个数,用 $W(n)$ 表示,其中 n 表示任一状态)。用这样定义的函数就能计算出任一状态的函数值来。沿着状态变化路径,可能出现有函数值不增加的情况,这时就要任选一条函数值不减小的规则来应用,如果不存在这样的规则,则过程停止。

一般说来,爬山函数会有多个局部的极大值情况,这样一来就会阻碍爬山法找到真正的目标。例如初始状态和目标状态分别如图 2.5 所示。

1	2	5
7		4
8	6	3

1	2	3
7		4
8	6	5

图 2.5　九宫图

任意一条可应用于初始状态的规则都会使 $-W(n)$ 下降,这相当于初始状态的描述函数值处于局部极大值上,搜索过程停止不前,找不到代表目标的全局极大值。

根据以上讨论看出,像九宫图这样一些问题,使用不可撤回的策略,虽然不可能对任何状态总能选得最优的规则,但是如果应用了一条不合适的规则之后,不去撤销它并不排除下一步应用一条合适的规则,只是解序列有些多余的规则而已,求得的解不是最优解,但控制较简单。

此外还应当看到,有时很难对给定问题构造出任何情况下都能通用的简单爬山函数(即不具多极值或"平顶"等情况的函数),因而不可撤回的方式具有一定的局限性。

2. 回溯方式

在问题求解过程中,有时会发现,应用一条不合适的规则会阻碍或拖延达到目标的过程。在这种情况下,需要有这样的控制策略,先试一试某一条规则,如果以后发现这条规则不合适,则允许退回去,另选一条规则来试。

对九宫图游戏,回溯应发生在以下 3 种情况:①新生成的状态在通向初始状态的路径上已出现过;②从初始状态开始,应用的规则数目达到所规定的数目之后还未找到目标状态(这一组规则的数目实际上就是搜索深度范围所规定的);③对当前状态,再没有可应用的规则。

回溯过程是一种可试探的方法,从形式上看,不论是否存在对选择规则有用的知识,都可以采用这种策略。

即如果没有有用的知识来引导规则选取,那么规则可按任意方式(固定排序或随机)选取;如果有好的选择规则的知识可用,那么用这种知识来引导规则选取,就会减少盲目性,降低回溯次数,甚至不回溯就能找到解,总之一般来说有利于提高效率,此外由于引入回溯机理,可以避免陷入局部极大值的情况,继续寻找其他达到目标的路径。

3. 图搜索方式

如果把问题求解过程用图或树的这种结构来描述,即图中的每一个结点代表问题的状态,结点间的弧代表应用的规则,那么问题的求解空间就可由隐含图来描述。

图搜索方式就是用某种策略选择应用规则,并把状态变化过程用图结构记录下来,一直到得出解为止,也就是从隐含图中搜索出含有解路径的子图来。

这是一种穷举的方式,对每一个状态可应用的所有规则都要去试,并把结果记录下来。这样,求得一条解路径要搜索较大的求解空间。当然,如果利用一些与问题有关的知识来引导规则的选择,有可能搜索较小的空间就能找到解。

对一个要求解的具体问题,有可能用不同的方式都能求得解,至于选用哪种方式更适宜,往往还需要根据其他一些实际的要求考虑决定。

2.6　知识表示的其他方法

知识的结构化表示方式的特征是结构与层次清楚。其主要优点是表示的知识自然、直观,有利于提高问题求解的效率。框架系统和语义网络是人工智能中最常用的两种结构化知识表示方法,而面向对象的表示方法是很有发展前途的结构化知识表示方法。

2.6.1　语义网络表示法

1. 事实性知识表示法

对于一些简单的事实,例如"鸟有翅膀","轮胎是汽车的一部分"等,描述这些事实需要两个结点,用前面给出的基本语义联系或自定义的基本语义联系就可以表示了。对于稍微复杂一点的事实,比如在一个事实中涉及多个事物时,如果语义网络只被用来表示一个特定的事物或概念,那么当有更多的实例时,就需要更多的语义网络,这样就使问题复杂化了。

通常把一个事物或一组相关事物的知识用一个语义网络来表示。

2. 情况、动作和事件的表示

为了描述复杂的知识,在语义网络的知识表示法中,通常采用引入附加结点的方法来解决。西蒙在其提出的表示方法中增加了情况结点、动作结点和事实结点,允许用一个结点来表示情况、动作和事件。

1)情况的表示

在用语义网络表示那些不及物动词表示的语句或没有间接宾语的及物动词表示的语句时,如果该语句的动作表示了一些其他情况,如动作作用的时间等,则需要增加一个情况结点用于指出各种不同的情况。

2)动作的表示

有些表示知识的语句既有发出动作的主体,又有接受动作的客体。在用语义网络表示这样的知识时,可以增加一个动作结点用于指出动作的主体和客体。

3)事件的表示

如果要表示的知识可以看成是发生的一个事件,那么可以增加一个事件结点来描述这条知识。

3. 连词和量词表示

在稍微复杂的一点的知识中,经常用到像“并且”“或者”“所有的”“有一些”等这样的连接词或量词。在谓词逻辑表示法中,很容易就可以表示这类知识,而谓词逻辑中的连词和量词可以用语义网络来表示。因此,语义网络也能表示这类知识。

1)合取与析取的表示

当用语义网络来表示知识时,为了能表示知识中体现出来的合取与析取的语义联系,可以通过增加合取结点与析取结点来表示。只是在使用时要注意其语义,不应出现不合理的组合情况。

2)存在量词与全称量词的表示

在用语义网络表示知识时,对存在量词可以直接用“是一种”“是一个”等语义关系来表示。对全称量词可以采用亨德里克提出的语义网络分区技术来表示,也叫分块语义网络,以解决量词的表示问题。该技术的基本思想是把一个复杂的命题划分成若干个子命题,每一个子命题用一个简单的语义网络来表示,称为一个子空间,多个子空间构成一个大空间。每个子空间看成是大空间中的一个结点,称为超结点。空间可以逐层嵌套,子空间之间用弧相互连接。

4. 用语义网络表示知识的步骤

(1)确定问题中所有对象和每个对象的属性。

（2）确定所讨论对象间的关系。

（3）根据语义网络中所涉及的关系，对语义网络中的结点及弧进行整理，包括增加结点、弧和归并结点等。

① 在语义网络中，如果结点间的联系是 ISA、AKO、AMO 等类属关系，则下层结点对上层结点具有属性继承性。整理同一层结点的共同属性，并抽取出这些属性，加入上层结点中，以免造成信息冗余。

② 如果要表示的知识中含有因果关系，则增加情况结点，并从该结点引出多条弧将原因结点和结果结点连接起来。

③ 如果要表示的知识含有动作关系，则增加动作结点，并从该结点引出多条弧将动作的主体结点和客体结点连接起来。

④ 如果要表示的知识中含有“与”和“或”关系时，可在语义网络中增加“与”结点和“或”结点，并用弧将这些“与”“或”与其他结点连接起来表示知识中的语义关系。

⑤ 如果要表示的知识含有全称量词和存在量词的复杂问题，则采用亨德里克提出的语义网路分区技术来表示。

⑥ 如果要表示的知识是规则性的知识，则应仔细分析问题中的条件与结论，并将它们作为语义网络中的两个结点，然后用 If-then 弧将它们连接起来。

（4）将各对象作为语义网络的一个结点，而各对象间的关系作为网络中各结点的弧，连接形成语义网络。

2.6.2　框架表示法

框架表示法是以框架理论为基础发展起来的一种结构化的知识表示，它主要用于表达多种类型的知识。框架理论的基本观点是“人脑已存储有大量的典型情景，当人面临新的情景时，就从记忆中选择（粗匹配）一个被称作框架的基本知识结构，这个框架是以前记忆的一个知识空框，而其具体内容会依新的情景而改变，对空框的细节加以修改和补充，形成对新情景的认识，然后又记忆于人脑中，以丰富人的知识。”

1. 框架结构

框架是一种表示某一类情景的结构化的数据结构。框架由描述事物的各个方面的槽组成，每个槽可有若干个侧面。一个槽用于描述所讨论对象的某一方面的属性，一个侧面用于描述相应属性的一个方面。槽和侧面所具有的值分别称为槽值和侧面值。槽值可以是逻辑的、数字的，可以是程序、条件、默认值或是一个子框架。槽值含有如何使用框架信息、下一步可能发生的事的信息、预计未实现时该如何做的信息等。

在一个用框架表示的知识系统中，一般都包含了多个框架，为了区分不同的框架以及一个框架内不同的槽和不同的侧面，需要分别赋予它们不同的名字，分别称为框架名、槽名及侧面名。因此，一个框架通常由框架名、槽名、侧面和值这四部分组成。

2. 框架表示知识举例

例 2.15　下面是一个描述“教师”的框架。

框架名：<教师>

类属：<知识分子>

工作：范围：（教学，科研）

默认：教学

性别：（男，女）

学历：（中专，大学）

类别：（<小学教师>，<中学教师>，<大学教师>）

在这个框架中，框架名为"教师"，它含有 5 个槽，槽名分别是"类属""工作""性别""学历"和"类别"。这些槽名后面就是其槽值，而槽值"<知识分子>"又是一个框架名。"范围""默认"是槽"工作"的两个不同的侧面，其后是侧面值。

例 2.16 下面是描述"大学教师"的框架。

框架名：<大学教师>

类属：<教师>

学位：范围：（学士，硕士，博士）

默认：硕士

专业：<学科专业>

职称：范围：（助教，讲师，副教授，教授）

默认：讲师

水平：范围：（优，良，中，差）

默认：良

从上述两例可以看出，这两个框架之间存在一种层次关系，在这里称前者为上层框架（或父框架），后者为下层框架（或子框架）。

3. 框架表示法的特点

框架表示法的特点如下。

1）继承性

这是框架的一个很重要的性质，下层框架可以从上层框架继承某些属性或值，也可以进行补充和修改。这样使得一些相同的信息不必重复存储，减少了冗余信息，节省了存储空间。

2）结构化

框架表示法是一种结构化的知识表示方法，不但把知识的内部结构表示了出来，还可以把知识之间的联系也表示出来，是一种表达能力很强的知识表示方法。

3）自然性

在人类思维和理解的活动中，分析和解释遇到的新情况时，会从记忆中选择一个类似的事物框架，通过对其细节进行修改或补充，以形成对新事物的认识。框架表示法与人们的认识活动是一致的。

4）推理灵活多变

框架表示法没有固定的推理机制，它可以根据待求解问题的特点灵活地采取多种推理方法。

框架表示法的主要不足之处在于它不善于表达过程性知识，因此它经常与产生式表示结合起来使用，以取得互补的效果。

2.6.3 面向对象表示法

近年来，在智能系统的设计与构造中，人们开始使用面向对象的思想、方法和开发技术，并在知识表示、知识库的组成与管理、专家系统的设计等方面取得了一定的进展。本节将首先讨论面向对象的基本概念，然后再对应用面向对象技术表示知识的方法进行初步探讨。

1. 面向对象的基本概念

1）对象

广义地讲，所谓"对象"是指客观世界中的任何事物，它既可以是一个具体的简单事物，也可以是由多个简单事物组合而成的复杂事物。

从问题求解的角度讲，对象是与问题领域有关的客观事物。

由于客观事物都具有自然属性及行为，因此与问题有关的对象也有一组数据和一组操作，且不同对象间的相互作用可通过互传消息来实现。

按照对象方法学的观点，一个对象的形式可以用如下的四元组表示。

对象::=<ID,DS,MS,MI>

即，一个完整的对象包括该对象的标识符 ID、数据结构 DS、方法集合 MS 和消息接口 MI。

① ID：对象的标识符，又称对象名，用以标识一个特定的对象，正如人有人名，学校有学校名一样。

② DS：对象的数据结构，描述了对象当前的内部状态和所具有的静态属性，常用<属性名,属性值>表示。

③ MS：对象的方法集合，用以说明对象所具有的内部处理方法和对接收到的消息的操作过程，它反映了对象自身的智能行为。

④ MI：对象的消息接口，是对象接收外部信息和驱动有关内部方法的唯一对外接口。这里的外部信息称为消息。

2）类

类是一种抽象机制，是对一组相似对象的抽象，具体说就是那些具有相同结构和处理能力的对象都用类来描述。

一个类实际上定义了一种对象类型，它描述了属于该对象类型的所有对象的性质。例如，"黑白电视""彩色电视"都是具体对象，但它们有共同属性，于是可以把它们抽象成"电视"，"电视"是一个类对象。各个类还可以进行进一步的抽象，形成超类。例如，对"电视""电冰箱"……，可以形成超类"家用电器"。这样类、超类和对象就形成了一个层次结构。其实该结构还可以包含更多的层次，层次越高就越抽象，越低就越具体。

3）封装

封装是指一个对象的状态只能通过它的私有操作来改变它，其他对象的操作不能直接改变它的状态。

当一个对象需要改变另一个对象的状态时,它只能向该对象发送消息,要改变的对象接受消息后就根据消息的模式找出相应的操作,并执行操作改变自己的状态。

封装是一种信息隐藏技术,是面向对象方法的重要特征之一。它使对象的用户可以不了解对象的行为实现的细节,只需用消息来访问对象,使面向对象的知识系统便于维护和修改。

4)消息

消息是指在通信双方之间传递的任何书面、口头或代码的内容。

在面向对象的方法中,对对象实施操作的唯一途径就是向对象发送消息,各对象之间的联系只能通过消息发送和接受来进行。同一消息可以送往不同的对象,不同对象对于相同形式的信息可以有不同的解释和不同的反应。一个对象可以接收不同形式、不同内容的多个消息。

5)继承

继承是指父类所具有的数据和操作可以被子类继承,除非在子类中相应的数据及操作重新进行了定义。

面向对象的继承关系与框架间属性的继承关系类似,可以避免信息冗余。

以上简单介绍了面向对象的几个最基本的概念,由此可以看出面向对象的基本特征如下。

- 模块性;
- 继承性;
- 封装性;
- 多态性。

所谓多态是指一个名字可以用多种语义,可作多种解释。例如,运算符"＋""－""＊""/"既可以做整数运算,也可以做实数运算,但它们的执行代码却截然不同。

2. 面向对象的知识表示

在面向对象的方法中,父类、子类及具体对象构成了一个层次结构,而且子类可以继承父类的数据及操作。这种层次结构及继承机制提供了分类知识的表示的支持,而且其表示方法与框架表示法有许多相似之处,只是可以按类以一定层次形式进行组织,类之间通过链实现联系。

用面向对象方法表示知识时需要对类的构成形式进行描述,不同面向对象语言所提供的类的描述形式不同,下面给出一种描述形式。

```
Class <类名>[:<父类名>]
        [<类变量表>]
        Structrue
<对象的静态结构描述>
        Method
<关于对象的操作定义>
        Restraint
```

```
<限制条件>
        EndClass
```

说明：

Class：类描述的开始标志。

<类名>：该类的名字，它是系统中该类的唯一标识。

<父类名>：是可选的，指出当前定义的类的父类，它可以指定默认值。

<类变量表>：是一组变量名构成的序列，该类中所有对象都共享这些变量，对该类对象来说它们是全局变量，当把这些变量实例化为一组具体的值时，就得到了该类的一个具体对象，即一个实例。

Structrue：后面的<对象的静态结构描述>用于描述该类对象的构成方式。

Method：后面的<关于对象的操作定义>用于定义对该类的实例可实施的各种操作，它既可以是一组规则，也可以是实现相应操作所需执行的一段程序。

Restraint：后面的<限制条件>指出该类的实例应该满足的限制条件，可以用包含类变量的谓词构成，当它不出现时表示没有限制。

EndClass：最后以 EndClass 结束类的描述。

2.7 习题

(1) 什么是知识？它有哪些特性？有哪几种分类方法？

(2) 何谓知识表示？陈述性知识表示与过程性知识表示的区别是什么？

(3) 人工智能对知识表示有什么要求？

(4) 一阶谓词逻辑表示法适合表示哪种类型的知识？它有哪些特点？

(5) 写出用一阶谓词逻辑表示法表示知识的步骤。

(6) 设有下列语句，请用相应的谓词公式把它们表示出来。

① 有的人喜欢梅花，有的人喜欢菊花，有的人既喜欢梅花又喜欢菊花。

② 李明每天下午都去玩足球。

③ 兰州市的夏天既干燥又炎热。

④ 所有人都有饭吃。

⑤ 喜欢玩篮球的人一定喜欢玩排球。

⑥ 要想出国留学，就必须通过外语考试。

(7) 对 3 枚钱币问题给出产生式系统描述。

(8) 产生式的基本形式是什么？它与谓词逻辑中的蕴涵式有什么共同处及不同处？

(9) 用谓词逻辑和语义网络分别表示"每个学生均掌握一门外语"以及"所有教师都掌握所有外语"。

(10) 用语义网络表示如下语句。

① 每个学生都有 1 支笔。

② 雪地上留下一串串脚印，有的大，有的小，有的深，有的浅。

③ 李明的父亲给了李明的每个朋友一份礼物。

（11）用语义网络表示下列知识。

① 所有的鸽子都是鸟。

② 所有的鸽子都有翅膀。

③ 信鸽是一种鸽子，它有翅膀，能识途。

（12）何谓框架？框架的一般表示形式是什么？

（13）框架表示法有何特点？叙述用框架表示法表示知识的步骤。

（14）试写出对"学生框架"的描述。

（15）框架系统中求解问题的一般过程是什么？

（16）何谓对象？何谓类？封装及继承的含义是什么？

（17）什么是状态空间？状态空间是怎样构成的？

（18）写出用状态空间表示法表示问题的一般步骤。

（19）用逻辑方法表示下面的知识，然后转换成框架表示。

John gave the book to Mary.

Bill gave the pen to the person whom John gave the book.

第 **3** 章

搜 索 技 术

从工程应用的角度来看,开发人工智能技术的一个主要目的就是解决非平凡问题,即难以用常规技术(数值计算、数据库应用等)直接解决的问题。这些问题的求解依赖于问题本身的描述和应用领域相关知识的应用方式。广义地说,人工智能问题都可以看作是一个问题求解的过程。因此问题求解是人工智能的核心问题,其要求是在给定条件下寻求一个能解决某类问题且能在有限步内完成的算法。

按解决问题所需的领域的特有知识的多寡,问题求解系统可以划分为两大类,即知识贫乏系统和知识丰富系统。前者必须依靠搜索技术去解决问题,后者则需要求助于推理技术。

搜索直接关系到智能系统的性能与运行效率,因此美国人工智能专家尼尔逊在1974年把它列为人工智能研究的5个核心问题(知识的模型化和表示;常识性推理;演绎和问题求解;启发式搜索;人工智能系统和语言)之一。

现在,搜索技术渗透在各种人工智能系统中,可以说没有哪一种人工智能系统应用不到搜索方法。在专家系统、自然语言理解、自动程序设计、模式识别、机器人学、信息检索和博弈等领域都广泛使用了搜索技术。

本章首先讨论搜索的有关概念,然后着重介绍盲目搜索、启发式搜索和与或图的搜索,最后讨论博弈问题的智能搜索算法以及高级搜索技术。

3.1 搜索原理概述

3.1.1 搜索的基本概念及其方法分类

人工智能所要解决的问题大部分是结构不良或非结构化的问题,对这样的问题一般不存在成熟的求解算法可供利用,而只能是利用已有的知识一步步地摸索着前进,在此过程中,存在着如何寻找可用知识的问题,即如何确定推理路线,使其付出的代价尽可能少,而问题又能得到较好的解决。如在正向演绎推理中,对已知的初始事实,需要在知识库中寻找可使用的知识,这就存在按何种路线进行寻找的问题。另外,可能存在多条路线都可实现对问题的求解,这就又存在按哪一条路线进行求解以获得较高的运行效率的问题。像这样根据问题的实际情况不断寻找可利用的知识,从而构造一条代价较少的推理路线,使问题得到圆满解决的过程称为搜索。

在人工智能中,即使对于结构性能较好,理论上有算法可依的问题,由于问题本身的复杂性以及计算机在时间、空间上的局限性,有时也需要通过搜索来求解。例如在博弈问题中,计算机为了取得胜利,需要在每走一步棋之前,考虑所有的可能性,然后选择最佳走步。找到这样的算法并不困难,但计算机却要付出惊人的时空代价。

搜索分为盲目搜索和启发式搜索。盲目搜索是按预定的控制策略进行搜索,在搜索过程中获得的中间信息不用来改进控制策略。由于搜索总是按预先规定的路线进行,没有考虑到问题本身的特性,所以这种搜索具有盲目性,效率不高,不便于复杂问题的求解。启发式搜索是在搜索中加入了与问题有关的启发性信息,用以指导搜索朝着最有希望的方向前进,加速问题的求解过程并找到最优解。

显然,启发式搜索优于盲目搜索。但由于启发式搜索需要具有与问题本身特性有关的信息,而这并非对每一类问题都可方便地抽取出来,因此盲目搜索仍不失为一种应用较多的搜索策略。

3.1.2 搜索空间和搜索算法

在人工智能中,搜索问题一般包括两个重要问题:搜索什么,在哪里搜索。搜索什么通常指的就是目标,而在哪里搜索就是指搜索空间。搜索空间通常是指一系列状态的集合,因此也称为状态空间。与通常的搜索空间不同,人工智能中大多数问题的状态空间在问题求解之前不是全部知道的。所以,人工智能中的搜索可以分成两个阶段:状态空间的生成阶段和在该状态空间中对目标状态的搜索。由于一个问题的整个状态空间可能会非常大,在搜索之前生成整个空间会占用太大的存储空间。为此,状态空间一般是逐渐扩展的,"目标"状态是在每次扩展的时候进行判断的。

一般来说,搜索方法可以根据是否使用启发式信息分为盲目搜索和启发式搜索方法,也可以根据搜索空间的表示方式分为状态空间搜索方法和与或图搜索方法。状态空间搜索是用状态空间法来求解问题所进行的搜索,与或图搜索是指用问题归约方法来求解问题时所进行的搜索。状态空间法和问题归约法是人工智能中最基本的两种问题表示方法。

在搜索问题中,主要的工作是找到正确的搜索算法。搜索算法一般可以通过下面4个标准来评价。

(1)完备性:如果存在一个解答,该策略是否保证能够找到?

(2)时间复杂性:需要多长时间可以找到解答?

(3)空间复杂性:执行搜索需要多少存储空间?

(4)最优性:如果存在不同的几个解,该算法是否可以发现最高质量的解?

搜索算法制定了状态空间或问题空间扩展的方法,也决定了状态或问题的访问顺序。不同的搜索算法在人工智能领域的命名也不同。例如,在状态空间为一棵树的问题上有两种基本的搜索算法。如果首先扩展根结点,然后扩展根结点生成的所有结点,再扩展这些结点的后继,如此反复下去,则这种算法称为宽度优先搜索,另一种方法是,在树的最深一层的结点中扩展一个结点,只有当搜索遇到一个死亡结点(非目标结点并且是无法扩展的结点)的时候,才返回上一层选择其他的结点搜索。这种算法称为深度优先搜索。然而,无论是宽度优先搜索还是深度优先搜索,结点的遍历顺序都是固定的,即一旦搜索空间给定,结点遍历的顺序就固定了。这种类型的遍历称为"确定"的,也就是盲目搜索。而对于启发式搜索,在计算每个结点的参数之前无法确定先选择哪个结点扩展,这种搜索一般称为"非确定"的。

3.2 盲目搜索策略

下面介绍几种常用的盲目搜索方法,首先介绍生成再测试法这个一般的算法框架,然后介绍性能较好的迭代加深算法,最后介绍等代价搜索算法。

3.2.1 生成再测试法

最简单的盲目搜索方法是"生成再测试"方法。该方法的算法描述如下。

```
Procedure Generate&Test
    Beagin
        Repeat
            生成一个新的状态,称为当前状态;
        Until 当前状态 = 目标;
    End
```

显然,上述算法在每次 Repeat-Until 循环中都生成一个新的状态,并且只有当新的状态等于目标状态的时候才退出。在该算法中最重要的部分是新状态的生成。如果生成的新状态不可扩展,则该算法应该停止,为了简单起见,在上述算法中省略了这一部分。

宽度优先搜索算法和深度优先搜索算法可以看做是生成再测试方法的两个具体版本。它们的区别是生成新状态的顺序不同。假设问题空间是一棵树,则深度优先搜索总是优先生成并测试深度增加的结点,而宽度优先搜索则总是优先搜索同一深度的结点。深度优先搜索和宽度优先搜索具有两个主要的特点:①它们只能用于求解搜索空间为树的问题,如果用于处理存在环的搜索空间,则它们都有可能陷入无限循环而无法停止;②宽度优先搜索能够保证找到路径长度最短的解(最优解),而深度优先搜索无法保证这一点。第一个特点是我们不希望的,最好优先搜索算法可以弥补此缺点。对于第二个特点,应该认识到宽度优先搜索的优势是以巨大的存储为代价的。假设问题空间中每个结点平均有 b 个子结点,目标结点的深度为 d,则宽度优先搜索在最坏情况下需要存储 $O(bd)$ 个结点;相对而言,深度优先搜索则仅需存储 $O(d)$ 个结点。那么,能否设计一种搜索方法结合宽度优先搜索保证最优性的优势与深度优先搜索在存储上的优势?下面介绍的迭代加深搜索方法就具有此性质。

3.2.2 迭代加深搜索

对于深度 d 比较大的情况,深度优先搜索可能沿着一个不含目标结点的分枝探寻很长时间,在找不到解的同时还浪费了资源。一种较好的方法是对搜索的深度进行控制,这就是有界深度优先搜索方法的主要思想。有界深度优先搜索过程总体上按深度优先算法方法进行,但对搜索深度给出一个深度限制 d_m,当深度达到了 d_m 的时候,如果还没有找到解答,就停止对该分枝的搜索,换到另外一个分枝进行搜索。

对于有界深度优先搜索策略,有以下几点需要说明。

(1) 在有界深度优先搜索算法中,深度限制 d_m 是一个很重要的参数。当问题有解,且解的路径长度小于或等于 d_m 时,则该算法一定能够找到解。但是和深度优先搜索一样,这并不能保证最先找到的是最优解,此情况下的有界深度而搜索是完备的但不是最优的。但是当 d_m 取得太小,而解的路径长度大于 d_m 时,则搜索过程中就找不到解,此情况下的搜索过程甚至是不完备的。

(2) 深度限制 d_m 不能太大。当 d_m 太大时,搜索过程会产生过多的无用结点,既浪费了计算机资源,又降低了搜索效率。

(3) 有界深度优先搜索的主要问题是深度限制 d_m 的选取。该值也被称为状态空间的直径,如果该值设置的比较合适,则会得到比较有效的有界深度优先搜索。但是对于很多问题,预先无法知道该值到底为多少,只有在该问题求解完成后才能确定出深度限制 d_m,而那是确定的 d_m 对搜索算法没有意义。为了解决上述问题,可采用如下的改进办法:先任意设定一个较小的数作为 d_m,然后按有界深度算法搜索,若在此深度限制内找到了解,则算法结束;如在此限制内没有找到问题的解,则增大深度限制 d_m,继续搜索。此方法称为迭代加深搜索。

迭代加深搜索是一种回避选择选择最优深度限制问题的策略,它是试图尝试所有可能的深度限制:深度首先为 0,然后为 1,然后为 2……一直进行下去。如果初始深度为 0,则该算法只生成根结点,并检测它。如果根结点不是目标,则深度加 1,通过典型的深度优先搜索算法,生成深度为 1 的树。同样,当深度限制为 m 时,它将生成深度为 m 的树。

迭代加深搜索过程描述如下:

```
Procedure - Iterative - deeping
Begin
    For d = 1 to ∞ Do
    Begin
        从初始结点执行深度限制为 d 的有界深度优先搜索;
        如果找到解,则过程结束;
        如果本次迭代中访问的所有结点的深度都小于 d,则过程结束;
    End
End
```

通过分析可以发现,迭代加深搜索看起来会很浪费资源,因为它在深度限制为 $d+1$

的迭代过程中将重复搜索深度限制为 d 的迭代访问过的结点。然而对于很多问题,这种多次的扩展负担实际上很小,直觉上可以想象,如果一棵树的分枝系数很大,几乎所有的结点都在最底层上,则对于上面各层结点扩展多次对整个系统的影响不是很大。

宽度优先搜索,深度优先搜索,深度优先搜索和迭代加深搜索都是生成再测试算法的具体版本。迭代加深搜索结合了宽度优先搜索和深度优先搜索的优点。表 3.1 总结了宽度优先搜索、深度优先搜索、有界深度搜索和迭代加深搜索的主要特点。

表 3.1　几个盲目搜索算法的特点对比

标　　准	宽度优先搜索	深度优先搜索	有界深度搜索	迭代加深搜索
时间	b^d	b^m	b^l	b^d
空间	b^d	b^m	b^l	b^d
最优	是	否	否	是
完备	是	否	如果 $l>d$,是	是

注:b 是分枝系数,d 是解答的深度,m 是搜索树的最大深度,l 是深度限制。

3.3　启发式搜索

前文讨论的各种搜索方法都是按事先规定的路线进行搜索的,没有用到问题本身的特征信息,具有较大的盲目性,产生的无用结点较多,搜索空间较大,效率不高。如果能够利用问题自身的一些特征信息来指导搜索过程,则可以缩小搜索范围,提高搜索效率。

启发式搜索通常用于两种不同类型的问题,正向推理和反向推理。正向推理一般用于状态空间的搜索。在正向推理中。推理是从预先定义的初始状态出发向目标状态执行。反向推理一般用于问题归约中。在反向推理中,推理是从给定的目标状态向初始状态执行。在前一类的使用启发式函数的搜索算法中,包括通常所谓的 OR 图算法和最好优先算法,以及根据启发式函数的不同而得到的其他的一些算法,如 A* 算法等。另一方面,启发式反向推理算法通常称为 AND-OR 图搜索算法,AO* 算法就是其中一种算法。

3.3.1　启发性信息和评估函数

如果在选择结点时能充分利用与问题有关的特征信息,估计结点的重要性,就能在搜索时选择重要性较高的结点,以利于求得最优解。一般把这个过程称为启发式搜索。"启发式"实际上代表了"大拇指准则",即在大多数情况下是成功的,但不能保证一定成功的准则。

与被解问题的某些特征有关的控制信息(如解的出现规律、解的结构特征等)称为搜索的启发信息,它反映在评估函数中。评估函数的作用是估计待扩展的各结点在问题求解中的价值,即评估结点的重要性。

评估函数 $f(x)$ 的定义为从初始结点 S_0 出发,约束地经过结点 x 到达目标结点 S_g 的所有路径中最小路径代价的估计值。其一般形式为 $f(x)=g(x)+h(x)$,其中,$g(x)$ 表示从初始结点 S_0 到结点 x 的实际代价,$h(x)$ 表示从 x 到目标结点 S_g 的最优路径的评估代价,它体现了问题的启发式信息,其形式要根据问题的特性确定,$h(x)$被称为启发式函数。启发式方法把问题状态的描述转换成了对问题解决程度的描述,并用评估函数的值来表示。

3.3.2 最好优先搜索算法

下面介绍一种称为最好优先搜索算法(Best-First Search)的算法框架,该方法能处理图。为了处理环,最好优先搜索算法用 OPEN 表和 CLOSED 表记录状态空间中那些被访问过的所有状态。这两个表中的结点及它们关联的边构成了状态空间的一个子图,称为搜索图。OPEN 表存储一些结点,其中每个结点 n 的启发式函数值已经计算出来,但是 n 还没有被"扩展"。CLOSED 表存储一些结点,其中每个结点已经被扩展。该类算法每次迭代从 OPEN 表中取出一个较优的结点 n 进行扩展,将 n 的每个子结点根据情况放入 OPEN 表。算法循环直到发现目标结点或者 OPEN 表为空。算法中的每个结点带有一个父指针,该指针用于合成解路径。

最好优先搜索算法的具体描述如下:

```
Procedure Graph - Search
Begin
        建立只含初始结点 S₀ 的搜索图 G,计算 f(S₀);将 S₀ 放入 OPEN 表;将 CLOSED 表初始化为空
WhileOPEN 表不空 D₀
Begin
        从 OPEN 表中取出 f(n)值最小的结点 n,将 n 从 OPEN 表中删除并放入 CLOSED 表
        If n 是目标结点 Then 根据 n 的父指针指出从 S₀ 到 n 的路径,算法停止
Else
Begin
        扩展结点 n
        If 结点 n 有子结点
        Then
        Begin
(1) 生成 n 的子结点集合{mi}把 mi 作为 n 的子结点加入到 G 中,并计算 f(mi)
(2) If mi 未曾在 OPEN 和 CLOSED 表中出现,Then 将它们配上刚计算过的 f 值,将 mi 的父指针
    指向 n,并把它们放入 OPEN 表
(3) If mi 已经在 OPEN 表中,Then 该结点一定有多个父结点,在这种情况下,比较 mi 相对于 n
    的 f 值和 mi 相对于其原父指针指向的结点的 f 值,若前者不小于后者,则不做任何更改;
    否则将 mi 的 f 值更改为 mi 相对于 n 的 f 值,mi 的父指针更改为 n
(4) If mi 已经在 CLOSED 表中,Then 该结点同样也有多个父结点,在这种情况下,比较 mi 相对
    于 n 的 f 值和 mi 相对于其原父指针指向的结点的 f 值,如果前者不小于后者,则不作任
    何更改;否则将 mi 从 CLOSED 表移到 OPEN 表,置 mi 的父指针指向 n
(5) 按 f 值从小到大的次序,对 OPEN 表中的结点进行重新排序
            End
        End
    End
End
```

上述搜索算法生成一个明确的图 G(称为搜索图)和一个 G 的子集 T(称为搜索树),图 G 中的每一个结点也在树 T 上,搜索树是由结点的父指针来确定的。G 中的每一个结

点(除了初始结点 S_0)都有一个指向 G 中一个父辈结点的指针。该父辈结点就是那个结点在 T 中的唯一父辈结点。算法中(3)(4)步保证对每一个扩展的新结点,其父指针的指向是已经产生的路径中代价最小的。

3.3.3 贪婪优先搜索算法

最好优先搜索算法是一个通用的算法框架。如果将该框架中的 $f(n)$ 实例化为 $f(n)=h(n)$,则得到一个具体的算法,称为贪婪最好优先搜索算法。可以看出,GBFS 算法在判断是否优先扩展一个结点 n 时仅以 n 的启发值为依据。n 的启发值越小,表明了从 n 到目标结点的代价越小,因而 GBFS 算法沿着 n 所在的分枝搜索就越可能发现目标结点。因此,GBFS 算法一般可以较快地计算出问题的解。

但是,GBFS 算法得出的解是否是最优的? 考虑如下情况,OPEN 表中有两个结点 n 和 n',其中 $g(n)=5,h(n)=0,g(n')=3,h(n')=1$,而且 n 和 n' 的 h 值分别是它们与目标结点的真实距离,在此情况下,GBFS 将扩展 n 而不是 n'。显然,经过 n 发现的解的代价高于经过 n' 发现的解的代价,所以 GBFS 返回的不是最优解。仔细分析最好优先算法的流程可以发现,当 $f(n)=h(n)$ 时,其中的步骤(3)和(4)将不会对 n 的信息做改变。与 GBFS 算法相对,假如最好优先搜索算法中的 $f(n)$ 被实例化为 $f(n)=g(n)$,则得到宽度优先搜索算法。读者可以在图的最短路径问题上将 $g(n)$ 定义为源结点到 n 的路径长度,分析此命题的正确性。

可以看出,$h(n)$ 影响算法发现解的速度,$g(n)$ 影响得到解的最优性,下面介绍的 A 算法和 A^* 是使用 $f(n)=g(n)+h(n)$ 的最好优先搜索算法,它们综合考虑了时间效率和解质量。其中,A^* 算法使用的 $h(n)$ 具有更严格的性质。

3.3.4 启发式搜索中的 A^* 算法及应用

如果最好优先搜索算法中的 $f(n)$ 被实例化为 $f(n)=g(n)+h(n)$,则称之为 A 算法。进一步细化,如果启发函数 h 满足对于任一结点 $n,h(n)$ 的值都不大于 n 到目标结点的最优代价,则称此类 A 算法为 A^* 算法。A^* 算法在一些条件下能够保证找到最优解,即 A^* 算法具有最优性。下面首先以九宫图为例(图 3.1)介绍 A 算法的运行过程,然后对 A^* 算法最优性进行分析。

A 算法采用评估函数判断每个结点的重要性。在该算法运行的初始时刻,OPEN 表中只有初始结点,因此我们扩展它,得到图 3.1 中的第二层结点,将这些结点全部放入 OPEN 表。在第二次迭代过程中,A 算法选择 OPEN 表中具有最小 f 值为 $1+3=4$ 的结点扩展,得到第三层的 3 个结点,并将它们放入 OPEN 表。在第三次迭代中,A 算法选择 OPEN 表中 f 值为 $2+3=5$ 的结点进行扩展。在第四次迭代中,A 算法选择 OPEN 表中 f 值为 $2+3=5$ 的另一个结点进行扩展。在第五次迭代中,A 算法选择 OPEN 表中 f 值为 $3+2=5$ 的结点进行扩展。在第六次迭代中,A 算法选择 OPEN 表中 f 值为 $4+1=5$ 的结点进行扩展。在第七次迭代中,A 算法选择 OPEN 表中 f 值为 $5+0=5$ 的结点进行扩展。通过此例可以发现,A 算法相对于宽度优先搜索和深度优先搜索都具有优势。

但是,由于对启发函数 h 没有任何限制,A 算法不能保证找到最优解。经研究发现,

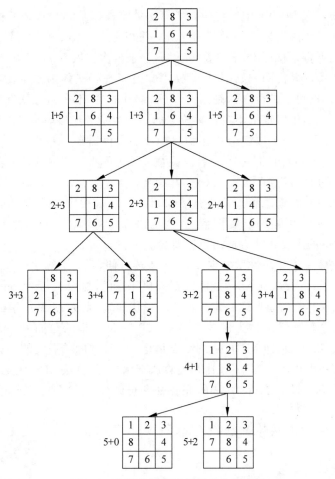

图 3.1 九宫格问题的全局择优搜索树

A 算法在如下 3 个条件成立时能够保证得到最优解:

(1) 启发函数 h 对任一结点 n 都满足 $h(n)$ 不大于 n 到目标的最优代价。

(2) 搜索空间中的每个结点具有有限个后继。

(3) 搜索空间中每个有向边的代价均为正值。

为了表明此类 A 算法的重要性,将此类 A 算法称为 A^* 算法,称上述 3 个条件为 A^* 算法的运行条件。

对 h 的限制可以更为正式地表述如下:令 h^* 是能计算出任意结点 n 到目标的最优代价的函数,称之为"完美启发函数"。如果 $\forall n: h(n) \leqslant h^*(n)$,则称 h 为可采纳的启发函数,或者称 h 是可采纳的,或者简称为可纳的。此外,也引入函数 g^*,它能计算从开始结点到任意结点的最优代价。定义估价函数:$f^*(n) = g^*(n) + h^*(n)$。这样 $f^*(n)$ 就是从起始结点出发经过结点 n 到达目标结点的最佳路径的总代价。

把估价函数 $f(n)$ 和 $f^*(n)$ 相比较,$g(n)$ 是对 $g^*(n)$ 的估价。$h(n)$ 是对 $h^*(n)$ 的估价。在这两个估价中,尽管 $g(n)$ 容易计算,但它不一定就是从起始结点 S_0 到结点 n 的真正的最短路径的代价,很可能从初始结点 S_0 到结点 n 的真正最短路径还没有找到,所

以一般都有 $g(n) \geqslant g^*(n)$。但应注意，A* 算法的步骤(3)和(4)保证了如果发现 n 的更好的 $g(n)$ 值，则以此值作为 n 的最新的 $g(n)$，并相应地修改 n 的父指针，步骤(4)还在 n 已被扩展的情况下将 n 移回 OPEN 表，使得 n 会被再次扩展。

在图 3.1 所示的九宫图问题中，尽管并不知道 $h^*(n)$ 具体为多少，但在定义 $h(n) = w(n)$ 时保证了 h 的可采纳性。这是因为 $w(n)$ 统计的是"不在目标状态中相应位置的数字卡片个数"，这相当于假定把不在目标位置的一个数字卡片移动到它的目标位置仅需要一步，而实际情况下把一个数字卡片移到目标位置应该需要一步以上。所以 $w(n)$ 必然不大于 $h^*(n)$。应当指出，同一问题启发函数 $h(n)$ 可以有多种设计方法。在九宫图问题中，还可以定义启发函数 $h(n) = p(n)$，其中 $p(n)$ 为结点 n 的每一数字卡片与其目标位置之间的欧几里得距离总和。显然有 $p(n) \leqslant h^*(n)$，相应的搜索过程也是 A* 算法。然而 $p(n)$ 比 $w(n)$ 有更强的启发性信息，因为由 $h(n) = p(n)$ 构造的启发式搜索树比 $h(n) = w(n)$ 构造的启发式搜索树结点数要少。

现在给出一些关于算法性质的定义，为了叙述方便，将一个算法记作 M。

完备性：如果存在解，则 M 一定能找到该解并停止，则称 M 是完备的。

可纳性：如果存在解，则 M 一定能够找到最优的解，则称 M 是可纳的。

优越性：一个算法 M1 称为优越于另一个算法 M2，指的是如果一个结点由 M1 扩展，则它也会被 M2 扩展，即 M1 扩展的结点集是 M2 扩展的结点集的子集。

最优性：在一组算法中如果 M 比其他算法都优越，则算法 M 称为最优的。

下面的定理 3.1 说明了 A* 算法的完备性和可纳性。为了证明该定理，我们首先介绍引理 3.1。

引理 3.1 在 A* 算法停止之前的每次结点扩展前，在 OPEN 表上总是存在具有如下性质的结点 n^*：

(a) n^* 位于一条解路径上。

(b) A* 算法已得出从初始结点 S_0 到 n^* 的最优路径。

(c) $f(n^*) \leqslant f^*(S_0)$。

证明：为证明此引理在 A* 算法的每次结点扩展前都成立，只需证明：①本引理在 A* 算法初始执行时成立；②若本引理在一个结点被扩展之前成立，则在该结点被扩展之后本引理同样成立。按照此思路，将采用归纳法进行证明。为叙述方便，以下简称 A* 算法为 A*。

归纳基础：在 A* 算法的第 1 次结点扩展前(即 S_0 被选择进行扩展之前)，S_0 在 OPEN 表中，S_0 位于一条最优解路径上(因为所有的解路径都以 S_0 为起点)，并且 A* 已得知从 S_0 到 S_0 的最优路径。此外，根据 f 的定义，

$$f(S_0) = g(S_0) + h(S_0) = h(S_0) \leqslant h^*(S_0) = g^*(S_0) + h^*(S_0) = f^*(S_0)$$

因此，在第 1 次结点扩展前，S_0 就是满足引理结论的 n^*。

归纳步骤：假设引理在第 m 次($m \geqslant 0$)结点扩展后成立，证明本引理在第 $m+1$ 次结点扩展后仍成立。

假定 A* 算法在扩展 m 个结点后，OPEN 表中存在一个结点 n^*，A* 算法已知从 S_0 到 n^* 的最优路径。那么，若 n^* 在第 $m+1$ 次扩展中未被选择，则它在第 $m+1$ 次扩展后

是满足引理要求的结点 n^* ,在此情况下引理得证。另一方面,若 n^* 在第 $m+1$ 次扩展时被选择,则 n^* 的每一个未在 OPEN 表和 CLOSED 表中出现的子结点都将被放入 OPEN 表,而且,这些新的子结点中必然存在一个结点(记为 n_p)位于最优解路径上(因为经过 n^* 的最优解路径必然在经过 n^* 后再经过 n^* 的某个子结点,所以 n_p 必然存在)。n_p 也满足性质(b),即 A* 已得出从 S_0 到 n_p 的最优路径,该路径记为 P1:由到达 n^* 的最优路径再连接上 n^* 到 n_p 的有向边而组成。如果从 S_0 到达 n_p 的最优路径不同于 P1,则 P1 不构成在最优解路径,从而与 n^* 在最优解路径上的假设相矛盾。因此,n_p 满足性质(a)和(b)。下面还需证明性质(c)在所有归纳步骤中成立,即证明性质(c)在 A* 停止前的 0 到 m 次扩展时都成立。

对于任一结点 n^*(n^* 在最优解路径上;且 A* 算法已得出从 S_0 到 n^* 的最优路径,即 $g(n^*)=g^*(n^*)$),它满足如下不等式:

$$f(n^*)=g(n^*)+h(n^*)\leqslant g^*(h^*)+h^*(n^*)\leqslant f^*(n^*)\leqslant f^*(S_0)。因此,性质$$

(c)成立。至此,本引理得证。

定理 3.1 若 A* 算法的运行条件成立,并且搜索空间中存在从初始结点 S_0 到目标结点的代价有穷的路径,则 A* 算法保证停止并得出 S_0 到目标结点的最优代价路径。

证明:在引理 3.1 的基础上,证明本定理。首先证明如果搜索空间存在目标结点,则 A* 必然停止,然后证明 A* 在停止时已找到最优解路径。

首先证明 A* 必然停止:假设它不停止,则它将不断扩展 OPEN 表中的结点。我们已假定搜索空间的分枝因子(每个结点的平均子结点数目)为一个有穷值,且每条有向边的权值为正数。所以,随着 OPEN 表上的结点在搜索树中的深度增加,它们的 g 值将无限增长。这种增长必然导致 A* 在未来的一次结点扩展时 OPEN 表中所有结点的 g 值都大于 $f(S_0)$,此情况与引理 3.1 矛盾。因此 A* 算法必然停止。

其次证明 A* 算法停止时已找到一条最优的解路径。A* 只有在 OPEN 表为空或者当前扩展的结点为目标结点时才停止。前一个停止条件在不存在目标结点的搜索空间上发生。而本定理要求搜索空间存在目标结点。因此 A* 必然在扩展一个目标结点时停止。那么,现在只需说明该目标结点是否是最优的。假设 A* 算法在停止时扩展的目标结点不是最优的,并记此结点为 n_{g2},而最优目标结点为 n_{g1}。易知,在此情况下,$f^*(n_{g2})<f^*(S_0)$,$f^*(n_{g1})=f^*(S_0)$。此假设与引理 3.1 矛盾。因为引理 3.1 说明:在 A* 选择 n_{g2} 之前,OPEN 表上必然存在一个结点 n^* 满足 $f^*(n^*)\leqslant f^*(S_0)$。由于 $f^*(n^*)\leqslant f^*(S_0)$,所以 A* 在考察 n_{g2} 和 n^* 时必然选择 n^* 而不是 n_{g2},这与假设选择了 n_{g2} 相矛盾。

至此,定理 3.1 得证。

从以上分析可见,启发函数 h 的性质影响 A* 算法的可纳性。实际上,h 还影响 A* 算法的结点扩展数目和实现细节。对于两个可纳的启发函数 h_1 和 h_2,如果对于任一结点 n 满足 $h_1(n)\leqslant h_2(n)$,则称 h_2 的信息量大于 h_1。当 A* 算法使用信息量大的启发函数时,其扩展的结点数目要少,表现出"优越性"。另一方面,如果启发函数具有"单调性",则 A* 算法不必在重复访问一个结点时修改该结点的父指针。

在 A* 算法中,计算时间不是主要的限制。由于 A* 算法把所有生成的结点保存在内存中,所以 A* 算法在耗尽计算时间之前一般早已经把存储空间耗尽了。因此,后来开发了一些新的算法,它们的目的是为了克服存储空间问题,但一般不满足最优性或完备性,如迭代加深 A* 算法(IDA*)、简化内存受限 A* 算法(SMA*)等。下面简单介绍 IDA* 算法。

3.3.5 迭代加深 A* 算法

前面已经讨论了迭代加深搜索算法,它以深度优先的方式在有限制的深度内搜索目标结点。该算法在每个深度上检查目标结点是否出现,如果出现则停止,否则深度加 1 继续搜索。而 A* 算法是选择具有最小评估函数值的结点扩展。下面给出的迭代加深 A* 搜索算法是上述两种算法的结合。这里启发式函数用作深度的限制,而不是选择扩展结点的排序。IDA* 算法如下:

```
Procedure IDA*
Begin
    初始化当前的深度限制,c = 1;
    把初始结点压入栈,并假定 c' = ∞;
While 栈不空 Do
Begin
    弹出栈顶元素 n
    If n = goal,Then 结束,返回 n 以及从初始结点到 n 的路径
    Else
    Begin
    For n 的每个子结点 n'Do
    Begin
    If f(n')≤c,Then 把 n'压入栈
    Else c' = min(c',f(n'))
    End
    End
End
If 栈为空并且 c' = ∞,Then 停止并退出;
If 栈为空并且 c' ≠ ∞,Then c = c',并返回 2。
End
```

上述算法涉及两个深度限制。如果栈中所含结点的所有子结点的 f 值小于限制值 c,则把这些子结点压入栈中以满足迭代加深算法的深度优先准则。而如果不是这样,即结点 n 的一个或多个子结点 n,的 f 值大于限制值 c,则结点 n 的 c,值设置为 $= \min(c, f(n,))$。

该算法停止的条件为:①找到目标结点(成功结束);②栈为空并且限制值 $c' = ∞$。

IDA* 算法和 A* 算法相比,主要优点是对于内存的需求。A* 算法需要指数级数量的存储空间,因为没有限制搜索深度。而 IDA* 算法只有当结点 n 的所有子结点 n' 的 $f(n')$ 小于限制值 c 时才扩展它,这样就可以节省大量的内存。另一个问题是当启发式函数是最优的时候,IDA* 算法和 A* 算法扩展相同的结点,并且可以找到最优路径。

3.4 问题归约和 AND-OR 图启发式搜索

问题归约法是不同于状态空间法的另一种问题描述和求解的方法。归约法把复杂的问题变换为若干需要同时处理的较为简单的子问题后再加以分别求解:只有当这些子问

题全部解决时,问题才算解决,问题的解答由子问题的解答联合构成。

3.4.1 问题归约的概述

问题归约也可用一个三元组(S_0,O,P)来描述,其中S_0为初始问题,即要求解的问题;P是本原问题集,其中的每一个问题是不证明的,自然成立的,如公理、已知事实等,或已证明过的;O是操作算子集,通过一个操作算子把一个问题化成若干个子问题。

这种表示方法是由问题出发,运用操作算子产生一些子问题,对子问题再运用操作算子产生子问题,这样一直进行到产生的问题均为本原问题,则问题得解。

所有问题归约的最终目的是产生本原问题。问题归约法是比状态空间法更适用的问题求解方法,如果在归约法中,每运用一次操作算子,只产生一个子问题,则就是状态空间法。

3.4.2 AND-OR 图的问题表示和应用

用与或图可以方便地把问题归约为子问题替换集合。例如,假设问题 A 既可通过问题 C_1 与 C_2,又可通过问题 C_3、C_4 和 C_5,或者由单独求解问题 C_6 来解决,如图 3.2 所示。图中结点表示要求解问题或子问题。

问题 C_1 和 C_2 构成后继问题的一个集合,问题 C_3、C_4 和 C_5 构成另一个后继问题集合;而问题 C_6 则为第 3 个集合。对应于某个给定集合的各结点,用一个连接它们的圆弧来标记。图 3.3 中连接 C_1 与 C_2,C_3、C_4 和 C_5 的圆弧称为 2 连接弧和 3 连接弧。一般而言,这种弧称为 K 连接弧,表示对问题 A 作用某个操作算子后产生 K 个子问题。

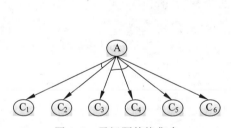

图 3.2 子问题替换集合

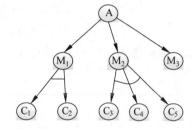

图 3.3 各结点后继只含一个 K 连接弧的与或图

由结点及 K 连接弧组成的图,称为与或图,当所有 K 均为 1 时,就变为普通图。

可以引进某些附加结点,以便使含有一个以上后继问题的每个集合能够聚集在它们各自的父辈结点之下。这样图 3.2 就变为图 3.3 所示的结构了,每个结点的后继只包含一个 K 连接弧。弧连接的子结点叫作与结点,如 C_1 与 C_2 及 C_3、C_4、C_5。$K=1$ 连接的子结点叫做或接点。

当用与或图表示问题归约方法时,其始结点对应于初始问题,第一个 K 连接弧对应于使用了某个操作算子,相应的子结点就表示用该算子后产生的子问题,与或图中的叶结点表示本原问题。

在下面的讨论中,假设与或图中每个结点只包含一个 K 连接弧连接的子结点。

在与或图上执行的搜索过程,其目的在于表明起始结点是有解的。与或图中一个可解结点可递归地定义如下。

(1) 终止结点(即本原问题结点)是可解结点。

(2) 如果某结点有或子结点,那么该结点可解当且仅当至少有一个结点为可解结点。

(3) 如果某结点有与子结点,那么该结点可解当且仅当所有子结点均为可解结点。

不可解结点可递归定义如下。

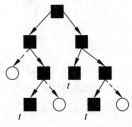

图 3.4　与或图及其解图

(1) 没有后继结点的非终止结点是不可解结点。

(2) 或结点是不可解结点,当且仅当它的所有子结点都是不可解结点。

(3) 一结点是不可解结点,当且仅当它的子结点中至少有一个是不可解结点。

在图 3.4 的例子中,可解结点用黑圆点表示,不可解结点用圆圈表示。能导致初始结点可解的那些可解结点及有关连线组成的子图称为该与或图的解图。

例 3.1　三盘片梵塔问题

原问题可以表示为

$$(1,1,1) \rightarrow (3,3,3)$$

利用归约方法,在该与或树中,有 7 个终止结点,它们分别对应着 7 个本原问题。如果把这些本原问题从左至右排列起来,即得到了原始问题的解

$$(1,1,1) \rightarrow (1,1,3) \quad (1,1,3) \rightarrow (1,2,3)$$
$$(1,2,3) \rightarrow (1,2,2) \quad (1,2,2) \rightarrow (3,2,2)$$
$$(3,2,2) \rightarrow (3,2,1) \quad (3,2,1) \rightarrow (3,3,1)$$
$$(3,3,1) \rightarrow (3,3,3)$$

与或树如图 3.5 所示。

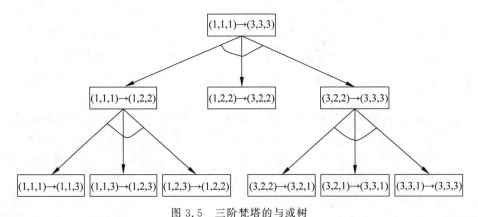

图 3.5　三阶梵塔的与或树

3.4.3　AO* 算法及应用

为了在与或图中找到解,需要一个类似于 A* 的算法,Nilsson 将它称为 AO* 算法。它和 A* 算法是不同的,其主要区别如下。

（1）AO*算法要能处理与图，它应找出一条路径，即从该图的开始结点出发到达代表解状态的一组结点。

为了弄清为什么 A* 算法不足以搜索与或图，可以考察图 3.6(a)所示的与或图，扩展顶点 A 产生两个子结点集合，一个为结点 B，另一个由结点 C 和 D 组成。在每个结点旁边的数表示该结点 f 值。为简单起见，假定每一操作的耗费是一致的，设带一个后继结点的耗费为 1。若查看结点并从中挑选一个带最低 f 值的结点扩展，则要挑选 C。但根据现有信息，最好开发穿过 B 的那条路径，因扩展 C 也得扩展 D，其总耗费为 9，即 D＋C＋2；而穿过 B 的耗费为 6。问题在于下一步要扩展结点的选择不仅依赖于那一结点的 f 值，而且取决于那一结点是否属于从初始结点出发的当前最短路径的一部分。对此，图 3.6(b)所示的与或图更加清楚。按 A* 算法，最有希望的结点是 G，其 f 值为 3。G 结点是 C 的后继，C 也是 B，C，D 中最有希望的结点，其总耗费为 9。但 C 不是当前最短路径的一部分，因用 C 需用 D，而 D 的耗费为 27。因此不应扩展 G，而应考虑 E 和 F。

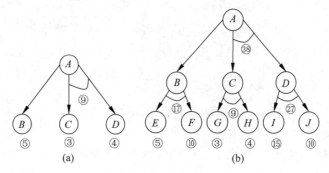

图 3.6　与或图

由此可见，在扩展搜索一个与或图时，每步需做 3 件事。

① 遍历图，从初始结点开始，顺延当前最短路径，积累在此路径上但未扩展的结点集。

② 从这些未扩展结点中选择一个并扩展之。将其后继结点加入图中，计算每一后继结点的 f 值（只需计算 h，不管 g）。

③ 改变最新扩展结点的 f 估值，以反映由其后继结点提供的新信息。将这种改变往后回传至整个图。在图中往后回走时，每到一结点就判断其后继路径中哪一条最有希望，并将它标记为目前最短路径的一部分。这样可能引起目前最短路的变动。这种图的往后回走传播修正耗费估计的工作在 A* 算法中是不必要的，因为只需考察未扩展结点。但现在必须考察已扩展结点以便挑选目前最短路径。于是，其值是目前最佳估计这一点很重要。

下面通过图 3.7 所示搜索过程中的例子来说明此过程。

步骤 1　A 是唯一结点，因此它在目前最短路径的末端。

步骤 2　扩展 A 后得结点 B、C 和 D，因为 B 和 C 的耗费为 9，到 D 的耗费为 6，所以把到 D 的路径标志为出自 A 的最有希望的路径（被标志的路径在图中用箭头指出）。

步骤 3　选择 D 扩展，从而得到一新路径，即得到 E 和 F 的与弧，其复合耗费估计为

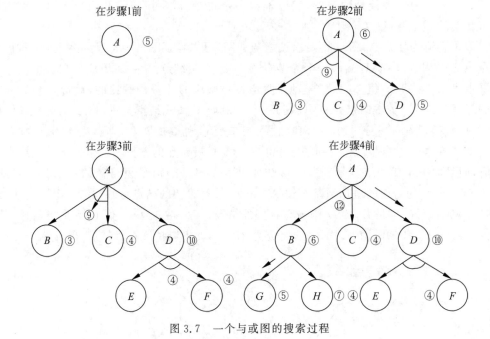

图 3.7　一个与或图的搜索过程

10，故将 D 的 f 值修改为 10。往回退一层发现，A 到 B、C 与结点集的耗费为 9，所以，从 A 到 B、C 是当前最有希望的路径。

步骤 4　扩展 B 结点，得结点 G、H，且它们的耗费分别为 5、7。往回传其 f 值后，B 的 f 值改为 6(因为 G 的弧最佳)。往回上一层后，A 到 B、C 与结点集的耗费改为 12，即 $6+4+2$。此后，D 的路径再次成为更好的路径，所以将它作为目前最短路径。

最后求得的耗费为 $f(A)=\min(12,4+4+2+1)=11$。

从以上分析可以看出，与或图搜索由两个过程组成。

① 自顶向下，沿着最优路径产生后继结点，判断结点是否可解。

② 自底向上，传播结点是否可解，做估值修正，重新选择最优路径。

(2) 如果有些路径通往的结点是其他路径上的"与"结点扩展出来的结点，那么不能像"或"结点那样只考虑从结点到结点的个别路径，有时候路径长一些可能会更好。

(3) AO* 算法仅对保证不含任何回路的图进行操作。作这种保证是因为存储一条回路路径绝无必要，这样的路径代表了一条循环推理链。

3.5　博弈树及搜索技术

机器博弈被认为是人工智能领域具挑战性的研究课题之一，具有相当长的历史，从 1956 年塞缪尔的跳棋程序到 1997 年"深蓝"的胜利，计算机与人类经历了一场场波澜壮阔的"搏杀"，给人类留下了难以忘怀的记忆。国际象棋的计算机博弈取得了举世瞩目的成就，积累了一套过程建模、状态表示、走法生成、棋局评估、博弈树搜索、开局库与残局库开发、系统测试与参数优化等成熟的核心技术。然而，由于不同博弈问题的难度和特点差异很大,目前为止,并非所有的博弈问题都能迎刃而解。中国象棋计算机博弈的难度不亚于国际象棋,研究者还较少且参考资料不多,依然存在着巨大的研究空间。因此,博弈至今仍然是人工智能领域非常重要的一个研究热点。

在实际博弈游戏中,各种搜索技术和启发性知识得到了广泛的应用。除了"深蓝"在国际象棋中的成功之外,人工智能在跳棋、黑白棋、西洋双陆棋、围棋、桥棋和其他扑克牌游戏中都有成功的应用。虽然为围棋一类复杂的游戏建模还存在一定的困难,但近年来,人工智能在视频游戏、战略游戏中,及其对经济现象(自动协商、网络拍卖)的研究中又有了更加广泛和深入的应用。

现实中的博弈游戏花样繁多,但开发人工智能程序所使用的技术却有着一定的相似之处。通常包括以下几个方面的设计:

1. 棋盘的表示

游戏的棋子通常分布在平面的棋盘上,且棋子只能按移动规则在一些固定的位置上移动。所以,棋盘通常用二进制数组表示,数组每个元素的不同取值代表不同棋子。另外,一些改进的棋盘表示法会在四周增加一些辅助单元,以判定棋子走法的合法性,即越界检查等。

2. 开局库

在很多游戏中,开局几步棋对于占据有利的棋局是非常重要的,所以许多游戏程序都使用了开局库。游戏开始时,从对应于某给定策略的开局库中选择一组走棋方案,然后使用静态估值函数推导后面的走棋方案。

3. 静态估值函数

棋局的评价使用静态估值函数。它通常是一个加权的数值型特征向量的函数,具体的特征包括双方棋子的个数、位置、双方棋子的数量差、关键棋子(如王或帅等)的位置和数量信息等,当然权值的选择和静态估值函数的设计体现着玩家的智慧,或者说决定博弈程序的水平高低。

3.5.1 博弈树

博弈,广义地理解为由若干主体参加的斗智、斗勇的竞争过程。在对弈、军事、经济、商业、游戏等领域广泛地存在。常常狭义地理解为对弈类游戏。

1. 博弈问题的状态空间

博弈问题中,棋局用状态表示,对弈双方任意合法地走一步,都使棋局从一个状态变到另一个状态,所以,所有合法的走步就是操作。开局是初始状态,终局可能有多种,站在某一方的角度,有胜局、和局和负局之分。有了状态和操作的描述,就可以构造博弈问题的状态空间。

值得注意的是,对弈与迷宫类(如重排九宫)问题不同,对于迷宫问题,探索者有完全的选择权,每一步都可以沿着他认为有利的路线走下去。而对弈问题中对弈双方都只有一半选择权,双方的利益是完全冲突的。因此,讨论对弈问题时,评价一个棋局的好坏与胜负,一定要站在某方的立场上。另外,还需要假定双方都是精通博弈者,即每步选择都是理智的。

博弈树:博弈问题的状态空间就是以状态为结点,以合法走步为边的一个树形图,称为博弈树。

2. 博弈树的特点

假设博弈过程是由双方来完成的,称我方为 MAX 方,对方为 MIN 方,以下总是站在 MAX 方的立场讨论问题。由于双方的利益是完全冲突的,在博弈树中存在与、或两种结点。

与结点:博弈过程中,对手(MIN)每走一着棋(半个回合),都力图干扰 MAX 的选择,使其偏离取胜的目标。轮到 MIN 走棋时,由于它掌握着出棋的主动权,此时只要全部走法中有一个能导致对方(MAX)败局,或者说,有一个走法能让对手(MAX)取得更低的得分,它就会毫不犹豫地选择这一走法,因此,站在我方(MAX)的立场上,由 MIN 出棋的结点具有与结点的性质。

或结点:博弈过程中,我方(MAX)每走一着棋(半个回合),都力图使自己通往取胜的目标。轮到 MAX 走棋时,由于它掌握着出棋的主动权,此时只要各种走法中有一个能通向胜局,或者说,有一个走法能让它取得更高的得分,它就会毫不犹豫地选择这一走法,因此,站在我方(MAX)的立场上,MAX 出棋的结点具有或结点的性质。

博弈的过程是双方轮流走步,因此,博弈树中的与、或结点就会按层交替出现。这就是博弈树的特点。

3.5.2 博弈树的搜索及应用实例

常见的博弈树包含大量的结点(状态),从初局开始,随着对弈步数增加,所产生的状态数目会以指数规模增加,即出现所谓的棋局组合爆炸现象。因此,博弈树的搜索也必须是在隐式图的基础上进行的启发式搜索。

为简单起见,这里仅讨论二人零和、全信息、非偶然性博弈。

"二人零和"是指对弈双方的利益是完全冲突的,利益之和永远为零;博弈的结果有三种情况:MAX 方胜;MIN 方胜;双方平局。很多博弈问题都满足"二人零和"这一条件,如国际象棋。但囚徒困境是经典的非零和博弈例子。

"全信息"是指在对弈过程中,当前的格局及双方对弈的历史是公开的。

"非偶然性"是指对弈双方的每一步选择都是"理智"的,即在采取行动前,都要根据自己的静态估值函数(启发函数)进行得失分析,选取对自己最有利而对对方最不利的对策,不存在"碰运气"式的随机因素。

在对弈问题中,为了从众多可供选择的行动方案中选出一个对自己最为有利的行动方案,就需要对当前的情况以及将要发生的情况进行分析,从中选出最佳走步。最常用的方法为极小极大分析及 α-β 剪枝技术,以下将进行简要介绍。

1. 极小极大分析

先介绍两个术语：

静态估值：为了找到当前的最佳走步，一般要向前看多个回合。为此，需要根据问题的特性信息（来自博弈者的经验）定义一个静态估值函数，估价当前博弈树末端结点的得分，称为格局的静态估值。

倒推值：当末端结点的估值计算出来后，再向上推算出各结点的得分，称为倒推值。

极小极大分析方法就是根据当前棋局的静态估值，计算先辈结点倒推值，为其中的一方（例如 MAX）寻找一个最佳走步。其基本思想可通俗地概括为"立足于最坏，争取最好"。

极小极大分析法：对与结点求极小值、对或结点求极大值计算各先辈结点倒推值的方法。

对与结点，选其子结点中一个极小得分作为父结点的得分（倒推值），因为与结点是对方（MIN）结点，站在我方（MAX）的观点，对方的选择一定设法使我方取得极小分，这就是我方考虑与结点得分时所谓的"立足于最坏"。

对或结点，选其子结点中一个极大得分作为父结点的得分（倒推值），因为或结点是我方的结点，站在我方的观点，我方的选择一定要争取得到极大分，这就是我方考虑或结点时所谓的"争取最好"。

用极小极大分析法求最佳走步的具体过程是：

首先，按扩展深度限制（回合数）扩展结点，对末端结点求静态估值；然后，对内部结点按极小极大分析方法求倒推值，最后，根据结点的倒推值决定一个最佳走步。

每扩展一次，对内部结点都用新的倒推值代替原来的静态估值或原来的倒推值。如果一个行动方案能获得较大的倒推值，则它就是当前最好的行动方案。

例 3.2 用极小极大分析方法求最佳走步。设某博弈过程对应的博弈树如图 3.8 所示。我方当前格局为 S，考虑扩展深度为 4（两个回合）。

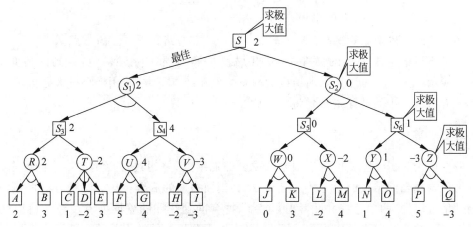

图 3.8　用极小极大分析方法求最佳走步

解：现在要求出我方的下一个最佳走步。首先,对末端结点使用静态估值函数计算,得到的静态估值标识在结点下面;然后,使用极小极大分析过程依次求先辈结点的倒推值,标识在结点右侧;最后,分析的结果是我方会选择得分为 2 的 S_1 格局。事实上,如果这一估计是准确的,图中 S、S_1、S_3、R、A 所代表的路径对双方都是最有利的走步。

例 3.3 井字棋(一字棋)游戏。井字棋的棋盘如图 3.9 的根结点所示。由 MAX 和 MIN 二人对弈,双方轮流往棋盘的空格上放一枚自己的棋子,MAX 放"×",MIN 放"○",谁先使自己的棋子构成"三子一线"谁就取得了胜利。

解：棋盘上的整行、整列和对角线称为路(线)。如果一条路上只有 i 方的棋子,则称该路为 i 方的路。如果一条路上只有 i 方的 k 个棋子,则称为该路为 i 方的 k 阶路。

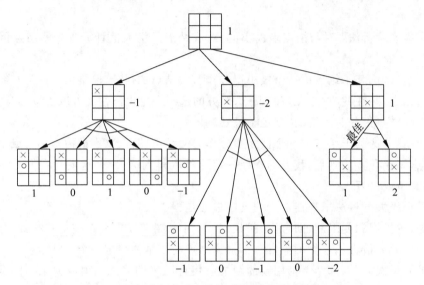

图 3.9 用极小极大分析方法求解井字游戏的第一步

设棋局为 x,静态估值函数 $f_1(x) = h_1(x)$ 定义如下:

(1) 若 x 是 MAX 必胜的棋局,则 $h_1(x) = +\infty$。

(2) 若 x 是 MIN 必胜的棋局,则 $h_1(x) = -\infty$。

(3) 若 x 是胜负未定的棋局,则 $h_1(x) =$ "×"方的路数 $-$ "○"方的路数。

为了不至于生成太大的博弈树,从开局仅扩展两层(一个回合),得到的博弈树如图 3.9 所示。按 $h_1(x)$ 计算末端结点的静态估值在结点下方,使用极小极大分析过程,求得"×"方的第一步的最佳走步是将"×"放在正中心位置。

2. α-β 剪枝

极小极大分析法需要按深度限制生成全部端结点,并通过计算全部结点的静态估值或倒推值选择当前结点的一个最佳走步,得到当前格局的后继格局。这种方法将"生成后继"和"估计棋局"两个过程分开考虑。然而,博弈问题往往随着向前看步数的增加,要估计的端结点的个数以指数级增加。因此,极小极大分析法的缺点是效率低。

为此,考虑把"生成后继"和"估计棋局"两个过程结合起来,边生成博弈树边计算各结点的倒推值,并且根据已知倒推值的范围,及时停止那些不必要结点的生成,即相当于对这些结点(及其以下分枝)"剪枝",从而减少搜索结点的数目,提高搜索效率,α-β 剪枝是一种典型的在极小极大分析中使用的剪枝技术。

α 剪枝:对于一个与结点 MIN,若能估计出其倒推值的上确界 β,并且 β 不大于它的父结点(或结点)的倒推值的下确界 α,即 $\alpha \geqslant \beta$,则不必生成该结点的其余子结点(因为这些子结点的估值不会提高 MIN 的父结点的倒推值),这一过程称为 α 剪枝。

如图 3.10(a)所示部分博弈树中,对于与结点 T 来讲,根据结点 C 可确定 T 的取值范围为小于或等于 1,其中 1 即是 T 的上确界 β,T 的父结点 S_3 的取值范围通过 R 可确定为大于或等于 2,2 为结点 S_3 的下确界 α,即 $\alpha \geqslant \beta$,则结点 T 的取值将不会影响 S_3 的倒推值,因此 D 结点和 E 结点没有考察的必要,即可以进行如图所示的 α 剪枝。结点旁边的数字是相应结点的静态估值或倒推值,圆圈中的数字代表的是结点计算的顺序(下同)。

β 剪枝:对于一个或结点 MAX,若能估计出其倒推值的下确界 α,并且 α 不小于 MAX 的父结点(与结点)的倒推值上确界 β,即 $\alpha \leqslant \beta$,则不必生成该结点的其余子结点(因为这些子结点的估值不会降低 MAX 的父结点的倒推值),这一过程称为 β 剪枝。β 剪枝过程的例子如图 3.10(b)所示。

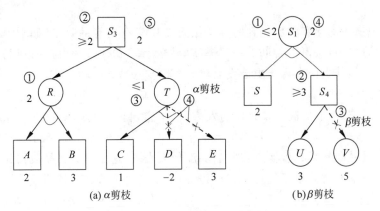

图 3.10 α-β 剪枝过程示意图

需要说明的是,对与结点求上确界 β,对其子结点(或结点)考虑是否可以进行 α 剪枝;对或结点求下确界 α,对其子结点(与结点)考虑是否可以进行 β 剪枝。

对于与结点,如果它的父结点(或结点)的 α 值已求出,就逐个用它的子结点去判断该与结点的 β 值,一旦发现 $\beta \leqslant \alpha$,对其余子结点立即进行 α 剪枝。但如果一个与结点的父结点(或结点)的 α 值还没有求出,就要用该与结点的全部子结点求出极小值,再倒推出父结点的 α 值。对或结点情况类似。对于不能剪枝的结点仍要使用极小极大分析方法。

3. 改进α-β剪枝算法

1) 窗口原则

在 α-β 剪枝过程中,初始的搜索窗口往往是从 $-\infty$(即初始的 α 值)到 $+\infty$(初始的 β 值),在搜索进行中再不断缩小窗口,加大剪枝效果,这种估计是可靠的,但却不是高效的。

如果我们一开始就使用一个较小的窗口,那么我们就有可能提高剪枝效率,这就是窗口原则。

使用窗口原则的算法有:Falphabeta 算法,即 Failsoft-Alphabeta 算法;渴望搜索(Aspiration Search);极小窗口搜索(Minimal Window Search/PVS)。

2)置换表

置换表基本思想:在搜索进行中,用一张表把搜索过的结点结果(包括搜索深度,估值类型:准确还是上下边界)记录下来,在后继的搜索过程中,查看表中记录。如果搜索的结点已经有记录(子树的深度大于或者等于当前的新结点要求的搜索深度),它的信息就可以直接运用了,这样我们可以避免重复搜索很多子树。置换表是一种内存增强技术,以空间换时间。

3)历史启发

历史启发是为了迎合 α-β 剪枝搜索对结点排列顺序敏感的特点来提高剪枝效率的,即根据历史走法对当前搜索的结点集进行排序,从而优先搜索好的走法。

4)迭代深化

迭代深化是一个不断求精的过程,对博弈树进行多次遍历,并不断加深其深度,用于控制搜索的时间。

在实用中迭代深化和前面提到的算法结合使用具有很好的效果,如 PVS 算法,上几层迭代得到的最佳走法可以帮助下一层提高剪枝效率;迭代过程中把前面局面的历史得分存入置换表,最佳走法存入历史启发表可以提高剪枝效率。

5)实验数据分析

各种增强策略都能提高 α-β 剪枝的效率,其中空窗口探测(PVS)从第五层开始平均需估计的结点数减少为一半,而效率提高一倍。单纯的迭代深化由于再迭代需要耗费时间,从效率上看提高不大。置换表在前三层没什么表现,这是因为置换表操作也要耗费时间,且当其命中率低时效果不佳,但层数较多命中率高时优势越来越明显。历史启发是这几种增强策略中最好的,在第五层效率就能提高十倍以上,越往后效果更好,这也证实了 α-β 剪枝对顺序的极度敏感。

MTD(f)算法在实验中的前几层稍优于 PVS 算法,但它层数大于六时很不稳定且本身带置换表,因此在把各种增强策略融合时不如 PVS 算法。融合各种增强策略的 PVS 算法在第六层就比基本的 α-β 剪枝快两百多倍。

4. α-β 截断

在深度优先的最小最大法中,我们可以看到,博弈树的某些部分并不会产生任何有意义的值,因而也根本用不着去扩展博弈树的这一部分。识别博弈树中这些可忽略部分的技术,称之为 α-β 截断。之所以叫这个名字,是由于历史原因造成的。

我们可以看出,在轮到棋手下棋的结点上,其部分回溯值是 10。而它的当前计算出来的子结点的部分回溯值是 8。现在,由于该子结点是轮到对手下棋的结点,而对手总是要走那个具有最小值的棋局,故进一步探察的结果只会小于这个值。无论最后的确定值是多少,它总是小于或等于 8。

从另一方面来看,该结点本身的部分回溯值是 10。因为这时轮到棋手下棋,所以只有大于 10 的子结点的值才能改变这个部分回溯值。

所以我们得出的结论是:不需要去进一步扩展其子结点或其他任意后续结点。这是因为进一步的扩展至多只能减少其子结点的回溯值,而其目前的值已经足够小到不能影响其亲结点的部分回溯值了。这种情况就是所谓的 α 截断。

现在,我们对一般的原则叙述如下:

在考虑轮到棋手下棋的一个亲结点及轮到对手下棋的一个子结点时,如果该子结点的数值已经小于或等于其亲结点的回溯值,那么就不需要对该结点或者其后续结点做更多的处理了。计算的过程可以直接返回到亲结点上。

当亲结点是轮到对手下棋的一个结点时,该原则作相应的改动:

在考虑轮到对手下棋的一个亲结点及轮到棋手下棋的一个子结点时,如果该子结点的部分回溯值已经大于或等于其亲结点的部分回溯值,那么就不需要对该子结点或者其后裔结点做更多的处理了。计算过程可以直接返回到亲结点上。这就是所谓的 β 截断。

截断这一技术允许我们有时可以不去考虑某结点的某些子结点的情况。然而,由于非终结点的每一个子结点又是其后续结点所组成的整个博弈树的根,所以,如果我能忽略掉那些子结点的话,不仅仅是忽略了它们本身,还忽略了它们所有的后续结点。因此,这一技术可以删去数量相当大的结点,因而也就大大节省了搜索博弈树所需的时间。

5. 威佐夫博弈

有两堆各若干个物品,两个人轮流从某一堆或同时从两堆中取同样多的物品,规定每次至少取一个,多者不限,最后取光者得胜。

我们用 $(a[k], b[k])$,$(a[k] < b[k])$($k \in 0,1,2,3,\cdots$)来表示两堆物品的数量。

首先我们从简单的情况分析:

如果现在的局势为 $(0,0)$ 则可以看出肯定是之前的人在上一局中取完了。

假设,现在的局势为 $(1,2)$,那么先手只有四种取法了。

(1) 如果,先手取走第一堆中的 1 个,变为 $(0,2)$,则后手只需要取走第二堆所有的就变成奇异局势 $(0,0)$,所以,结果就是先手输,后手赢。

(2) 如果,先手取走第二堆中的 1 个,变为 $(1,1)$,则后手只需取走两堆中的 1 个就变成奇异局势 $(0,0)$,所以,结果就是先手输,后手赢。

(3) 如果,先手取走第二堆中的 2 个,变为 $(1,0)$,则后手只需要取走第一堆所有的就变成奇异局势 $(0,0)$,所以,结果就是先手输,后手赢。

(4) 如果,先手在两堆中各取"1"变成 $(0,1)$,则后手取走第二堆的 1 就变成奇异局势 $(0,0)$。所以,结果就是先手输,后手赢。

所以由此可得,先手必输。

假设现在的局势是 $(3,5)$,首先根据上面分析的经验,我们知道先手肯定不能把任意一堆物品取完,这是因为每次可以从任意一堆取走任意个物品,那么后手就可以直接把另一堆取完,所以后手获胜。

所以我们这里就不分析那些情况,来分析其他的情况。

先看在一堆中取的情况：

（1）假设先手在"3"中取 1 个，后手就可以在"5"中取走 4 个，这样就变成了（1,2）的局势，根据上面的分析，我们知道是先手输，后手获胜。

（2）假设先手在"3"中取 2 个，后手就可以在"5"中取走 3 个，这样也变成了（1,2）的局势了，还是先手输，后手获胜。

（3）假设先手在"5"中取 1 个，后手就在"3"和"5"中各取走 2 个，这样又成了（1,2）的局势了，先手输，后手赢。

（4）假设先手在"5"中取 2 个，后手就在"3"和"5"中各取走 3 个，这样变成了（0,0）的局势，先手输，后手赢。

（5）假设先手在"5"中取 3 个，后手就在"3"和"5"中各取走 1 个，也变成了（1,2）的局势，先手输，后手胜利。

（6）假设先手在"5"中取 4 个，后手在"3"中取走 1 个，还是（1,2）的局势，先手输，后手赢。

我们发现上面列举的这几种局势，无论先手怎么取都是后手赢。

我们可以来找找那些先手必输局势的规律

第一个（0,0）

第二个（1,2）

第三个（3,5）

第四个（4,7）

第五个（6,10）

第六个（8,13）

第七个（9,15）

第八个（11,18）

第 n 个（$a[k]$,$b[k]$）

我们把这些局势称为"奇异局势"。

我们会发现它们的差值是递增的，分别是 0,1,2,3,4,5,6,7,$\cdots$,n。

用数学方法分析发现这些局势的第一个值是未在前面出现过的最小的自然数。

继续分析会发现，每种奇异局势的第一个值总是等于当前局势的差值乘上 1.618。

我们都知道 0.618 是黄金分割率。而威佐夫博弈正好是 1.618，这就是博弈的奇妙之处！

即 $a[k]=(int)((b[k]-a[k])*1.618)$ 注：这里的 int 是强制类型转换，注意这不是简单的四舍五入，假如后面的值是 3.9，转换以后得到的不是 4 而是 3，也就是说，强制 int 类型转换得到的是不大于这个数值的最大整数。

在编程题中，有些题目要求精度较高，可以用下述式子来表示这个值：

$$1.618=(sqrt(5.0)+1)/2$$

6. 巴什博奕

只有一堆 n 个物品，两个人轮流从这堆物品中取物，规定每次至少取一个，最多取 m

个。最后取光者得胜。

显然,如果 $n=m+1$,那么由于一次最多只能取 m 个,所以,无论先取者拿走多少个,后取者都能够一次拿走剩余的物品,后者取胜。因此我们发现了如何取胜的法则:如果 $n=(m+1)r+s$,(r 为任意自然数,$s \leqslant m$),那么先取者要拿走 s 个物品,如果后取者拿走 $k(\leqslant m)$ 个,那么先取者再拿走 $m+1-k$ 个,结果剩下 $(m+1)(r-1)$ 个,以后保持这样的取法,那么先取者肯定获胜。总之,要保持给对手留下 $(m+1)$ 的倍数,就能最后获胜。

这个游戏还可以有一种变相的玩法:两个人轮流报数,每次至少报一个,最多报 10 个,谁能报到 100 者胜。

7. 取火柴问题

题目1:今有若干堆火柴,两人依次从中拿取,规定每次只能从一堆中取若干根,可将一堆全取走,但不可不取,最后取完者为胜,求必胜的方法。

题目2:今有若干堆火柴,两人依次从中拿取,规定每次只能从一堆中取若干根,可将一堆全取走,但不可不取,最后取完者为负,求必胜的方法。

先解决第一个问题。

定义:若所有火柴数异或为 0,则该状态被称为利他态,用字母 T 表示;否则,为利己态,用 S 表示。

定理3.2:对于任何一个 S 态,总能从一堆火柴中取出若干个使之成为 T 态。

证明:若有 n 堆火柴,每堆火柴有 $A(i)$ 根火柴数,那么既然现在处于 S 态,$c=A(1)$ xor $A(2)$ xor $\cdots$ xor $A(n)>0$;把 c 表示成二进制,记它的二进制数的最高位为第 p 位,则必然存在一个 $A(t)$,它二进制的第 p 位也是 1。(否则,若所有的 $A(i)$ 的第 p 位都是 0,这与 c 的第 p 位就也为 0 矛盾)。那么我们把 $x=A(t)$xor$c$,则得到 $x<A(t)$。这是因为既然 $A(t)$ 的第 p 位与 c 的第 p 位同为 1,那么 x 的第 p 位变为 0,而高于 p 的位并没有改变。所以 $x<A(t)$。而

$A(1)$ xor $A(2)$ xor $\cdots$ xor x xor $\cdots$ xor $A(n)$

$=A(1)$ xor $A(2)$ xor $\cdots$ xor $A(t)$ xor c xor $\cdots$ xor $A(n)$

$=A(1)$ xor $A(2)$ xor $\cdots$ xor $A(n)$ xor $A(1)$ xor $A(2)$ xor $\cdots$ xor $A(n)$

$=0$

这就是说从 $A(t)$ 堆中取出 $A(t)-x$ 根火柴后状态就会从 S 态变为 T 态。证毕。

定理3.3:T 态,取任何一堆的若干根,都将成为 S 态。

证明:用反证法试试。

若

$c =A(1)$ xor $A(2)$ xor $\cdots$ xor $A(i)$ xor $\cdots$ xor $A(n) = 0$;

$c'=A(1)$ xor $A(2)$ xor $\cdots$ xor $A(i')$ xor c xor $\cdots$ xor $A(n) = 0$;

则有 c xor $c' = A(1)$ xor $A(2)$ xor $\cdots$ xor $A(i)$ xor $\cdots$ xor $A(n)$ xor $A(1)$ xor $A(2)$ xor $\cdots$ xor $A(i')$ xor c xor $\cdots$ xor $A(n) = A(i)$ xor $A(i') =0$

进而推出 $A(i) = A(i')$,这与已知矛盾。所以命题得证。

定理3.4:S 态,只要方法正确,必赢。

最终胜利即由 S 态转变为 T 态,任何一个 S 态,只要把它变为 T 态,(由定理 3.2,可以把它变成 T 态。)对方只能把 T 态转变为 S 态(定理 3.3)。这样,所有 S 态向 T 态的转变都可以由己方控制,对方只能被动地实现由 T 态转变为 S 态。故 S 态必赢。

定理 3.5:T 态,只要方法正确,必败。

由定理 3.4 易得。

接着来解决第二个问题。

定义:若一堆中仅有 1 根火柴,则被称为孤单堆。若大于 1 根,则称为充裕堆。

定义:T 态中,若充裕堆的堆数大于等于 2,则称为完全利他态,用 T2 表示;若充裕堆的堆数等于 0,则称为部分利他态,用 T0 表示。

孤单堆的根数异或只会影响二进制的最后一位,但充裕堆会影响高位(非最后一位)。一个充裕堆,高位必有一位不为 0,则所有根数异或不为 0。故不会是 T 态。

定理 3.6:S0 态,即仅有奇数个孤单堆,必败。T0 态必胜。

证明:S0 态,其实就是每次只能取一根。每次第奇数根都由己取,第偶数根都由对方取,所以最后一根必己取。败。同理,T0 态必胜。

定理 3.7:S1 态,只要方法正确,必胜。

证明:若此时孤单堆堆数为奇数,把充裕堆取完;否则,取成一根。这样,就变成奇数个孤单堆,由对方取。由定理 3.5 可知,对方必输。己必胜。

定理 3.8:S2 态不可转一次变为 T0 态。

证明:充裕堆数不可能一次由 2 变为 0。得证。

定理 3.9:S2 态可一次转变为 T2 态。

证明:由定理 3.1,S 态可转变为 T 态,S 态可一次转变为 T 态,又由定理 3.6,S2 态不可转一次变为 T0 态,所以转变的 T 态为 T2 态。

定理 3.10:T2 态,只能转变为 S2 态或 S1 态。

证明:由定理 3.2,T 态必然变为 S 态。由于充裕堆数不可能一次由 2 变为 0,所以此时的 S 态不可能为 S0 态。命题得证。

定理 3.11:S2 态,只要方法正确,必胜。

证明:方法如下。

(1) S2 态,就把它变为 T2 态(由定理 3.9)。

(2) 对方只能 T2 转变成 S2 态或 S1 态(定理 3.10)(若转变为 S2,转向 1)若转变为 S1,自己必胜(定理 3.6)。

定理 3.12:T2 态必输。

证明:同定理 3.11。

综上所述,必输态有:T2,S0

必胜态:S2,S1,T0。

两题比较:第一题的全过程其实如下:

S2-> T2-> S2-> T2-> … -> T2-> S1-> T0-> S0-> T0->…-> S0-> T0(全 0)

第二题的全过程其实如下:

S2-> T2-> S2-> T2-> … -> T2-> S1-> S0-> T0-> S0->…-> S0-> T0(全 0)

是否发现了它们的惊人相似之处?

不难发现,S1 态可以转变为 S0 态(第二题做法),也可以转变为 T0(第一题做法)。哪一方控制了 S1 态,即可以有办法使自己得到最后一根(转变为 T0),也可以使对方得到最后一根(转变为 S0)。

所以,抢夺 S1 是制胜的关键!

为此,始终把 T2 态让给对方,将使对方处于被动状态,因为他早晚将把状态变为 S1。

3.6 高级搜索

前面介绍的搜索算法都是用来探索搜索空间的,它们在内存中保留一条或多条路径并且记录哪些是已经探索过的,哪些是还没有探索过的。当找到目标时,到达目标的路径同时也构成了这个问题的一个解。然而在许多问题中,问题的解与到达目标的路径是无关的。例如,在八皇后问题中,重要的是最终皇后的布局,而不是加入皇后的次序。这一类问题包括了许多重要的应用,例如集成电路设计、工厂场地布局、作业车间调度、自动程序设计、电信网络优化、车辆寻径以及文件夹管理等。

局部搜索算法从一个当前状态出发,移动到与之相邻的状态。搜索的路径通常是不保留的。其优点是:①它们只用很少的内存,通常需要的存销量是一个常数;②它们通常能在不适合系统化算法的很大或无限的(连续的)状态空间中找到合理的解。

除了找到目标,局部搜索算法对于解决纯粹的最优化问题是很有用的,其目标是根据一个目标函数找到最佳状态。许多最优化问题不适合"标准的"搜索模型。例如,自然界提供了一个目标函数——繁殖适应性——达尔文的进化论可以被视为优化的尝试,但是这个问题没有"目标测试"和"路径耗散"。为了更好地理解局部搜索,类比地考虑一个地形图。地形图既有"位置"(用状态定义),又有"高度"(由启发式耗散函数或目标函数的值定义)。如果高度对应于耗散,那么目标是找到最低谷,即一个全局最小值;如果高度对应于目标函数,那么目标是找到最高峰,即一个全局最大值(当然可以通过插入一个负号使两者相互转换)。局部搜索算法就像对地形图的探索,如果存在解,那么完备的局部搜索算法总能找到解,最优的局部搜索算法总能找到全局最小值/最大值。

3.6.1 爬山算法原理

爬山法搜索是一种最基本的局部搜索。它像在地形图上登高一样,一直向值增加的方向持续移动,将会在到达一个"峰顶"时终止,并且在相邻状态中没有比它更高的值。爬山法是深度优先搜索的改进算法。在这种算法中,使用某种贪心算法来决定在搜索空间中向哪个方向搜索。由于爬山法总是选择在局部最优的方向搜索,所以可能会有"无解"的风险,而且找到的解不一定是最优解,但是它比深度优先搜索的效率要高很多。

该算法不维护搜索树,当前结点的数据结构只需要记录当前状态和它的目标函数值。爬山法不会预测与当前状态不直接相邻的那些状态的值。这就像健忘的人在大雾中试图登珠穆朗玛峰一样。爬山法的具体算法如下:

```
Function HILL - CLIMBING(problem)returns a state that is a local maximum
```

```
Inputs:a problem
Local variables:current,a node
neighbor,a node
current←MAKE - NODE(INITIAL - STATE [problem])
Loop do
neighbor←a highest - valued successor of current
if VALUE [neighbor]≤VALUE[current] then return STATE [current]
current←neighbor
End Loop
```

利用八皇后问题说明爬山法算法。局部搜索算法通常使用完全状态形式化,即每个状态都表示为在棋盘上放 8 个皇后,每列一个。后继函数返回的是移动一个皇后到和它同一列的另一个方格中的所有可能的状态(因此每个状态有 8×7＝56 个后继)。启发式耗散函数 h 是可以彼此攻击的皇后对的数量,不管中间是否有障碍。该函数的全局最小值是 0,仅在找到完美解时才能得到这个值。图 3.11(a)显示了一个 $h＝17$ 的状态。图中还显示了它的所有后继的值,最好的后继是 $h＝12$。爬山法算法通常在最佳后继的集合中随机选择一个进行扩展,如果这样的后继多于一个的话。

爬山法有时称为贪婪局部搜索,因为它只是选择邻居状态中最好的一个,而事先不考虑之后的下一步。尽管贪婪算法是盲目的,但往往是有效的。爬山法能很快朝着解的方向发展,因为它通常很容易改变一个坏的状态。例如,从图 3.11(a)中的状态,它只需要 5 步就能到达图 3.11(b)中的状态,它的 $h＝1$,这基本上很接近于解了。可是,爬山法经常会遇到下面的问题:

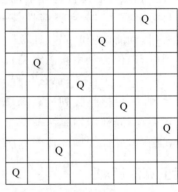

18	12	14	13	13	12	14	14
14	16	13	15	12	14	12	16
14	12	18	13	15	12	14	14
15	14	14	Q	13	16	13	16
Q	14	17	15	Q	14	16	16
17	Q	16	18	15	Q	15	Q
18	14	Q	15	15	14	Q	16
14	14	13	17	12	14	12	18

(a) $h＝17$　　　　　　　　(b) $h＝1$

图 3.11　八皇后问题的爬山搜索示意图

1. 局部极大值

局部极大值是一个比它的每个邻居状态都高的峰顶,但是比全局最大值要低。爬山法算法到达局部极大值附近就会被拉向峰顶,然后被卡在局部极大值处无处可走。更具体地,图 3.11(b)中的状态事实上是一个局部极大值(即耗散 h 的局部极小值);不管移动哪个皇后,得到的情况都不会比原来差。

2. 山脊

山脊造成的是一系列的局部极大值,贪婪算法处理这种情况是很难的。

3. 平顶区

平顶区是在状态空间地形图上估价函数值平坦的一块区域。它可能是一块平的局部极大值,不存在上山的出路,或者是一个山肩,从山肩还有可能取得进展。爬山法搜索可能无法找到离开高原的道路。

在各种情况下,爬山法算法都会达到无法取得进展的状态。从一个随机生成的八皇后问题的状态开始,最陡上升的爬山法 86% 的情况下会被卡住,只有 14% 的问题实例能求解。这个算法速度很快,成功找到最优解的平均步数是 4 步,被卡住的平均步数是 3 步,对于包含 88 个状态的状态空间,这已经是不错的结果了。

前面描述的算法中,如果到达一个平顶区,最佳后继的状态值和当前状态值相等时将会停止。如果平顶区其实是山肩,继续前进(即侧向移动)通常是一种好方法。注意,如果在没有上山移动的情况下总是允许侧向移动,那么当到达一个平坦的局部极大值而不是山肩的时候,算法会陷入无限循环。一种常规的解决办法是设置允许连续侧向移动的次数限制。例如,在八皇后问题中允许最多连续侧向移动 100 次。这使问题实例的解决率从 14% 提高到了 94%。成功的代价是:算法对于每个成功搜索实例的平均步数为大约 21 步,每个失败实例的平均步数为大约 64 步。

针对爬山法的不足,有许多变化的形式。例如,随机爬山法,它在上山移动中随机地选择下一步,选择的概率随着上山移动的陡峭程度而变化。这种算法通常比最陡上升算法的收敛速度慢不少,但是在某些状态空间地形图上能找到更好的解。再如,首选爬山法,它在实现随机爬山法的基础上,采用的方式是随机地生成后继结点,直到生成一个优于当前结点的后继。这个算法在有很多后继结点的情况下有很好的效果。

到现在为止所描述的爬山法算法还是不完备的,它们经常会在目标存在的情况下因为被局部极大值卡住而找不到该目标。一种改进方法是随机重新开始的爬山法,它通过随机生成的初始状态来进行一系列的爬山法搜索,找到目标时停止搜索。这个算法是完备的概率接近于 1,原因是它最终会生成一个目标状态作为初始状态。如果每次爬山法搜索成功的概率为 p,那么需要重新开始搜索的期望次数为 $1/p$。对于不允许侧向移动的八皇后问题实例,$p \approx 0.14$,因此大概需要 7 次迭代就能找到目标(6 次失败,1 次成功)。所需步数的期望值为一次成功迭代的搜索步数加上失败的搜索步数与 $(1-p)/p$ 的乘积,大约是 22 步。如果允许侧向移动,则平均需要迭代约 $1/0.94 \approx 1.06$ 次,平均步数为 $1 \times 21 + 0.06/0.94 \times 64 \approx 25$ 步。对于八皇后问题,随机重新开始的爬山法是非常有效的,甚至对于三百万个皇后,这个方法也用不了一分钟就可以找到解。

爬山法算法成功与否在很大程度上取决于状态空间地形图的形状。如果在图中几乎没有局部极大值和高原,随机重新开始的爬山法将会很快地找到好的解。当然,许多实际问题的地形图存在着大量的局部极值。NP 难题通常有指数级数量的局部极大值。尽管如此,经过少数随机重新开始的搜索之后还是能找到一个合理的、较好的局部极大值的。

3.6.2　遗传算法原理

遗传算法(Genetic Algorithm,GA)是由密歇根大学的约翰·亨利·霍兰德(John Henry Holland)和他的同事于 20 世纪 60 年代在对细胞自动机进行研究时率先提出的。在 20 世纪 80 年代中期之前,对于遗传算法的研究还仅仅限于理论方面,直到在匹兹堡召开了第一届世界遗传算法大会。随着计算机的计算能力的发展和实际应用需求的增多,遗传算法逐渐进入实际应用阶段。1989 年,《纽约时报》作者约翰·马科夫(John Markoff)写了一篇文章描述第一个用于商业用途的遗传算法——进化者。之后,越来越多的遗传算法出现并被用于许多领域中,《财富》杂志评出的 500 强企业中大多数都用它进行时间表安排、数据分析、未来趋势预测、预算以及很多其他组合优化问题的解决。

1. 遗传算法的基本原理

在遗传算法里,优化问题的解被称为个体,它被表示为一个参数列表,叫做染色体或者基因串。染色体一般被表示为简单的数字串,不过也有其他的表示方法,这一过程称为编码。一开始,算法随机生成一定数量的个体,有时候操作者也可以对这个随机产生过程进行干预,播下已经部分优化的种子。在每一代中,每个个体都被单独评价,并通过计算适应度的函数得到一个适应度数值。种群中的个体被按照适应度排序,适应度高的在前面。

下一步是产生下一代个体并组成种群。这个过程是通过选择、交叉、变异完成的。选择是根据新个体的适应度进行的,适应度越高,被选择的机会越高,而适应度低的,被选择的机会越低。初始的数据可以通过这样的选择过程组成一个相对优化的群体。之后,被选择的个体进行交叉,一般的遗传算法都有一个交叉概率,每两个个体通过交叉产生两个"新"个体,代替原来的"老"个体,而不交叉的个体则保持不变。

再下一步是变异,通过变异产生新的"子"个体。一般遗传算法都有一个固定的变异常数,通常是 0.1 或更小,这代表变异发生的概率。根据这个概率,新个体的染色体随机地突变,通常就是改变染色体的一个位(0 变到 1,或者 1 变到 0)。

经过这一系列的过程(选择、交叉和变异),产生不同于初始一代的新一代个体,并一代一代地向增加整体适应度的方向发展,因为最好的个体总是更多地被选择去产生下一代,而适应度低的个体逐渐被淘汰掉。这样的过程不断地重复,直到满足终止条件为止。

基本遗传算法的流程如下。

```
initialize the population
    loop until the termination criteria is satisfied
        for all individuals of population
            sum of fitness + = fitness of this individual
        end for
        forall individuals of population
            probability = sum of probabilities + (fitness/sum of fitness)
            sum of probabilities + = (fitness/sum of fitness)
        end for
        loop until new population is full
```

```
    do this twice
        for all members of population
            if rand(0,1)> probability but less than next probability
                then you have been selected
        end for
    end
    if rand(0,1)< crossover probability
        then crossover the two selected individuals and return the new two
    end loop
    for all individuals of population
        if rand(0,1)< mutate probability
            then mutate the individual
    end for
endloop
now we get the optimum solution
```

2. 遗传算法的应用示例

接下来将使用遗传算法进行函数极值的求解,以此演示遗传算法的基本流程。

例 3.4 设目标函数是 $f(x)=x^2$,约束条件为 $x=0,1,2,\cdots,30,31$,求解 $f(x)$ 的最大值。

此问题很容易用其他方法求解,但用此简单问题为例的意义在于说明遗传算法的流程,而且其足够简单。

1) 编码

遗传算法的工作对象是字符串,因此编码是一项基本性的工作。从生物学角度看,编码相当于选择遗传物质,每个字符串对应一个染色体。遗传算法大多采用二进制的 0/1 字符编码。当问题比较简单时,每一位 0/1 变量就代表一个性质。当问题的性质要用数值进行描述时,就涉及二进制数与十进制数的转换。对于长度(位数)为 L 的 0/1 字符串,按数学的排列组合计算,它可以表达 $2L$ 个数,十进制数与二进制数有如下关系。

$$x=x_{\min}+\frac{x_{\max}-x_{\min}}{2^L-1}\mathrm{Dec}(y)$$

其中,$x_{\min},x_{\max}$ 为最小及最大的十进制数,y 为对应于 x 的二进制数,Dec 表示将二进制数转化为十进制数。在这种换算关系下,二进制表示法的精度 δ 为:

$$\delta=\frac{x_{\max}-x_{\min}}{2^L-1}$$

由上式可算得所需的位数,进而可得知两个相邻十进制的间隔。例如,如果 $x_{\min}=-1,x_{\max}=1,\delta=0.5$,则可得 $L=3$,间隔为 $\frac{2}{7}$,求解空间中有 8 个实数,即 $-1,-1+\frac{2}{7}$,$\cdots,-1+\frac{12}{7},1$。

对于兼有多种性质的问题,可以将描述各种性质的字符串组合在一起,用一长字符串表示。例如,可选 25 位 0/1 字符串表示物体的体积、重量及材质,其中前 10 位数表示体积,中间 10 位表示重量,后 5 位表示材质。

上述都是针对二进制编码的,遗传算法也可以采用实数编码,即不需要将原始数据变化为二进制数,以原始数据表示染色体即可,最简单的染色体就可仅用一个实数表示。二进制编码的缺陷是在限定码长的情况下所能表示的精度不够,容易导致进化不收敛;而如果要满足一定的精度约束,则必须增加编码长度,搜索空间也将相应增大,从而影响整个进化过程的速度。实数编码的优点是直观,且克服了二进制编码的弊端,而这样做的代价是需要重新设计遗传操作,因为原来针对二进制的交叉、变异策略不再适用。

本节提出的问题是求 $f(x)=x^2$ 的最大值,其编码较为简单,需要 5 个二进制位来表示自变量。

2) 产生初始群体

初始群体是遗传搜索寻优的出发点。群体规模 M 越大,搜索的范围越广,但是每代的遗传操作时间越长。反之,M 越小,每代的运算时间越短,然而搜索空间也越小。初始群体中的每个个体都是按随机的方法产生的。根据串的长度 L,随机产生 L 个 0/1 字符组成初始个体。在此问题中可以令 $M=4$,一个可能的初始种群是 01101,11000,01000,10011。

3) 计算适应度

适应度是衡量个体优劣的标志,它是执行遗传算法"优胜劣汰"的依据。因此,适应度也是驱使遗传算法向前发展的动力。通常,遗传算法中个体的适应度也就是所研究问题的目标函数,但是,有时适应度是目标函数转换后的结果。

为了方便讨论,此处遗传算法只研究目标变量 x 大于零的最大值问题。对于最小值问题,其适应度可以按下面的式子转换。

$$f(x)=\begin{cases} C_{\max}-g(x) & g(x)<C_{\max} \\ 0 & \text{其他} \end{cases}$$

其中,$f(x)$ 为转换后的适应度,$g(x)$ 为原适应度,$C_{\max}$ 为足够大的常数。

本节的问题中,由于是二进制编码,所以首先要有一个解码的过程,即将二进制串解码为十进制的实数,这也被称为从基因型到表现型的转化,01101→13,11000→24,01000→8,10011→19。根据目标函数 $f(x)=x^2$,可以计算出种群中 4 个个体的适应度为 13→169,24→576,8→64,19→361。

4) 选择

在遗传算法中,通过选择操作将优良个体插入下一代新群体,体现"优胜劣汰"的原则。选择优良个体的方法通常采用轮盘法。轮盘法的基本精神是个体被选中的概率取决于个体的相对适应度。

$$p_i=f_i\Big/\sum f_i$$

其中,p_i 为个体 i 被选中的概率,f_i 为个体 i 的适应度。

显然,个体适应度越高,被选中的概率就越大。但是,适应度小的个体也有可能被选中,以便增加下一代群体的多样性。从统计的意义讲,适应度越大的个体,其刻度长,被选中的可能性就大。

5）交叉

在遗传算法中,交叉是产生新个体的主要手段。它类似于生物学的杂交,使不同个体的基因互相交换,从而产生新个体。单点交叉操作如下所述。

01101,11000→01100,11001

10011,11000→10000,11011

分别为两对染色体的交叉,第一对的随机交叉位置为4,第二对为2。一对染色体之间是否进行交叉操作,取决于交叉概率。

除了单点交叉之外,还有多点交叉和均匀交叉,单点交叉可看作多点交叉的特例。上述交叉算子同时适用于二进制编码和实数编码。除此之外,针对实数编码的还有中间交叉、启发式交叉等。

6）变异

变异是遗传算法产生新个体的另一种方法,对于二进制编码来说就意味着某位由1变为0或由0变为1。变异有局部变异和全局变异之分,局部变异是指从种群中随机选取一个位进行取反操作,全局变异则指种群的每一位都有一个取反的几率,或者是每个个体随机选择一个位置进行变异。

7）终止

算法在迭代若干次后终止,一般终止条件有:进化次数限制;计算耗费的时间限制;一个个体已经满足最优值的条件,即最优值已经找到;适应度已经达到饱和,继续进化不会产生适应度更好的个体;人为干预;以上两种或更多种的组合。

3.6.3　遗传算法的应用实例

这是一个简单的遗传算法实现函数优化问题描述:假设平面 xOy 中有 3 个点位于 $O(0,0),P(12,0),Q(8,6)$,请找到点 R 使 $W=5|RO|+4|RP|+3|RQ|$ 达到最低值。

```
1     #include<iostream>
2     #include<cstdio>
3     #include<cstdlib>
4     #include<cmath>
5     #include<ctime>
6     using namespace std;
7     /* 参数设置:目标规模、最大代数、没有问题变量、交叉的顺从性、突变的概率、
8     最好的个体、输出文件 */
9     #define POPSIZE 200
10    #define MAXGENS 1000
11    #define NVARS 2
12    #define PXOVER 0.75
13    #define PMUTATION 0.15
14    #define TRUE 1
15    #define FALSE 0
16    #define LBOUND 0
```

```
17      # define UBOUND 12
18      # define STOP 0.001
19      int generation;
20      int cur_best;
21      double diff;
22      FILE * galog;
23      /* 结构基因型:定义一串基因变量并确定基因变量取值上确界和下确界,定义个体适
24      应值、个体适应值占种群适应值以及个体适应值的累加比例 */
25      struct genotype{
26          double gene[NVARS];
27          double upper[NVARS];
28          double lower[NVARS];
29          double fitness;
30          double rfitness;
31          double cfitness;
32      };
33      /* population 当前种群,population[POPSIZE]用于存放个体最优值并假设最优个体能存
34      活下去 */
35      /* 在某些遗传算法中最优个体并不一定能够存活下去 */
36      struct genotype population[POPSIZE + 1];
37      /* 新一代取代了老一代得到子种群 */
38      struct genotype newpopulation[POPSIZE + 1];
39      /* 遗传算法使用的程序声明:初始化函数、随机函数、目标函数、评价函数、保留最优个
40      体、当前种群与子代种群最优值比较、基因重组函数、交换函数、基因突变函数、数据记录
41      函数 */
42      void initialize(void);
43      double randval(double,double);
44      double funtion(double x1,double x2);
45      void evaluate(void);
46      void keep_the_best(void);
47      void elitist(void);
48      void select(void);
49      void crossover(void);
50      void swap(double * ,double * );
51      void mutate(void);
52      double report(void);
53
54
55
56      /* 初始化函数:初始化变量边界内的基因值。它还初始化每个数量的点的所有适
57      应值 */
58      void initialize(void){
59          int i,j;
60          for(i = 0;i < NVARS;i++){
61  for(j = 0;j < POPSIZE + 1;j++){
62              if(!i){
63  population[j].fitness = 0;
64                  population[j].rfitness = 0;
```

```
65                      population[j].cfitness = 0;
66              }
67              population[j].lower[i] = LBOUND;
68              population[j].upper[i] = UBOUND;
69          population[j].gene[i] = randval(population[j].lower[i],population[j].upper[i]);
70          }
71      }
72 }
73 /* 随机值生成器: 在边界内生成一个值 */
74 double randval(double low,double high){
75      double val;
76      val = ((double)(rand() % 10000)/10000) * (high - low) + low;
77      return val;
78 }
79 double funtion(double x,double y) {
80      double result1 = sqrt(x * x + y * y) + sqrt((x - 12) * (x - 12) + y * y) + sqrt((x - 8) *
81 (x - 8) + (y - 6) * (y - 6)); //目标函数
82      return result1;
83 }
84 /* 评价函数给出个体适应值,每次更改函数时,代码都必须重新进行 */
85 void evaluate(void){
86      int mem;
87      int i;
88      double x[NVARS];
89      for(mem = 0;mem < POPSIZE;mem++){
90 for(i = 0;i < NVARS;i++)
91              x[i] = population[mem].gene[i];
92 /* 将目标函数值作为适应值 */
93          population[mem].fitness = funtion(x[0],x[1]);
94      }
95 }
96 /* 找出种群中的个体最优值并将其移动到最后 */
97 void keep_the_best(){
98      int mem;
99      int i;
100     cur_best = 0;
101 /* 找出最高适应值个体并将最优个体复制至 population[POSIZE] */
102     for(mem = 0;mem < POPSIZE;mem++){
103         if(population[mem].fitness < population[cur_best].fitness){
104             cur_best = mem;
105         }
106     }
107 /* 防止出现种群基因退化故保留历史最优个体
108 */ if(population[cur_best].fitness <= population[POPSIZE].f
109 itness||population[POPSIZE].fitness < 1){
110         population[POPSIZE].fitness = population[cur_best].fitness;
```

```
111         for(i = 0;i < NVARS;i++)
112             population[POPSIZE].gene[i] = population[cur_best].gene[i];
113     }
114 }
115 /* 精英功能:上一代中最好的成员存储在数组中的最后一个成员。如果来自新普
116 通人的最佳个体优于以前人口中的最佳个体,则从新人群中复制最佳成员;否则
117 用上一代人中最好的人替换当前人口中最差的人,防止种群最优值退化 */
118 void elitist(){
119     int i;
120     double best,worst;                    //适应值
121     int best_mem,worst_mem;               //序号
122     best_mem = worst_mem = 0;
123     best = population[best_mem].fitness;     //最高适应值初始化
124     worst = population[worst_mem].fitness;   //最低适应值初始化
125     for(i = 1;i < POPSIZE;i++)               //找出最高和最低适应值算法有待改进{
126         if(population[i].fitness < best){
127             best = population[i].fitness;
128             best_mem = i;
129         }
130         if(population[i].fitness > worst){
131             worst = population[i].fitness;
132             worst_mem = i;
133         }
134     }
135     if(best <= population[POPSIZE].fitness){
136         for(i = 0;i < NVARS;i++)
137             population[POPSIZE].gene[i] = population[best_mem].gene[i];
138 population[POPSIZE].fitness = population[best_mem].fitness;
139     }
140 else{
141         for(i = 0;i < NVARS;i++)
142             population[worst_mem].gene[i] = population[POPSIZE].gene[i];
143 population[worst_mem].fitness = population[POPSIZE].fitness;
144     }
145 }
146 /* 选择功能:标准比例选择,用于结合精英模型的最大化问题,确保最佳成员幸
147 存,筛选函数并产生子代 */
148 void select(void){
149     int mem,i,j;
150     double sum = 0;
151     double p;
152     for(mem = 0;mem < POPSIZE;mem++){
153         sum += population[mem].fitness;
154     }
155     for(mem = 0;mem < POPSIZE;mem++){
156         population[mem].rfitness = population[mem].fitness/sum;
157     }
158     population[0].cfitness = population[0].rfitness;
```

```
159     for(mem = 1;mem < POPSIZE;mem++){
160         population[mem].cfitness = population[mem - 1].cfitness + population[mem].rfit
161 ness;
162     }
163     for(i = 0;i < POPSIZE;i++){
164         p = rand() % 1000/1000.0;
165         if(p < population[0].cfitness){
166             newpopulation[i] = population[0];
167         }
168 else{
169             for(j = 0;j < POPSIZE;j++)
170                 if(p >= population[j].cfitness&&p < population[j + 1].cfitness)
171 newpopulation[i] = population[j + 1];
172         }
173     }
174     for(i = 0;i < POPSIZE;i++)//子代变父代
175         population[i] = newpopulation[i];
176 }
177 /* Crossover:执行所选父项的交叉,基因重组函数 */
178 void Xover(int one,int two){
179     int i;
180     int point;
181     if(NVARS > 1){
182         if(NVARS == 2)
183             point = 1;
184         else
185             point = (rand() % (NVARS - 1)) + 1;
186     for(i = 0;i < point;i++)                //只有第一个基因发生重组
187         swap(&population[one].gene[i],&population[two].gene[i]);188        }
189 }
190 /* 交换:交换过程有助于交换 2 个变量 */
191 void swap(double * x,double * y){
192     double temp;
193     temp = * x;
194     * x = * y;
195     * y = temp;
196 }
197 /* 交叉功能:选择参与交叉的两个父母,实现单点交叉,杂交函数 */
198 void crossover(void){
199     int mem,one;
200     int first = 0;
201     double x;
202     for(mem = 0;mem < POPSIZE;++mem){
203         x = rand() % 1000/1000.0;
204 if(x < PXOVER){
205             ++first;
206 /* 选择杂交的个体对,杂交有待改进,事实上往往是强者与强者杂交,这里没有考
207 虑雌雄与杂交对象的选择 */
```

```
208              if(first % 2 == 0)
209                  Xover(one,mem);
210              else
211                  one = mem;
212          }
213      }
214  }
215  /* 突变功能：随机均匀突变。选择用于突变的变量被变量的下限和上限之间的随
216  机值替换。变异函数：事实基因的变异往往具有某种局部性 */
217  void mutate(void){
218      int i,j;
219      double lbound,hbound;
220      double x;
221      for(i = 0;i < POPSIZE;i++)
222          for(j = 0;j < NVARS;j++){
223              x = rand() % 1000/1000.0;
224              if(x < PMUTATION){
225                  lbound = population[i].lower[j];
226                  hbound = population[i].upper[j];
227                  population[i].gene[j] = randval(lbound,hbound);
228              }
229          }
230  }
231  /* 报告功能：报告模拟的进度。双重报告(无效) */
232  double report(void){
233      int i;
234      double best_val;                //种群内最优适应值
235      double avg;                     //平均个体适应值
236      //double stddev;
237      double sum_square;              //种群内个体适应值平方和
238      //double square_sum;
239      double sum;                     //种群适应值
240      sum = 0.0;
241      sum_square = 0.0;
242      for(i = 0;i < POPSIZE;i++){
243          sum += population[i].fitness;
244          sum_square += population[i].fitness * population[i].fitness;
245      }
246      avg = sum/(double)POPSIZE;
247      //square_sum = avg * avg * (double)POPSIZE;
248      //stddev = sqrt((sum_square - square_sum)/(POPSIZE - 1));
249      best_val = population[POPSIZE].fitness;
250      fprintf(galog," % 6d % 6.3f % 6.3f % 6.3f % 6.3f % 6.3f\n",generation,best_
251      val,population[POPSIZE].gene[0],population[POPSIZE].gene[1],avg,sum);
252      return avg;
253  }
254  /* 主要功能：每一代都涉及选择最佳成员,执行交叉和变异,然后评估结果总体,
255  直到满足终止条件 */
```

```
256  void main(void){
257      int i;
258      double temp;
259      double temp1;
260      if((galog = fopen("data.txt","w")) == NULL){
261          exit(1);
262      }
263      generation = 1;
264      srand(time(NULL));
265      fprintf(galog,"number value x1 x2 avg sum_value\n");
266      printf("generation best average standard\n");
267      initialize();
268      evaluate();
269      keep_the_best();
270      temp = report();                    //记录,暂存上一代个体平均适应值
271      do{
272          select();                       //筛选
273          crossover();                    //杂交
274          mutate();                       //变异
275          evaluate();                     //评价
276          keep_the_best();
277          elitist();
278          temp1 = report();
279          diff = fabs(temp - temp1);
280          temp = temp1;
281          generation++;
282      }
283      while(generation < MAXGENS&&diff >= STOP);
284      //fprintf(galog,"\n\n Simulation completed\n");
285      //fprintf(galog,"\n Best member:\n");
286      printf("\nBest member:\ngeneration: % d\n",generation);
287      for(i = 0; i < NVARS; i++){
288          //fprintf(galog,"\n var(% d) = % 3.3f",i,population [POPSIZE].gene[i]);
289          printf("X % d = % 3.3f\n",i,population[POPSIZE].gene[i]);
290      }
291      //fprintf(galog,"\n\n bestfitness = % 3.3f",population [POPSIZE]. fitness);
292      fclose(galog);
293      printf("\nBest fitness = % 3.3f\n",population[POPSIZE]. fitness);
294  }
```

实验结果:如图 3.12 所示为实验得出的一组解,遗传算法进行了 677 次,找到 R 点坐标为(7.673,3.251),距离最小值为 16.514。

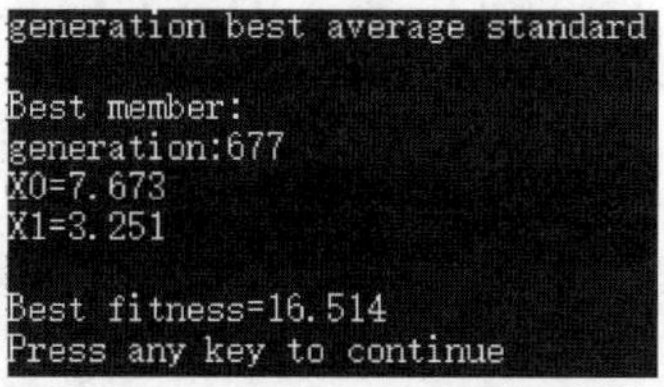

图 3.12　实验解

3.7 习题

(1) 理解一般图搜索算法,OPEN 表和 CLOSE 表的作用是什么? 为何要标记从子结点到父结点的指针? 举例说明对 3 类子结点处理方式的差异。

(2) 什么是问题归约? 问题归约的操作算子与一般图的搜索有何不同? 为什么应用问题归约得到的状态空间可表示为与或图?

(3) 一个农夫带着一只狼、一只羊和一筐菜,欲从河的左岸坐船到右岸,由于船太小,农夫每次只能带一样东西过河,并且,没有农夫看管的话,狼会吃羊,羊会吃菜。设计一个方案,使农夫可以无损失地渡过河。

(4) 设计一个解决旅行商问题的爬山算法。

(5) 设计一个解决旅行商问题的遗传算法。

(6) 对上面 3 题的算法和结果进行比较分析。

第 **4** 章

不确定知识表示与推理

现实世界中,能够进行精确描述的问题只占一少部分,而大多数问题是不精确和不完备的。对于这些问题,若采用第 3 章"搜索技术"所讨论的基于传统逻辑的推理方法显然是不行的。为此,人工智能要模拟人类的推理过程,需要研究不确定性的推理方法,以适应人类思维中的模糊性。

建立在经典逻辑基础上的确定性推理,是一种运用确定性知识进行的精确推理。人们对不确定推理已经进行了很多的研究,提出了多种表示和处理不确定性的方法,本章将对它们进行讨论。

4.1 不确定性推理概述

不确定性是智能问题的本质特征,无论是人类智能还是人工智能,都离不开不确定性的处理。可以说,智能主要反映在求解不确定性问题的能力上。

推理是人类的思维过程,它是从已知事实出发,通过运用相关的知识逐步推出某个结论的过程。其中,已知事实和知识是构成推理的两个基本要素。已知事实又称为证据,用以指出推理的出发点及推理时应使用的知识;而知识是推理得以向前推进,并逐步达到最终目标的依据。

4.1.1 不确定性推理含义

我们知道,所谓推理就是从已知事实出发,通过运用相关知识逐步推出结论或者证明某个假设成立或不成立的思维过程。其中,已知事实和知识是构成推理的两个基本要素。已知事实又称为证据,用以指出推理的出发点及推理应使用的知识;知识是推理得以向前推进,并逐步达到最终目标的依据。

在客观世界中,由于事物发展的随机性和复杂性,引起知识不确定性的主要有:①人类认识的不完备性、不可靠性、不精确性;②知识描述的模糊性;③知识的随机性;④原因的多样性;⑤知识的不一致性;⑥解决方案的不唯一性。知识本身所具有的这些特征使得现实世界中的事物以及事物之间的关系极其复杂,带来了大量的不确定性。我们知道,经验性知识一般都带有某种程度的不确定性。如在此种情况下仍用经典逻辑做精确处理,就势必要把客观事物原本具有的不确定性及事物之间客观存在的不确定性关系划归为确定性的,在本来不存在明确类属界限的事物间人为地划定界限,这无疑会舍弃事物的某些重要属性,从而失去了真实性。

由此可以看出,人工智能中对推理的研究不能仅仅停留在确定性推理这个层次上,为了解决实际问题,还必须开展对不确定性的表示及处理的研究,这将使计算机对人类思维的模拟更接近于人类的思维。

不确定推理是建立在非经典逻辑基础上的一种推理,它是对不确定性知识的运用与处理。严格地说,不确定性推理就是从不确定性初始证据出发,通过运用不确定性的知识,最终推出具有一定程度的不确定性但却是合理或者近乎合理的结论的思维过程。

4.1.2　不确定性推理中的基本问题

由于证据和规则的不确定性,导致所产生结论的不确定性。在专家系统中,不确定性表现在证据、规则和推理3个方面,需要对专家系统中的事实与规则给出不确定性描述,并在此基础上建立不确定性传递算法。因此,要实现对不确定知识的处理,必须解决不确定知识的表示问题,不确定推理的基本问题主要包括不确定性表示问题、不确定性计算问题以及语义问题等重要问题。

不确定性的表示问题是指采用什么方法来描述不确定性。不确定性推理中的"不确定性"一般分为两类:一是证据的不确定性,二是规则的不确定性。

(1) 证据不确定性的表示$(E,C(E))$,表示证据 E 为真的程度。

在不确定性推理中,证据有两种来源。一种是在用户求解问题时,给出初始证据,例如病人的症状、化验结果等;另一种是在推理中用前面推出来的结论作为当前证据。由于前一种情况中证据多来源于观察,因此通常是不精确、不完全的,具有不确定性。对于后一种情况,由于所使用的知识和证据都具有不确定性,因而推出的结论当然也不具有确定性,把它当作后面推理的证据时,也是不确定性的证据。

(2) 规则不确定性的表示$(E \rightarrow H, f(H,E))$,规则的不确定性是指当规则的条件被完全满足时,产生某种结论的不确定程度。

例如,有以下规则:如果启动器发出刺耳的噪声

那么这个启动器损坏的可能性是 0.8

以上规则表示,如果"启动器发出刺耳的噪声"这个事实完全肯定的可信度(可信度的含义下文会详细介绍)是 1.0,那么得出"这个启动器是损坏的"的结论可信度是 0.8;当规则的条件部分不完全确定,即当可信度不为 1 时,将要设计下面要讨论的不确定性的传递问题。计算其结论可信度的最简单的方法是取条件可信度与规则的不确定性的乘积。设条件的可信度为 0.7,规则的可信度为 0.8,则结论的可信度为 0.7×0.8=0.56。一般

地,对于 $E \rightarrow H$,用 $f(H, E)$ 表示其不确定性。

通常,在专家系统中知识的不确定性一般是由领域专家给出,通常是一个数值,表示相应知识的不确定程度,称为知识的静态强度;而证据的不确定性通常也是一个数值,表示相应证据的不确定性程度,称为动态强度。

一般来说,证据不确定性的表示方法与知识不确定性的表示方法保持一致,以便于推理过程中对不确定性进行统一的处理。在有些系统中,为便于用户的使用,对初始证据的不确定性与知识的不确定性采用了不同的表示方法,但这只是形式上的,在系统内部亦做了相应的转换处理。

不确定计算主要是指不确定性的传播与更新,即获得新信息的过程。它是在领域专家给出的规则强度和用户给出的原始证据的不确定性的基础上,定义一组函数,求出结论的不确定性度量。

不确定性的计算问题主要包括三方面:不确定性的传递算法、结论不确定性合成、组合证据的不确定算法。

(1) 不确定性的传递算法。不确定性推理的根本目的是根据用户提供的初始证据,通过运用不确定知识,最终推出不确定性的结论,并推算出结论的不确定程度。为达到这一目的,除了解决前面提出的问题,还需解决不确定性的传递问题,它主要包括两个密切相关的子问题,一个是在每一步推理中,如何把证据及规则的不确定性传递给结论。另一个是在多步推理中,如何把初始证据的不确定性传给结论。也就是说,已知规则的前提 E 的不确定性 $C(E)$ 和规则强度 $f(H, E)$,求假设 H 的不确定性 $C(H)$,即定义函数 f_1,使得

$$C(H) = f_1(C(E), f(H, E)) \tag{4-1}$$

(2) 结论不确定性合成。推理中有时会出现这样一种情况,用不同的知识进行推理得到了相同的结论,但不确定性的程度却不相同。此时,需要用不同的算法对它们进行合成,当然,在不同的不确定推理方法中所采用的合成方法各不相同。下面给出合成的举例。

已知两个独立的数据 E_1 和 E_2,求得的假设 H 的不确定性度量 $C_1(H)$ 和 $C_2(H)$,求证据 E_1 和 E_2 的组合导致的假设 H 的不确定性 $C(H)$,即定义函数 f_2,使得

$$C(H) = f_2(C_1(E), C_2(H)) \tag{4-2}$$

(3) 组合证据不确定性算法。在基于生产式规则的系统中,知识的前提条件既可以是简单条件,也可以是用"与"或"或"把多个简单条件连接起来构成的复合条件。进行匹配时,一个简单条件对应于一个单一的证据,一个复合条件对应于一组数据,称这一组数据为组合证据。

在不正确性推理中,由于结论的不确定性通常是通过对证据及知识的不确定性进行某种运算得到的,因而需要有合适的算法计算组合证据的不确定性。目前,关于组合证据不确定性的计算已经提出了多种方法,如最大最小法、概率方法、有界方法、Hamacher 方法、Einstein 方法等,其中目前应用最多的组合证据不确定性的计算方法有如下三种:

① 最大最小法

$$C(E_1 \wedge E_2) = \min(C(E_1), C(E_2))$$

$$C(E_1 \lor E_2) = \max(C(E_1), C(E_2)) \tag{4-3}$$

② 概率方法

$$C(E_1 \land E_2) = C(E_1) \times C(E_2)$$

$$C(E_1 \lor E_2) = C(E_1) + C(E_2) - C(E_1) \times C(E_2) \tag{4-4}$$

③ 有界方法

$$C(E_1 \land E_2) = \max\{0, C(E_1) + C(E_2) - 1\}$$

$$C(E_1 \lor E_2) = \min\{1, C(E_1) + C(E_2)\} \tag{4-5}$$

其中，$C(E_1)$ 表示证据 E 为真的程度，如可信度、概率。另外，上述的每一组公式都有相应的适用范围和使用条件，如概率方法只能在事件之间完全独立使用。

语义问题

语义问题指上述表示和计算的含义是什么，即对它们进行解释。如 $C(H,E)$ 可理解为前提 E 为真对结论 H 为真的一种影响程度，$C(E)$ 可理解为 E 为真的程度。

目前，在 AI 中处理不确定性问题的主要数学工具有概率论和模糊数学。概率论与模糊数学所研究和处理的是两种不同的不确定性。概率论研究和处理随机现象，事件本身有明确的含义，只是由于条件不充分，使得在条件和事件之间无法出现决定性的因果关系，即具有随机性。模糊数学研究和处理模糊现象，概念本身就没有明确的外延，一个对象是否符合这个概念是难以确定的，是模糊的。无论采用什么数学工具和模型，都需要对规则和证据的不确定性给出度量。

对于知识的不确定性度量 $f(H,E)$，需要定义在如下 3 个典型情况下的取值：

(1) 若 E 为真，则 H 为真，这时 $f(H,E) = ?$

(2) 若 E 为真，则 H 为假，这时 $f(H,E) = ?$

(3) E 对 H 没有影响，这时 $f(H,E) = ?$

对于证据的不确定性度量 $C(E)$，需要定义在如下 3 个典型情况下的取值：

(1) E 为真时，$C(E) = ?$

(2) E 为假时，$C(E) = ?$

(3) 对 E 一无所知时，$C(E) = ?$

对于一个专家系统，一旦给定了上述不确定性的表示、计算及其相关的解释，就可以从最初的观察证据出发，得出相应结论的不确定性程度。专家系统的不确定性推理模型值的就是证据和规则的不确定性的测量方法以及不确定的组合计算模式。

以上简要列出了不确定性推理中一般应该考虑的一些基本问题，但是这并不是说任何一个不确定性推理都必须包括以上各项的内容。例如在专家系统 MYCIN 中就没有明确提出不确定性匹配的算法，而且不同的系统对它们的处理方法也不尽相同。

4.1.3　不确定性推理方法的分类

关于不确定推理方法的研究主要沿着两条不同的路线发展。

一条路线是在推理一级上扩展不确定推理的方法：其特点是把不确定证据和不确定的知识分别与某种量度标准对应起来，并且给出更新结论不确定性算法，从而建立不确定性推理模式。把这一类方法统称为模型方法。

另一条路线是在控制策略级处理不确定性的方法：其特点是通过识别领域中引起不确定性的某些特征及其相应的控制策略来限制或减少不确定性对系统的影响，这类方法没有处理不确定性的统一模型，其效果极大地依赖于控制策略。通常把这类方法统称为控制方法。

模型方法又分为数值方法和非数值方法两大类。数值方法是对不确定性的一种定量和处理方法。非数值方法是指除数值方法外的其他各种处理不确定性的方法。

对于数值方法，按照其所依据的理论不同又可分为两类：一类是依据概率论的有关理论发展起来的方法，称为基于概率的方法；另一类是依据模糊理论发展起来的方法，称为模糊推理。在数值方法中，概率方法是最重要的方法之一。概率论有着完善的理论和方法，而且具有现成的公式实现不确定的合成和传递，因此可以用作度量不确定性的重要手段。

4.2　主观 Bayes 方法

直接使用贝叶斯(Bayes)公式求结论 H 在证据 E 存在情况下的概率 $P(H/E)$，不仅需要已知 H 的先验概率 $P(H)$，而且还需要知道证据 E 出现的条件概率 $P(E/H)$，这在实际应用中相当困难。为此，杜达(R. O. Duda)、哈特(P. E. Hart)等于 1976 年在 Bayes 公式的基础上经过适当改进提出了主观 Bayes 方法，建立了相应的不确定性推理模型，它是最早用于处理不确定性推理的方法之一，并在地矿勘探专家系统 PROSPECTOR 中得到了成功的应用。

4.2.1　全概率公式和主观 Bayes 公式

定义 4.1　全概率公式

设有事件 $A_1, A_2, \cdots, A_n$ 满足如下条件：

(1) 任意两个事件都互不相容。

(2) $P(A_i > 0)(i = 1, 2, \cdots, n)$。

(3) 样本空间 D 是所有 $A_i (i = 1, 2, \cdots, n)$ 构成的集合。

则对事件 B 来说，有下式成立：

$$P(B) = P(A_1)P(B \mid A_1) + P(A_2)P(B \mid A_2) + \cdots + P(A_n)P(B \mid A_n) \tag{4-6}$$

该公式称为全概率公式，它提供了一种计算 $P(B)$ 的方法。

定义 4.2　Bayes 公式

设有事件 $A_1, A_2, \cdots, A_n$ 满足如下条件：

(1) 任意两个事件都互不相容。

(2) $P(A_i) > 0(i = 1, 2, \cdots, n)$。

(3) 样本空间 D 是所有 $A_i (i = 1, 2, \cdots, n)$ 构成的集合。

则对任何事件 B 来说，有以下公式成立：

$$P(B)P(A_i \mid B) = P(A_i)P(B \mid A_i) \quad (i = 1, 2, \cdots, n) \tag{4-7}$$

$$P(A_i \mid B) = \frac{P(A_i)P(B \mid A_i)}{P(B)} \quad (i = 1, 2, \cdots, n) \tag{4-8}$$

由全概率公式得到

$$P(A_i \mid B) = \frac{P(A_i)P(B \mid A_i)}{\sum_{j=1}^{n} P(A_j)P(B \mid A_j)} \quad (i = 1, 2, \cdots, n)$$

其中，$P(A_i)$ 是事件 A_i 的先验概率；$P(B|A_i)$ 是在事件 A_i 发生条件下事件 B 的条件概率；$P(A_i|B)$ 是在事件 B 发生条件下事件 A_i 的条件概率，称为后验概率。

4.2.2 知识不确定性的表示

在主观 Bayes 方法中，用规则表示知识：

$$\text{IF} \quad E \quad \text{THEN} \quad (\text{LS}, \text{LN}) \quad H \quad P(H)$$

其中，E 表示规则前提条件或者证据，可以是简单条件，也可以是由 AND 或 OR 连接的复合条件，H 表示结论，$P(H)$ 表示结论 H 为真的先验概率。

LS 和 LN 表示该规则的静态强度，LS 为规则的充分性量度，用来衡量 E 为真时对结论 H 的支持程度；LN 为规则的必要性量度，用来衡量 E 为假时对结论 H 的支持程度。

LS 和 LN 的定义式分别为：

$$\text{LS} = \frac{P(E \mid H)}{P(E \mid \neg H)}$$

它表示 E 对 H 的支持程度，取值范围为 $[0, +\infty)$，由专家给出。

$$\text{LN} = \frac{P(\neg E \mid H)}{P(\neg E \mid \neg H)} = \frac{1 - P(E \mid H)}{1 - P(E \mid \neg H)}$$

它表示 $\neg E$ 对 H 的支持程度，即 E 对 H 为真的必要性程度，取值范围为 $[0, +\infty)$，也是由专家凭经验给出的。

下面进一步讨论 LS 和 LN 的含义。由 Bayes 公式可知：

$$P(H \mid E) = \frac{P(H) \times P(E \mid H)}{P(E)}$$

$$P(\neg H \mid E) = \frac{P(\neg H) \times P(E \mid \neg H)}{P(E)}$$

由两式相除可得式如下：

$$\frac{P(H \mid E)}{P(\neg H \mid E)} = \frac{P(H) \times P(E \mid H)}{P(\neg H) \times P(E \mid \neg H)} \tag{4-9}$$

为讨论方便，引入几率函数。

定义 4.3 几率定义如下

在某事件 C 的前提下，A 相对于 B 的几率可以表示为

$$\text{odds} = P(A \mid C) / P(B \mid C)$$

如果 $B = \neg A$，则有

$$\text{odds} = \frac{P(A \mid C)}{P(\neg A \mid C)} = \frac{P(A \mid C)}{1 - P(A \mid C)}$$

用 P 表示 $P(A|C)$，则有

$$\text{odds} = \frac{P}{1-P} \qquad (4-10)$$

并且

$$P = \frac{\text{odds}}{1+\text{odds}}$$

即已知几率可以计算似然性，反之亦然。如果把 P 解释为证据 X 出现的可能性，而 $1-P$ 表示证据 X 不出现的可能性。可见，X 出现的几率等于 X 出现的可能性与 X 不出现的可能性之比。用 $P(X)$ 表示 X 出现的可能性，$O(X)$ 表示 X 的几率。显然随着 $P(X)$ 的增大，$O(X)$ 也在增大，并且

$$P(X)=0 \quad 时有 \quad O(X)=0$$

$P(X)=1$ 时有 $O(X)=\infty$，这样就可以把取值为 $[0,1]$ 的 $P(X)$ 放大到取值为 $[0,+\infty]$ 的 $O(X)$。

把式(4-10)中几率与概率的关系代入式(4-9)中有：

$$O(H \mid E) = \frac{P(E \mid H)}{P(E \mid \neg H)} \times O(H)$$

再把 LS 代入此式，可得：

$$O(H \mid E) = \text{LS} \times O(H) \qquad (4-11)$$

式(4-11)被称为 Bayes 公式的几率似然性形式。LS 称为充分似然性，因为如果 $\text{LS}=\infty$，则证据 E 对于推出 H 为真是逻辑充分的。LS 为规则的充分性量度，它反映 E 的出现对 H 的支持程度。当 $\text{LS}=1$ 时，E 对 H 没影响；当 $\text{LS}>1$ 时，E 支持 H，且 LS 越大，E 对 H 的支持越充分，若 LS 为 ∞，则 E 为真时 H 就为真；当 $\text{LS}<1$ 时，E 排斥 H，若 LS 为 0，则 E 为真时 H 就为假。

同理，可得到 LN 的公式：

$$O(H \mid \neg E) = \text{LN} \times O(H) \qquad (4-12)$$

式(4-12)被称为 Bayes 公式的必然似然性形式。LN 称为必然似然性，因为如果 $\text{LN}=0$，则有 $O(H|\neg E)=0$，这说明当 $\neg E$ 为真时，H 必为假，则 E 对 H 来说是必然的。

式(4-11)和式(4-12)就是修改的 Bayes 公式，从中可以看出，当 E 为真时，可以利用 LS 将 H 的先验概率 $O(H)$ 更新为其后验几率 $O(H|E)$；当 E 为假时，可以利用 LN 将 H 的先验几率 $O(H)$ 更新为其后验几率 $O(H|\neg E)$。

4.2.3 证据不确定性的表示

证据通常可以分为全证据和部分证据。全证据就是所有的证据，即所有可能的证据和假设，它们组成证据 E。部分证据 S 就是人们所知道的 E 的一部分，这一部分也可以称之为观察。全证据的可信度依赖于部分证据，表示为 $P(E|S)$。如果知道所有的证据，则 $E=S$，且有 $P(E|S)=P(E)$。其中，$P(E)$ 就是证据 E 的先验似然性，$P(E|S)$ 是已知全证据 E 中部分知识 S 后对 E 的信任，为 E 的后验似然性。

在主观 Bayes 方法中，证据 E 的不确定性可以用证据的似然性或几率表示。似然率

与几率之间的关系如下:

$$O(E) = \frac{P(E)}{1-P(E)} = \begin{cases} 0 & \text{当 } E \text{ 为假时} \\ \infty & \text{当 } E \text{ 为真时} \\ (0,\infty) & \text{当 } E \text{ 非真也非假时} \end{cases}$$

4.2.4 不确定性的传递算法

在主观 Bayes 方法的知识表示中,$P(H)$ 是专家凭结论 H 给出的先验概率,它是在没有考虑任何证据的情况下根据经验给出的。随着新证据的获得,对 H 的信任程度应该有所改变。主观 Bayes 方法推理的任务就是根据证据 E 的概率 $P(E)$ 及 LS 和 LN 的值,把 H 的先验概率 $P(H)$ 更新为后验概率 $P(H|E)$ 或 $P(H|\neg E)$。

由于一条规则所对应的证据是肯定存在的,或是肯定不存在的,或是不确定的,而且在不同情况下确定后验概率的方法不同,以下分别予以讨论。

1. 证据肯定存在的情况

在证据 E 肯定存在时,把先验几率 $O(H)$ 更新为后验几率 $O(H/E)$ 的计算公式为

$$O(H \mid E) = \text{LS} \times O(H) \tag{4-13}$$

如果将式(4-13)换成概率,就可得到

$$P(H \mid E) = \frac{\text{LS} \times P(H)}{(\text{LS}-1) \times P(H)+1} \tag{4-14}$$

这就是把先验概率 $P(H)$ 更新为后验概率 $P(H|E)$ 的计算公式。

例如:

设有规则 if E then $(10,1)H$,已知 $P(H)=0.03$,并且证据 E 肯定存在,则将已知数据代入(4-14)可以计算得到 $P(H|E)=0.24$。

2. 证据肯定不存在的情况

在证据 E 肯定不存在时,把先验几率 $O(H)$ 更新为后验几率 $O(H|\neg E)$ 的计算公式为

$$O(H \mid \neg E) = \text{LN} \times O(H) \tag{4-15}$$

如果将式(4-15)换成概率,就可得到

$$P(H \mid \neg E) = \frac{\text{LN} \times P(H)}{(\text{LN}-1) \times P(H)+1} \tag{4-16}$$

这就是把先验概率 $P(H)$ 更新为后验概率 $P(H|\neg E)$ 的计算公式。

例如:

设有规则 if E then $(1,0.002)H$,已知 $P(H)=0.3$,并且证据 E 肯定不存在,则将已知数据代入(4-16)可以计算得到 $P(H|\neg E)=0.00086$。

3. 证据不确定的情况

上面讨论了在证据肯定存在和肯定不存在的情况下把 H 的先验概率更新为后验概率的方法。在现实中,这种证据肯定存在和肯定不存在的极端情况是不多的,更多的是介

于二者之间的不确定情况。因为对初始证据来说,由于用户对客观事物或现象的观察是不精确的,因而所提供的证据是不确定的。另外,一条知识的证据往往来源于由另一条知识推出的结论,一般也具有某种程度的不确定性。

例如,用户告知只有 60% 的把握说明证据是真的,这就表示初始证据为真的程度为 0.6,即 $P(E|S)=0.6$,这里 S 是对 E 的有关观察。现在要在 $0<P(E|S)<1$ 的情况下确定 H 的后验概率 $P(H|S)$。

在证据不确定的情况下,不能再用上面的公式来计算后验概率了,可用 Duda 等人于 1976 年给出的公式:

$$P(H|S)=P(H|E)\times P(E|S)+P(H|\neg E)\times P(\neg E|S) \tag{4-17}$$

来计算后验概率。下面分四种情况来讨论这个公式。

(1) 当 $P(E|S)=1$ 时,$P(\neg E|S)=0$,则有

$$P(H|S)=P(H|E)=\frac{LS\times P(H)}{(LS-1)\times P(H)+1}$$

这实际上就是证据肯定存在的情况。

(2) 当 $P(E|S)=0$,$P(\neg E|S)=1$,则有

$$P(H|S)=P(H|\neg E)=\frac{LN\times P(H)}{(LN-1)\times P(H)+1}$$

这实际上就是证据肯定不存在的情况。

(3) 当 $P(E|S)=P(E)$ 时,E 与 S 无关,利用全概率公式有

$$\begin{aligned}P(H|S)&=P(H|E)\times P(E|S)+P(H|\neg E)\times P(\neg E|S)\\&=P(H|E)\times P(E)+P(H|\neg E)\times P(\neg E)\\&=P(H)\end{aligned}$$

通过分析得到了 $P(E|S)$ 上的 3 个特殊值,即 0、$P(E)$、1,并分别取得了对应值 $P(H|\neg E)$,这样就构成了 3 个特殊点。

(4) 当 $P(E|S)$ 为其他值时,$P(E|S)$ 的值可通过上述 3 个特殊点的分段线性差值函数求得,并可以得到计算分段线性差值函数 $P(E|S)$ 的公式,即

$$P(H|S)=\begin{cases}P(H|\neg E)+\dfrac{P(H)-(H|\neg E)}{P(E)}\times P(E|S), & \text{若}\ 0\leqslant P(E|S)<P(E)\\[3mm]P(H)+\dfrac{P(H|E)-P(H)}{1-P(E)}\times[P(E|S)-P(E)], & \text{若}\ 0\leqslant P(E|S)\leqslant 1\end{cases}$$

$$\tag{4-18}$$

该公式称为 EH 公式,其函数如图 4.1 所示。

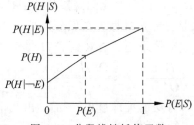

图 4.1 分段线性插值函数

对于初始证据，由于其不确定性是用可信度 $C(E|S)$ 给出的，只要把 $P(E|S)$ 与 $C(E|S)$ 的对应关系转换代入 EH 公式，就可以得到用可信度 $C(E|S)$ 计算 $P(H|S)$ 的公式。

$$P(H|S) = \begin{cases} P(H|\neg E) + \left[P(H) - (H|\neg E) \times \dfrac{C(E|S)}{5} + 1\right], & C(E|S) \leqslant 0 \\ P(H) + \left[P(H|E) - P(H)\right] \times \dfrac{C(E|S)}{5}, & C(E|S) > 0 \end{cases}$$

$$(4\text{-}19)$$

该公式被称为 CP 公式。

这样，当用初始证据进行推理时，根据用户告知的 $C(E|S)$，再通过运用 CP 公式就可以求出 $P(H|S)$；当用推理过程中得到的中间结论作为证据进行推理时，直接通过运用 EH 公式就可以求出 $P(H|S)$。

4.2.5 主观 Bayes 的主要优缺点

主要 Bayes 方法的主要优点如下。

(1) 主观 Bayes 方法中的计算公式大多是在概率论的基础上推导出来的，具有较坚实的理论基础。

(2) 知识的静态强度 LS 及 LN 是由领域专家根据实践经验给出的，这就避免了大量的数据统计工作。另外，它既用 LS 指出了证据 E 对结论 H 的支持程度，又用 LN 指出了 E 对 H 的必要性程度，这就比较全面地反映了证据与结论间的因果关系，符合现实世界中某些领域的实际情况，使推出的结论有较准确的确定性。

(3) 主观 Bayes 方法不仅给出了在证据肯定存在或肯定不存在情况下由 H 的先验概率更新为后验概率的方法，而且还给出了证据不确定情况下更新先验概率为后验概率的方法。另外，由其推理过程可以看出，它确实实现了不确定性的逐级传递。因此，可以说主观的 Bayes 方法是一种比较实用并且灵活的不确定性推理方法。

它的主要缺点如下。

(1) 要求领域专家在给出知识的同时给出了 H 的先验概率 $P(H)$，这是比较困难的。

(2) Bayes 方法中关于事件间独立性的要求使主观 Bayes 方法的应用受到了限制。

4.2.6 主观 Bayes 应用实例

假设有 n 条知识都支持同一条结论 H，并且这些知识的前提条件分别是 n 个相互独立的证据 $E_1, E_2, \cdots, E_n$，而每个证据所对应的观察又分别是 $S_1, S_2, \cdots, S_n$。在这些观察下，求 H 的后验概率的方法是：首先对每条知识分别求出 H 的后验几率 $O(H|S_i)$，然后利用这些后验几率并按下述公式求出所有观察下 H 的后验几率：

$$O(H|S_1 S_2 \cdots S_n) = \frac{O(H|S_1)}{O(H)} \times \frac{O(H|S_2)}{O(H)} \times \cdots \times \frac{O(H|S_n)}{O(H)} \times O(H)$$

为进一步说明主观 Bayes 方法的推理过程，下面给出几个例子。

例 4.1 设有规则

r_1: If E_1 Then(20,1) H

r_2: If E_2 Then(300,1) H

已知证据 E_1 和 E_2 必然发生,并且 $P(H)=0.03$,求 H 的后验概率。

解:因为 $P(H)=0.03$,则

$$O(H)=\frac{0.03}{1-0.03}=0.030927$$

根据 r_1,有

$$O(H\mid E_1)=\text{LS}_1\times O(H)=20\times 0.030927=0.6185$$

根据 r_2,有

$$O(H\mid E_2)=\text{LS}_2\times O(H)=300\times 0.030927=9.2781$$

那么

$$O(H\mid E_1E_2)=\frac{O(H\mid E_1)}{O(H)}\times\frac{O(H\mid E_2)}{O(H)}\times O(H)$$

$$=0.6185\times\frac{9.2781}{0.030927}$$

$$=185.55$$

$$P(H\mid E_1E_2)=\frac{185.55}{1+185.55}=0.99464$$

例 4.2 设有如下知识。

r_1: IF E_1 Then (10,1) $H_1(0.03)$

r_2: IF E_2 Then (20,1) $H_2(0.05)$

r_3: IF E_3 Then (1,0.002) $H_3(0.3)$

求:当证据 E_1、E_2、E_3 存在和不存在时,$P(H_i|E_i)$ 及 $P(H_i|\neg E_i)$ 的值各是多少?

解:(1) 当证据 E_1、E_2、E_3 都存在时:

$$P(H_1\mid E_1)=\frac{\text{LS}_1\times P(H_1)}{(\text{LS}_1-1)\times P(H_1)+1}=\frac{10\times 0.03}{(10-1)\times 0.03+1}=0.2362$$

$$P(H_2\mid E_2)=\frac{\text{LS}_2\times P(H_2)}{(\text{LS}_2-1)\times P(H_2)+1}=\frac{20\times 0.05}{(20-1)\times 0.05+1}=0.5128$$

对于 r_3,由于 LS=1,所以 E_3 的存在对 H_3 无影响,即 $P(H_3|E_3)=0.3$。

由此可以看出,由于 E_1 的存在,使 H_1 为真的可能性增加 38 倍;由于 E_2 的存在,使 H_2 为真的可能性增加了 10 多倍。

(2) 当证据 E_1、E_2、E_3 都不存在时:

由于 r_1 和 r_2 中的 LN=1,所以 E_1 与 E_2 的不存在对 H_1 和 H_2 都不产生影响,即

$$P(H_1\mid\neg E_1)=0.03$$

$$P(H_2\mid\neg E_2)=0.05$$

$$P(H_3\mid\neg E_3)=\frac{\text{LN}_3\times P(H_3)}{(\text{LN}_3-1)\times P(H_3)+1}=\frac{0.002\times 0.3}{(0.002-1)\times 0.3+1}=0.00086$$

由此可以看出,由于 E_3 不存在,使 H_3 为真的可能性减少到约 1/350。

4.2.7　朴素贝叶斯分类模型

朴素贝叶斯是贝叶斯分类器诸多算法中出现最早的一种模型,其具有算法逻辑简单,运算速度比同类算法速度快,分类时间较短等特点。其思想主要是:以属性的类条件性假设为前提,即在给定类别状态的条件下,属性之间是相互独立的。

朴素贝叶斯算法实例分析如下:

例 4.3　应用朴素贝叶斯分类器来解决这样一个分类问题:根据天气状况来判断某天是否适合打网球。给定如表 4.1 所示的 14 个训练实例,其中每一天由属性 outlook, temperature,humidity,windy 来表征,类属性为 play tennis。

表 4.1　14 个训练实例

day	outlook	temperature	humidity	windy	Play tennis
1	sunny	hot	high	weak	no
2	sunny	hot	high	strong	no
3	overcast	hot	high	weak	yes
4	rain	mild	high	weak	yes
5	rain	cool	normal	weak	yes
6	rain	cool	normal	strong	no
7	overcast	cool	normal	strong	yes
8	sunny	mild	high	weak	no
9	sunny	cool	normal	weak	yes
10	rain	mild	normal	weak	yes
11	sunny	mild	normal	strong	yes
12	overcast	mild	high	strong	yes
13	overcast	hot	normal	weak	yes
14	rain	mild	normal	strong	no

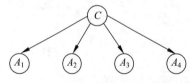

图 4.2　朴素贝叶斯网络分类器

现有一测试实例 x:< outlook = sunny, temperature=cool,humidity=high,windy=strong >,问:这一天是否适合当网球? 显然,我们的任务就是要预测此新实例的类属性 play tennis 的取值(yes 或 no),为此,我们构建了如图 4.2 所示的朴素贝叶斯网络分类器。

图中的结点 C 表示类属性 play tennis,其他 4 个结点 A_1,A_2,A_3,A_4 分别代表 4 个属性 outlook,temperature,humidity,windy,类结点 C 所有属性结点的父亲结点,属性结点和属性结点之间没有任何依赖的关系。根据公式有

$$V(x) = \underset{c \in \{\text{yes,no}\}}{\text{argmax}} P(c)P(\text{sunny} \mid c)P(\text{cool} \mid c)P(\text{high} \mid c)P(\text{strong} \mid c)$$

为计算 $V(x)$,需要从如表 4-1 所示的 14 个训练实例中估计出概率。

$P(\text{yes}),P(\text{sunny} \mid \text{yes}),P(\text{cool} \mid \text{yes}),P(\text{high} \mid \text{yes}),P(\text{strong} \mid \text{yes}),P(\text{no}),$
$P(\text{sunny} \mid \text{no}),P(\text{cool} \mid \text{no}),P(\text{high} \mid \text{no}),P(\text{strong} \mid \text{no})。$

具体计算如下：

$$P(\text{yes}) = \frac{9}{14}$$

$$P(\text{sunny} \mid \text{yes}) = \frac{2}{9}$$

$$P(\text{cool} \mid \text{yes}) = \frac{3}{9}$$

$$P(\text{high} \mid \text{yes}) = \frac{3}{9}$$

$$P(\text{no}) = \frac{5}{14}$$

$$P(\text{sunny} \mid \text{no}) = \frac{3}{5}$$

$$P(\text{cool} \mid \text{no}) = \frac{1}{5}$$

$$P(\text{high} \mid \text{no}) = \frac{4}{5}$$

$$P(\text{strong} \mid \text{no}) = \frac{3}{5}$$

所以有

$P(\text{yes})P(\text{sunny} \mid \text{yes})P(\text{cool} \mid \text{yes})P(\text{high} \mid \text{yes})P(\text{strong} \mid \text{yes} = 0.005291)$

$P(\text{no})P(\text{sunny} \mid \text{no})P(\text{cool} \mid \text{no})P(\text{high} \mid \text{no})P(\text{strong} \mid \text{no} = 0.205704)$

可见，朴素贝叶斯分类器将此实例分类为 no。

例 4.4 应用朴素贝叶斯分类器解决这样一个分类问题：给出一个商场顾客数据库（训练样本集合），判断某一顾客是否会买电脑。给定表 4.2 所示的 15 个训练实例，其中每个实例由属性 age，income，student，credit rating 来表征，样本集合的类别属性为 buy computer，该属性有两个不同的取值，即 {yes,no}，因此就有两个不同的类别（$m=2$）。设 C_1 对应 yes 类别，C_2 对应 no 类别。

表 4.2 15 个训练实例

age	income	student	credit rating	buy computer
≤30	high	no	fair	no
≤30	high	no	excellent	no
31~40	high	no	fair	yes
>40	medium	no	fair	yes
>40	low	yes	fair	yes
>40	low	yes	excellent	no
31~40	low	yes	excellent	yes
≤30	medium	no	fair	no

现有一测试实例 x：(age <= 30, income = medium, student = yes, credit rating = fair)，问：这一实例是否会买电脑？我们的任务是要判断给定的测试实例是属于 C_1 还是 C_2。

根据公式有

$$V(x) = \underset{c \in \{yes, no\}}{\arg\max} P(c)P(age \leqslant 30 \mid c)P(medium \mid c)P(yes \mid c)P(fair \mid c)$$

为计算 $V(x)$，我们计算每个类的先验概率 $P(C_i)$。

$$P(C_i)：P(buy\ computer = 'yes') = \frac{9}{14} = 0.643$$

$$P(buy\ computer = 'no') = \frac{5}{14} = 0.357$$

为计算 $P(X \mid C_i), i = 1, 2$，计算下面的条件概率。

$$P(age = '\leqslant 30' \mid buy\ computer = 'yes') = \frac{2}{9} = 0.222$$

$$P(age = '\leqslant 30' \mid buy\ computer = 'no') = \frac{3}{5} = 0.6$$

$$P(income = 'medium' \mid buy\ computer = 'yes') = \frac{4}{9} = 0.444$$

$$P(income = 'medium' \mid buy\ computer = 'no') = \frac{2}{5} = 0.4$$

$$P(student = 'yes' \mid buy\ computer = 'yes') = \frac{6}{9} = 0.667$$

$$P(student = 'yes' \mid buy\ computer = 'no') = \frac{1}{5} = 0.2$$

$$P(credit\ rating = 'fair' \mid buy\ computer = 'yes') = \frac{6}{9} = 0.667$$

$$P(crredit\ rating = 'fair' \mid buy\ computer = 'no') = \frac{2}{5} = 0.4$$

$X = (age \leqslant 30, income = medium, student = yes, creditrating = fair)$

$P(X \mid C_i)：P(X \mid computer = 'yes') = 0.222 \times 0.444 \times 0.667 \times 0.667 = 0.044$

$\qquad P(X \mid computer = 'no') = 0.6 \times 0.4 \times 0.2 \times 0.4 = 0.019$

$P(X \mid C_i) \cdot P(C_i)：P(X \mid buy\ computer = 'yes') \cdot P(buy\ computer = 'yes') = 0.028$

$\qquad P(X \mid buy\ computer = 'no') \cdot P(buy\ computer = 'no') = 0.007$

因此，对于样本 X，朴素贝叶斯分类预测 buy computer = 'yes'。

4.3 可信度方法

确定性理论是由美国斯坦福大学的肖特利夫(E. H. Shortliffe)等人在考察了非概率的和非形式化的推理过程后，于 1975 年提出的一种不确定性推理模型，并于 1976 年首次在血液病诊断专家系统 MYCIN 中得到了成功应用。它是不确定性推理中非常简单且又十分有效的一种推理方法。目前,有许多成功的专家系统都是基于这一方法建立起来的。

4.3.1 可信度概念

可信度就是在实际生活中根据自己的经验对某一事物或现象进行观察,判断相信其为真的程度。例如,昨天张三没有上课,他的理由是肚子疼。就此理由而言,听话的人可能就完全相信,也可能不完全相信,也可能在某种程度上相信,这与张三平时的表现和人们对他的话相信程度有关。这里的相信程度就是我们说的可信度。

可信度也称为确定性因子。在以产生式作为知识表示的专家系统 MYCIN 中,用以度量知识和证据的不确定性。显然可信度具有较大的主观性和经验性,其准确性是难以把握的。但是,对于某一具体领域而言,由于在本领域的专家具有丰富的专业知识以及实践经验,要给出该领域的可信度还是完全有可能的。另外,人工智能所面临的问题,通常都较难用精确的数学模型进行描述,而且先验概率以及条件概率的确定也比较困难,因此,用可信度来表示知识及证据的不确定性仍然不失为一种可行的方法。

4.3.2 C-F 模型

C-F 模型是基于可信度表示的不确定性推理的基本方法,其他可信度方法都是在此基础上发展起来的。

1. 知识不确定性的表示

在 C-F 模型中,可信度最初定义为信任与不信任的差,即 $CF(H,E)$ 的定义如下:

$$CF(H,E) = MB(H,E) - MB(H,E) \qquad (4-20)$$

其中,CF 是由证据 E 得到 H 的可信度,也称为确定性因子。

MB(Measure Belief)称为信任增长度,它表示因为与前提条件 E 匹配的证据的出现,使结论 H 为真的信任的增长程度。$MB(H,E)$ 的定义如下:

$$MB(H,E) = \begin{cases} 1, & P(H)=1 \\ \dfrac{\max\{P(H\mid E),P(H)\}-P(H)}{1-P(H)}, & P(H)\neq 1 \end{cases} \qquad (4-21)$$

MD(Measure Disbelief)称为不信任增长度。它表示因为与前提条件 E 匹配的证据的出现,使结论 H 为真的不信任的增长程度。$MD(H,E)$ 的定义如下:

$$MD(H,E) = \begin{cases} 1, & P(H)=0 \\ \dfrac{\min\{P(H\mid E),P(H)\}-P(H)}{-P(H)}, & P(H)\neq 0 \end{cases} \qquad (4-22)$$

其中,$P(H)$ 表示 H 的先验概率,$P(H|E)$ 表示在前提条件 E 所对应的证据出现的情况下,结论 H 的条件概率,即为后验概率。

由 MB 与 MD 的定义可以看出,当 $MB(H|E)>0$ 时,有 $P(H|E)>P(H)$,这说明由于 E 所对应的证据出现增加了对 H 的信任程度。另外,当 $MD(H,E)>0$ 时,有 $P(H|E)<P(H)$,这说明由于 E 所对应的证据出现增加了对 H 的不信任程度。显然,一个证据不可能既增加对 H 的信任程度,又同时增加对 H 的不信任程度,因此

当 MB(H,E)>0 时,有 MD(H,E)=0;

当 MD(H,E)>0 时,有 MB(H,E)=0;

根据 CF(H,E)的定义及 MB(H,E)与 MD(H,E)的互斥性,可得到 CF(H,E)的计算公式

$$
CF(H,E)=\begin{cases} MB(H,E)-0=\dfrac{P(H\mid E)-P(H)}{1-P(H)} & P(H\mid E)>P(H) \\ 0 & P(H\mid E)=P(H) \\ 0-MD(H,E)=\dfrac{P(H\mid E)-P(H)}{P(H)} & P(H\mid E)<P(H) \end{cases} \quad (4\text{-}23)
$$

其中,$P(H\mid E)=P(H)$表示 E 所对应的证据与 H 无关。

由 CF(H,E)的计算公式可直观看出它的意义:

当 0<CF(H,E)≤1 时,有 $P(H\mid E)>P(H)$,表明证据 E 的出现增加了对结论 H 为真的概率,即增加了 H 为真的可信度。CF(H,E)的值越大,增加 H 为真的可信度就越大。特殊地,若 CF(H,E)=1,则可推出 $P(H\mid E)=1$,即证据 E 的出现使得结论 H 必为真。

当−1≤CF(H,E)<0 时,有 $P(H\mid E)<P(H)$,表明证据 E 的出现减少了对结论 H 为真的概率,即增加了 H 为假的可信度。CF(H,E)的值越小,增加 H 为假的可信度就越大。特殊地,若 CF(H,E)=−1,则可推出 $P(H\mid E)=0$,即证据 E 的出现使得结论 H 必为假。

当 CF(H,E)=0 时,有 $P(H\mid E)=P(H)$,表明证据 E 与结论 H 无关,即证据 E 的出现对结论 H 没有影响。

要运用公式(4-23)计算 CF(H,E),就要知道 $P(H)$和 $P(H\mid E)$。然而,在实际应用中获知 $P(H)$和 $P(H\mid E)$的值是很难的。因此,CF(H,E)的值一般由领域专家直接给出,而不是通过上述公式计算出来。

在为 CF(H,E)指定值时,应遵循这样的原则:如果证据 E 的出现增加了 H 为真的可信度,则 CF(H,E)>0,并且这种支持的力度越大,就使 CF(H,E)得值越大;相反,如果证据 E 的出现增加了 H 为假的可信度,则 CF(H,E)<0,并且这种支持的力度越大,就使 CF(H,E)得值越小;若证据 E 的出现与结论无关,则 CF(H,E)=0。

2. 证据不确定性的表示

在 C-F 模型中,证据的不确定性也是用可信度因子表示的,例如 CF(E)=0.6,表示证据 E 的可信度为 0.6。

证据 E 的可信度 CF(E)在[−1,1]上取值。

几个特殊值规定为:

(1) E 肯定为真时,CF(E)=1。

(2) E 肯定为假时,CF(E)=−1。

(3) E 以某种程度为真时,则取 CF(E)为(0,1)中的某一个值,即 0<CF(E)<1。

(4) E 以某种程度为假时,则取 CF(E)为(−1,1)中的某一个值,即−1<CF(E)<0。

(5) E 以某种程度为假时，$\mathrm{CF}(E)=0$。

在该模型中，尽管知识的静态强度与证据的动态强度都是用可信度因子 CF 表示的，但它们所表示的意义不相同。静态强度 $\mathrm{CF}(H,E)$ 表示的是知识的强度，即当 E 所对应的证据为真时对 H 的影响程度，而动态强度 $\mathrm{CF}(E)$ 表示的是证据 E 当前的不确定性程度。

实际使用时，将证据可信度值的确定分为两种情况：第一种情况是证据为初始证据，其可信度的值一般由提供证据的用户直接指定；第二种情况就是用推出的结论作为当前推理的证据，对于这种情况的证据，其可信度的值在推出该结论时通过不确定传递算法得到（传递算法将在下面讨论）。

3. 组合证据不确定性的算法

当组合证据是多个单一证据的合取时，即
$$E = E_1 \text{ and } E_2 \text{ and} \cdots \text{and } E_n$$
时，若 $E_1,E_2,\cdots,E_n$ 各证据的可信度分别是：$\mathrm{CF}(E_1),\mathrm{CF}(E_2),\cdots,\mathrm{CF}(E_n)$，则
$$\mathrm{CF}(E) = \min\{\mathrm{CF}(E_1),\mathrm{CF}(E_2),\cdots,\mathrm{CF}(E_n)\}$$
当组合证据是多个单一证据的析取时，即
$$E = E_1 \text{ or } E_2 \cdots \text{or } E_n$$
时，若 $E_1,E_2,\cdots,E_n$ 各证据的可信度分别是：$\mathrm{CF}(E_1),\mathrm{CF}(E_2),\cdots,\mathrm{CF}(E_n)$，则
$$\mathrm{CF}(E) = \max\{\mathrm{CF}(E_1),\mathrm{CF}(E_2),\cdots,\mathrm{CF}(E_n)\}$$

4. 不确定性的传递算法

C-F 模型中的不确定性推理从不确定的初始证据出发，通过运用相关的不确定性知识，最终推出结论并求出结论的可信度值。其中，结论 H 的可信度由下式计算
$$\mathrm{CF}(H) = \mathrm{CF}(H,E) \times \max\{0,\mathrm{CF}(E)\}$$
由上式可以看出，当相应证据以某种程度为假，即 $\mathrm{CF}(E)<0$ 时，则
$$\mathrm{CF}(H) = 0$$
这说明在该模型中没有考虑证据为假时对结论 H 所产生的影响。另外，当证据为真，即 $\mathrm{CF}(E)=1$ 时，由上式可以推出
$$\mathrm{CF}(H) = \mathrm{CF}(H,E)$$
这说明知识中的规则强度 $\mathrm{CF}(H,E)$ 实际上就是在前提条件对应的证据为真时结论 H 的可信度。或者说，当知识的前提条件所对应的证据存在且为真时，结论 H 有 $\mathrm{CF}(H,E)$ 大小的可信度。

5. 结论不确定性的合成算法

若由多条不同知识推出了相同的结论，但可信度不同，则用合成算法求出综合可信度。由于对多条知识的综合可通过两两的合成实现，所以下面只考虑两条知识的情况。

设有如下知识：
$$\text{IF} \quad E_1 \quad \text{THEN} \quad H \quad (\mathrm{CF}(H,E_1))$$

$$\text{IF} \quad E_2 \quad \text{THEN} \quad H \quad (CF(H, E_2))$$

则结论 H 的综合可信度可分如下两步算出：

(1) 首先分别对每一条知识求出 $CF(H)$：

$$CF_1(H) = CF(H, E_1) \times \max\{0, CF(E_1)\}$$

$$CF_2(H) = CF(H, E_2) \times \max\{0, CF(E_2)\}$$

(2) 然后用下述公式求出 E_1 与 E_2 对 H 的综合影响所形成的可信度 $CF_{1,2}(H)$。

$$CF_{1,2}(H) = \begin{cases} CF_1(H) + CF_2(H) - CF_1(H)CF_2(H) & CF_1(H) \geqslant 0, CF_2(H) \geqslant 0 \\ CF_1(H) + CF_2(H) + CF_1(H)CF_2(H) & CF_1(H) < 0, CF_2(H) < 0 \\ \dfrac{CF_1(H) + CF_2(H)}{1 - \min\{|CF_1(H), CF_2(H)\}} & CF_1(H) \text{ 与 } CF_1(H) \text{ 异号} \end{cases}$$

$$(4\text{-}24)$$

公式(4-24)实际上就是著名专家系统 MYCIN 中所使用的结论不确定性计算公式。

4.3.3 可信度方法实例

例 4.5 设有如下一组规则：

r_1：IF E_1 Then $H(0.9)$

r_2：IF E_2 Then $H(0.6)$

r_3：IF E_3 Then $H(-0.5)$

r_4：IF E_4 AND $(E_5$ OR $E_6)$ Then $E_1(0.8)$

已知：$CF(E_2) = 0.8, CF(E_3) = 0.6, CF(E_4) = 0.5, CF(E_5) = 0.6, CF(E_6) = 0.8$，求 $CF(H)$。

解：应用 r_4 得：

$$\begin{aligned} CF(E_1) &= 0.8 \times \max\{0, CF(E_4 \quad \text{AND} \quad (E_5 \quad \text{OR} \quad E_6))\} \\ &= 0.8 \times \max\{0, \min\{CF(E_4), CF(E_5 \quad \text{OR} \quad E_6)\}\} \\ &= 0.8 \times \max\{0, \min\{CF(E_4), \max\{CF(E_5), CF(E_6)\}\}\} \\ &= 0.8 \times \max\{0, \min\{0.5, 0.8\}\} \\ &= 0.8 \times \max\{0, 0.5\} \\ &= 0.4 \end{aligned}$$

应用 r_1 得：

$$CF_1(H) = CF(H, E_1) \times \max\{0, CF(E_1)\} = 0.9 \times \max\{0, 0.4\} = 0.36$$

应用 r_2 得：

$$CF_2(H) = CF(H, E_2) \times \max\{0, CF(E_2)\} = 0.6 \times \max\{0, 0.8\} = 0.48$$

应用 r_3 得：

$$CF_3(H) = CF(H, E_3) \times \max\{0, CF(E_3)\} = -0.5 \times \max\{0, 0.6\} = -0.3$$

根据结论不确定性的合成算法得：

$$\begin{aligned} CF_{1,2}(H) &= CF_1(H) + CF_2(H) - CF_1(H) \times CF_2(H) \\ &= 0.36 + 0.48 - 0.36 \times 0.48 \\ &= 0.84 - 0.17 \\ &= 0.67 \end{aligned}$$

$$\begin{aligned}
\mathrm{CF}_{1,2,3}(H) &= \frac{\mathrm{CF}_{1,2}(H) + \mathrm{CF}_3(H)}{1 - \min\{\,|\,\mathrm{CF}_{1,2}(H)\,|\,,\,|\,\mathrm{CF}_3(H)\,|\,\}} \\
&= \frac{0.67 - 0.3}{1 - \min\{0.67, 0.3\}} \\
&= \frac{0.37}{0.7} \\
&= 0.53
\end{aligned}$$

这就是所求出的综合可信度,即 $\mathrm{CF}(H) = 0.53$。

例 4.6 已知

r_1: IF A_1 Then B_1 $\mathrm{CF}(B_1, A_1) = 0.8$

r_2: IF A_2 Then B_1 $\mathrm{CF}(B_1, A_2) = 0.5$

r_3: IF $B_1 \wedge A_3$ Then B_2 $\mathrm{CF}(B_2, B_1 \wedge A_3) = 0.8$

初始证据为 A_1, A_2, A_3 的可信度 CF 均设为 1,即 $\mathrm{CF}(A_1) = \mathrm{CF}(A_2) = \mathrm{CF}(A_3) = 1$,对 B_1, B_2 一无所知,求 $\mathrm{CF}(B_1)$ 和 $\mathrm{CF}(B_2)$。

解:由于对 B_1, B_2 一无所知,所以使用合成算法进行计算。由题意得到推理网络如图 4.3 所示。

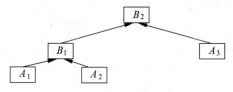

图 4.3 例 4.6 的推理网络

(1) 对于知识 r_1, r_2,分别计算 $\mathrm{CF}(B_1)$ 和 $\mathrm{CF}(B_2)$。

$$\mathrm{CF}_1(B_1) = \mathrm{CF}(B_1, A_1) \times \max\{0, \mathrm{CF}(A_1)\} = 0.8 \times 1 = 0.8$$

$$\mathrm{CF}_2(B_1) = \mathrm{CF}(B_1, A_2) \times \max\{0, \mathrm{CF}(A_2)\} = 0.5 \times 1 = 0.5$$

(2) 利用合成算法计算 B_1 的综合可信度。

$$\begin{aligned}
\mathrm{CF}_{1,2}(B_1) &= \mathrm{CF}_1(B_1) + \mathrm{CF}_2(B_1) - \mathrm{CF}_1(B_1) \times \mathrm{CF}_2(B_1) \\
&= 0.8 + 0.5 - 0.8 \times 0.5 \\
&= 0.9
\end{aligned}$$

(3) 计算 B_2 的可信度,这时,B_1 作为 B_2 的证据,其可信度已由前面计算出来。$\mathrm{CF}(B_1) = 0.9$,而 A_3 的可信度为初始指定的 1。由规则 r_3 得到

$$\begin{aligned}
\mathrm{CF}(B_2) &= \mathrm{CF}(B_2, B_1 \wedge A_3) \times \max\{0, \mathrm{CF}(B_1 \wedge A_3)\} \\
&= 0.8 \times \max\{0, 0.9\} \\
&= 0.72
\end{aligned}$$

所以,所求得的 B_1, B_2 的可信度更新值分别为 $\mathrm{CF}(B_1) = 0.9$,$\mathrm{CF}(B_2) = 0.72$。

例 4.7 已知

r_1: IF E_1 Then H $\mathrm{CF}(H, E_1) = 0.8$

r_2: IF E_2 Then H $\mathrm{CF}(H, E_2) = 0.6$

r_3：IF E_3 Then H CF$(H,E_3)=-0.5$

r_4：IF $E_4 \wedge (E_5 \vee E_6)$ Then E_1 CF$(E_1,E_4 \wedge (E_5 \vee E_6))=0.7$

r_5：IF $E_7 \wedge E_8$ Then E_3 CF$(E_3,E_7 \wedge E_8)=0.9$

CF$(E_2)=0.8$,CF$(E_4)=0.5$,CF$(E_5)=0.6$

CF$(E_6)=0.7$,CF$(E_7)=0.6$,CF$(E_8)=0.9$

求：CF$(H)=?$

解：推理网络如图 4.4 所示，计算过程如下。

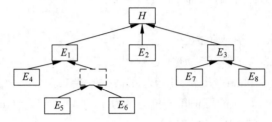

图 4.4　例 4.7 的推理网络

由 r_4 得到

$$\begin{aligned}
\mathrm{CF}(E_1) &= 0.7 \times \max\{0, \mathrm{CF}(E_4 \wedge (E_5 \vee E_6))\} \\
&= 0.7 \times \max\{0, \min(\mathrm{CF}(E_4), \mathrm{CF}(E_5 \vee E_6))\} \\
&= 0.7 \times \max\{0, \min\{\mathrm{CF}(E_4), \max\{\mathrm{CF}(E_5), \mathrm{CF}(E_6)\}\}\} \\
&= 0.7 \times \max\{0, \min\{0.5, \max\{0.6, 0.7\}\}\} \\
&= 0.7 \times \max\{0, 0.5\} \\
&= 0.35
\end{aligned}$$

由 r_5 得到

$$\mathrm{CF}(E_3) = 0.9 \times \max\{0, \min\{\mathrm{CF}(E_7), \mathrm{CF}(E_8)\}\} = 0.9 \times \max\{0, 0.6\} = 0.54$$

由 r_1 得到

$$\mathrm{CF}_1(H) = \mathrm{CF}(H,E_1) \times \max\{0, \mathrm{CF}(E_1)\} = 0.8 \times \max\{0, 0.35\} = 0.28$$

由 r_2 得到

$$\mathrm{CF}_2(H) = \mathrm{CF}(H,E_2) \times \max\{0, \mathrm{CF}(E_2)\} = 0.6 \times \max\{0, 0.8\} = 0.48$$

由 r_3 得到

$$\mathrm{CF}_3(H) = -0.5 \times \max\{0, \mathrm{CF}(E_3)\} = -0.27$$

根据结论不确定性的合成算法得到

$$\begin{aligned}
\mathrm{CF}_{1,2}(H) &= \mathrm{CF}_1(H) + \mathrm{CF}_2(H) - \mathrm{CF}_1(H) \times \mathrm{CF}_2(H) \\
&= 0.28 + 0.48 - 0.28 \times 0.48 \\
&= 0.63
\end{aligned}$$

$$\begin{aligned}
\mathrm{CF}_{1,2,3}(H) &= \frac{\mathrm{CF}_{1,2}(H) + \mathrm{CF}_3(H)}{1 - \min\{|\mathrm{CF}_{1,2}(H)|, |\mathrm{CF}_3(H)|\}} \\
&= \frac{0.63 - 0.27}{1 - \min\{0.63, 0.27\}} \\
&= 0.49
\end{aligned}$$

所求得的结论的综合可信度为 $CF(H)=0.49$。

4.4 证据理论

证据理论也称为 D-S 理论,是由德普斯特(P. Dempster)先提出的,他试图用一个概率范围而不是一个简单的概率值来模拟不确定性。该想法由他的学生沙佛(G. Shafer)进一步发展起来,并在 1976 年出版的《证据的数学理论》一书中延拓并改进了 Dempster 的工作。1981 年巴纳特(J. A. Barnett)把该理论引入专家系统,同年,卡威(J. Garvey)等人用它实现了不确定性推理。

证据理论是经典概率论的一种扩充形式,在表达式中,Dempster 把证据的信任函数与概率的上下限值相联系,从而提出了一个构造不确定性推理模型的一般框架。该理论不仅在人工智能、专家系统的不精确推理中已得到广泛的应用,同时也很好地应用于模式识别领域中。主要用于处理那些不确定、不精确以及间或不准确的信息。在证据理论中引入了信任函数,它满足概率论弱公理。在概率论中,当先验概率很难获得,但又要被迫给出时,用证据理论能区分不确定性和不知道的差别。所以它比概率论更适合于专家系统推理方法。当概率值已知时,证据理论成为了概率论。因此,概率论是证据理论的一个特例,有时也称证据理论为广义概率论。

4.4.1 D-S 理论

在 D-S 理论中,可以分别用概率分配函数、信任函数及似然函数等来描述和处理不确定性。

D-S 理论是用集合来表示命题的。

设 D 是变量 x 所有可能取值的集合,且 D 中的元素是互斥的,在任一时刻 x 都取且只能取 D 中的某一个元素为值,则称 D 为 x 的样本空间。在证据理论中,D 的任何一个子集 A 都对应于一个关于 x 的命题,称该命题为"x 的值在 A 中"。例如,在医疗诊断系统中,用 x 代表病人的某种疾病,若 $D=\{$感冒,支气管炎,鼻炎$\}$,则 $A=\{$感冒$\}$ 表示"x 的值是感冒"或者"该病人所患的疾病为感冒";$A=\{$感冒,支气管炎$\}$ 表示"该病人所患的疾病为感冒或者支气管炎"。又如,用 x 代表所看到的颜色,$D=\{$red,blue,yellow$\}$,则 $A=\{$red$\}$ 表示"x 是红色";若 $A=\{$red,blue$\}$,则它表示"x 或者是红色,或者是蓝色"。

1. 概率分配函数

设 D 为样本空间,领域内的命题都用 D 的子集表示,则概率分配函数定义如下:

定义 4.4 设函数 $M: 2^D \rightarrow [0,1]$,且满足

$$S(\varnothing)=0, \quad \sum_{A \subseteq D} M(A)=1$$

则称 M 是 2^D 上的概率分配函数,$M(A)$ 称为 A 的基本概率数,即对于样本空间 D 的任一子集都分配一个概率值。

关于这个定义有以下几点说明。

(1) 设样本空间 D 中有 n 个元素,则 D 中子集的个数为 2^n 个。定义中的 2^D 就是表示这些子集的。例如,设 $D=\{红,黄,蓝\}$,则它的子集有

$$A_1=\{红\}\quad A_2=\{黄\}\quad A_3=\{蓝\}$$

$$A_4=\{红,黄\}\quad A_5=\{红,蓝\}\quad A_6=\{黄,蓝\}$$

$$A_7=\{红,黄,蓝\}\quad A_8=\{\varnothing\}$$

其中,$\varnothing$ 表示空集,子集的个数刚好是 $2^3=8$ 个。

(2) 概率分配函数的作用是把 D 的任意一个子集 A 都映射为 $[0,1]$ 上的一个数 $M(A)$。

当 $A\subset D$ 时,$M(A)$ 表示对相应命题的精确信任度。例如,设

$$A=\{红\},\quad M(A)=0.3$$

它表示对命题"x 是红色"精确信任度是 0.3。又如,设

$$B=\{红,黄\},\quad M(B)=0.2$$

它表示对命题"x 或者是红色,或者是黄色"的精确信任度是 0.2。由此可见,概率分配函数实际上是对 D 的各个子集进行信任分配,$M(A)$ 表示分配给 A 的那部分。当 A 由多个元素组成时,$M(A)$ 不包括对 A 的子集的精确信任度,而且也不知道该对它如何进行分配。

例如,在 $M=\{红,黄\}=0.2$ 中不包括对 $A=\{红\}$ 的精确信任度是 0.3,而且也不知道该把这个 0.2 分配给 $\{红\}$ 还是分配给 $\{黄\}$。当 $A=D$ 时,$M(A)$ 是对 D 的各个子集进行信任分配后剩下的部分,它表示不知道该对这部分如何进行分配。

(3) 概率分配函数不是概率。例如,设 $D=\{红,黄,蓝\}$,且设

$$M(\{红\})=0.3\quad M(\{黄\})=0\quad M(\{蓝\})=0.1$$

$$M(\{红,黄\})=0.2\quad M(\{红,蓝\})=0.2\quad M(\{黄,蓝\})=0.1$$

$$M(\{红,黄,蓝\})=0.1\quad M(\varnothing)=0$$

显然,M 符合概率分配函数的定义,但是

$$M(\{红\})+M(\{黄\})+M(\{蓝\})=0.4$$

若按概率的要求,这三者的和应为 1,从而验证了概率分配函数不是概率。

2. 信任函数

定义 4.5 命题的信任函数 $\mathrm{Bel}:2^D\rightarrow[0,1]$,且

$$\mathrm{Bel}(A)=\sum_{B\subseteq A}M(B) \quad 对所有的 A\subseteq D$$

其中,2^D 表示 D 的所有子集。

Bel 函数又称为下线函数,$\mathrm{Bel}(A)$ 表示对命题 A 为真的信任程度。

由信任函数及概率函数的定义容易推出:

$$\mathrm{Bel}(\varnothing)=M(\varnothing)=0$$

$$\mathrm{Bel}(D)=\sum_{B\subseteq A}M(B)=1$$

根据上面例中给出的数据,可以求得:

$$\mathrm{Bel}(\{红\})=M(\{红\})=0.3$$

$$\text{Bel}(\{红,黄\})=M(\{红\})+M(\{黄\})+M(\{红,黄\})=0.3+0+0.2=0.5$$

$$\text{Bel}(\{红,黄,蓝\})=M(\{红\})+M(\{黄\})+M(\{蓝\})+$$
$$M(\{红,黄\})+M(\{红,蓝\})+M(\{黄,蓝\})+$$
$$M(\{红,黄,蓝\})$$
$$=0.3+0+0.1+0.2+0.2+0.1+0.1$$
$$=1$$

3. 似然函数

定义 4.6　似然函数(Plausibility Function)

$\text{Pl}:2^{D}\rightarrow[0,1]$,且

$$\text{Pl}(A)=1-\text{Bel}(\neg A)$$

由于 $\text{Bel}(A)$ 表示对 A 为真的信任度程度,所以 $\text{Bel}(\neg A)$ 就表示对 $\neg A$ 为真,即 A 为假的信任程度,由此可推出 $\text{Pl}(A)$ 表示对 A 为非假的信任程度。

下面来看两个例子,其中用到的基本概率仍为上面给出的数据。

例 4.8

$$\text{Pl}(\{红\})=1-\text{Bel}(\neg\{红\})$$
$$=1-\text{Bel}(\{黄,蓝\})$$
$$=1-\{M(\{黄\})+M(\{蓝\})+M(\{黄,蓝\})\}$$
$$=1-[0+0.1+0.1]$$
$$=0.8$$
$$\text{Pl}(\{黄,蓝\})=1-\text{Bel}(\neg\{黄,蓝\})$$
$$=1-\text{Bel}(\{红\})$$
$$=1-0.3$$
$$=0.7$$

另外,可以证明 $\text{Pl}(A)=\sum_{A\cap B\neq\varnothing}M(B)$。

证明: 因为

$$\text{Pl}(A)-\sum_{A\cap B\neq\varnothing}M(B)=1-\text{Bel}(\neg A)-\sum_{A\cap B\neq\varnothing}M(B)$$
$$=1-\left\{\text{Bel}(\neg A)+\sum_{A\cap B\neq\varnothing}M(B)\right\}$$
$$=1-\left\{\sum_{C\subseteq\neg A}M(C)+\sum_{A\cap B\neq\varnothing}M(B)\right\}$$
$$=1-\sum_{E\subseteq D}M(E)$$
$$=0$$

所以,

$$\text{Pl}(A)=\sum_{A\cap B\neq\varnothing}M(B)$$

可见,$\text{Pl}(红)$,$\text{Pl}(黄,蓝)$ 也可以分别用下面的式子计算。

$$\text{Pl}(\{红\}) = \sum_{\{红\} \cap B \neq \varnothing} M(B)$$

$$\text{Pl}(\{黄,蓝\}) = \sum_{\{黄,蓝\} \cap B \neq \varnothing} M(B)$$

即

$$\sum_{\{红\} \cap B \neq \varnothing} M(B) = M(\{红\}) + M(\{红,黄\}) + M(\{红,蓝\}) + M(\{红,黄,蓝\})$$

$$= 0.3 + 0.2 + 0.2 + 0.1$$

$$= 0.8$$

$$\text{Pl}(黄,蓝) = \sum_{\{黄,蓝\} \cap B \neq \varnothing} M(B) = M(\{红\}) + M(\{蓝\}) + M(\{黄,蓝\}) +$$

$$M(\{红,蓝\}) + M(\{红,黄\}) + M(\{红,黄,蓝\})$$

$$= 0 + 0.1 + 0.1 + 0.2 + 0.2 + 0.1$$

$$= 0.7$$

信任函数和似然函数有如下的性质：

(1) $\text{Bel}(\varnothing) = 0, \text{Bel}(\Omega) = 1, \text{Pl}(\varnothing) = 0, \text{Pl}(\Omega) = 1$；

(2) 如果 $A \subseteq B, \text{Bel}(A) \leqslant \text{Bel}(B), \text{Pl}(A) \leqslant \text{Pl}(B)$；

(3) $\forall A \subseteq \Omega, \text{Pl}(A) \geqslant \text{Bel}(A)$；

(4) $\forall A \subseteq \Omega, \text{Bel}(A) + \text{Bel}(\neg A) \leqslant 1, \text{Pl}(A) + \text{Pl}(\neg A) \geqslant 1$。

由于 $\text{Bel}(A)$ 和 $\text{Pl}(A)$ 分别表示 A 为真的信任度和 A 为非假的信任度，因此可分别称 $\text{Bel}(A)$ 和 $\text{Pl}(A)$ 为对 A 信任程度的下限与上限，将其记为 $A(\text{Bel}(A), \text{Pl}(A))$。

$\text{Pl}(A) - \text{Bel}(A)$ 表示既不信任 A，也不信任 $\neg A$ 的程度，即对于 A 是真是假不知道的程度。

例如，在前面的例子中，曾求过 $\text{Bel}(\{红\}) = 0.3, \text{Pl}(\{红\}) = 0.8$，因此有 $\{红\}(0.3, 0.8)$。它表示对 $\{红\}$ 的精确信任度为 0.3，不可驳斥部分为 0.8，肯定不是 $\{红\}$ 的为 0.2。

4. 假设集 A 的类概率函数 $f(A)$

$$f(A) = \text{Bel}(A) + \frac{|A|}{|\Omega|}(\text{Pl}(A) - \text{Bel}(A))$$

其中，$|A|$ 和 $|\Omega|$ 分别表示 A 和 Ω 中包含元素的个数。类概率函数 $f(A)$ 也可以用来度量证据 A 的不确定性。$f(A)$ 有如下性质：

(1) $f(\Phi) = 0, f(\Omega) = 1$。

(2) $0 \leqslant f(A) \leqslant 1, \forall A \subseteq \Omega$。

(3) $\text{Bel}(A) \leqslant f(A) \leqslant \text{Pl}(A), \forall A \subseteq \Omega$。

(4) $f(\neg A) = 1 - f(A), \forall A \subseteq \Omega$。

证据 E 的不确定性可以用类概率函数 $f(E)$ 来表示，原始证据的 $f(E)$ 应由用户给出。

4.4.2 证据的组合函数

在实际问题中，对于相同的证据，由于来源不同，可能会得到不同的概率分配函数。

例如,考虑 $\Omega=\{$黑,白$\}$,假设从不同知识源得到的概率分配函数分别为:
$$m_1(\varPhi,\{黑\},\{白\},\{黑,白\})=(0,0.4,0.5,0.1)$$
$$m_2(\varPhi,\{黑\},\{白\},\{黑,白\})=(0,0.6,0.2,0.2)$$

在这种情况下,需要对它们进行组合。

定义 4.7　设 m_1 和 m_2 是两个不同的概率分配函数,则其正交和 $m=m_1\oplus m_2$ 满足
$$m(\varPhi)=0$$
$$m(A)=K^{-1}\times\sum_{x\cap y=A}m_1(x)\times m_2(y) \tag{4-25}$$

其中,
$$K=1-\sum_{x\cap y=\varPhi}m_1(x)\times m_2(y)=\sum_{x\cap y\neq\varPhi}m_1(x)\times m_2(y) \tag{4-26}$$

如果 $K\neq0$,则正交和 m 也是一个概率分配函数;如果 $K=0$,则不存在正交和 m,称 m_1 与 m_2 矛盾。

例 4.9　设 $\Omega=\{a,b\}$,且从不同知识源得到的概率分配函数分别为
$$m_1(\varPhi,\{a\},\{b\},\{a,b\})=(0,0.5,0.3,0.2)$$
$$m_2(\varPhi,\{a\},\{b\},\{a,b\})=(0,0.3,0.6,0.1)$$

求正交和 $m=m_1\oplus m_2$。

解:先求 K。
$$K=1-\sum_{x\cap y=\varPhi}m_1(x)\times m_2(y)$$
$$=1-(m_1(\{a\})\times m_2(\{b\})+m_1(\{b\})\times m_2(\{a\}))$$
$$=1-(0.5\times0.6+0.3\times0.3)$$
$$=0.61$$

再求 $m(\varPhi,\{a\},\{b\},\{a,b\})$,由于
$$m(\{a\})=\frac{1}{0.61}\times\sum_{x\cap y=\{a\}}m_1(x)\times m_2(y)$$
$$=\frac{1}{0.61}\times m_1(\{a\})\times m_2(\{a\})+m_1(\{a\})\times m_2(\{a,b\})+m_1(\{a,b\})\times m_2(\{a\})$$
$$=\frac{1}{0.61}\times(0.5\times0.3+0.5\times0.1+0.2\times0.3)$$
$$=0.43$$

同理可得:
$$m(\{b\})=0.54$$
$$m(\{a,b\})=0.03$$

故有
$$m(\varPhi,\{a\},\{b\},\{a,b\})=(0,0.43,0.54,0.03)$$

4.4.3　规则的不确定性

具有不确实性的推理规则可表示为

$$\text{IF} \quad E \quad \text{Then} \quad H, \quad \text{CF}$$

其中,H 为假设,E 为支持 H 成立的假设集,它们是命题的逻辑组合,CF 为可信度因子。

H 可表示为:$H = \{a_1, a_2, \cdots, a_m\}, a_i \in \Omega (i = 1, 2, \cdots, m)$,$H$ 为假设集合 Ω 的子集。

$\text{CF} = \{c_1, c_2, \cdots, c_m\}, c_i$ 用来描述前提 E 成立时 a_i 的可信度。CF 应满足如下条件:

(1) $c_i \geqslant 0, 1 \leqslant i \leqslant m$。

(2) $\sum\limits_{i=1}^{m} c_i \leqslant 1$。

4.4.4 不确定性的传递与组合

定义 4.8 对于不确定性规则:

$$\text{IF} \quad E \quad \text{Then} \quad H, \quad \text{CF}$$

定义:

$$m(\{a_i\}) = f(E) \cdot c_i \quad (i = 1, 2, \cdots, m)$$

或表示为

$$m(\{a_1\}, \{a_2\}, \cdots, \{a_m\}) = (f(E) \cdot c_1, f(E) \cdot c_2, \cdots, f(E) \cdot c_m)$$

规定:

$$m(\Omega) = 1 - \sum_{i=1}^{m} m(\{a_i\})$$

而对于 Ω 的所有其他子集 H,均有 $m(H) = 0$。

当 H 为 Ω 的真子集时,有:

$$\text{Bel}(H) = \sum_{B \subseteq H} m(B) = \sum_{i=1}^{m} m(\{a_i\}) \tag{4-27}$$

可以进一步计算 $\text{Pl}(H)$ 和 $f(H)$。

定义 4.9 对于不确定性组合:

当规则的前提(证据)E 是多个命题的合取或析取时,

$$f(E_1 \wedge E_2 \wedge \cdots \wedge E_n) = \min(f(E_1), f(E_2), \cdots, f(E_n))$$

$$f(E_1 \vee E_2 \vee \cdots \vee E_n) = \max(f(E_1), f(E_2), \cdots, f(E_n))$$

当有多条规则支持同一结论时,如果 $A = \{a_1, a_2, \cdots, a_n\}$,则

$$\text{If} \quad E_1 \quad \text{Then} \quad H, \text{CF}_1(\text{CF}_1 = \{c_{11}, c_{12}, \cdots, c_{1n}\})$$

$$\text{If} \quad E_2 \quad \text{Then} \quad H, \text{CF}_2(\text{CF}_2 = \{c_{21}, c_{22}, \cdots, c_{2n}\})$$

$$\vdots$$

$$\text{If} \quad E_m \quad \text{Then} \quad H, \text{CF}_m(\text{CF}_m = \{c_{m1}, c_{m2}, \cdots, c_{mn}\})$$

如果这些规则相互独立地支持结论 H 的成立,可以先计算

$$m_i(\{a_1\}, \{a_2\}, \cdots, \{a_n\}) = (f(E_i)c_{i1}, f(E_i)c_{i2}, \cdots f(E_i)c_{im}) \quad (i = 1, 2, \cdots, m)$$

4.4.5 证据理论应用实例

根据前面介绍的求正交和的方法对这些 m_i 求正交和,以组合所有规则对结论 H 的

支持。一旦累加的正交和 $m(H)$ 计算出来,就可以计算 $\text{Bel}(H)$、$\text{Pl}(H)$ 和 $f(H)$。

例 4.10　有如下的推理规则:

r_1: If　$E_1 \vee (E_2 \wedge E_3)$　Then　$A_1 = \{a_{11}, a_{12}, a_{13}\}$　$\text{CF}_1 = \{0.4, 0.3, 0.2\}$

r_2: If　$E_4 \vee (E_5 \wedge E_6)$　Then　$A_2 = \{a_{21}\}$　$\text{CF}_2 = \{0.7\}$

r_3: If　A_1　Then　$A = \{a_1, a_2\}$　$\text{CF}_3 = \{0.5, 0.4\}$

r_4: If　A_2　Then　$A = \{a_1, a_2\}$　$\text{CF}_4 = \{0.4, 0.4\}$

这些规则形成如图 4.5 所示的推理网络,原始数据的概率在系统中已经给出。

$f(E_1) = 0.5, f(E_2) = 0.9, f(E_3) = 0.7, f(E_4) = 0.9, f(E_5) = 0.7, f(E_6) = 0.8$。

假设 $|\Omega| = 10$,现在需要求出 A 的确定性 $f(A)$。

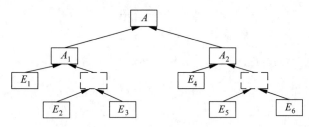

图 4.5　例 4.10 的推理网络

解: 第一步,求 A_1 的确定性。

$f(E_1 \vee (E_2 \wedge E_3)) = \max\{0.5, \min(0.9, 0.7)\} = 0.7$

$m_1(\{a_{11}\}, \{a_{12}\}, \{a_{13}\}) = (0.7 \times 0.4, 0.7 \times 0.3, 0.7 \times 0.2) = (0.28, 0.21, 0.14)$

$\text{Bel}(A_1) = m_1(\{a_{11}\}) + m_1(\{a_{12}\}) + m_1(\{a_{13}\}) = 0.28 + 0.21 + 0.14 = 0.63$

$\text{Pl}(A_1) = 1 - \text{Bel}(\neg A_1) = 1 - 0 = 1$

$$f(A_1) = \text{Bel}(A_1) + \frac{|A_1|}{\Omega} \times (\text{Pl}(A_1) - \text{Bel}(A_1)) = 0.63 + \frac{3}{10} \times (1 - 0.63) = 0.74$$

第二步,求 A_2 的确定性。

$f(E_4 \vee (E_5 \wedge E_6)) = \min\{0.9, \max(0.7, 0.8)\} = 0.8$

$m_2(\{a_{21}\}) = 0.8 \times 0.7 = 0.56$

$\text{Bel}(A_2) = 1 - m_2(\{a_{21}\}) = 0.56$

$\text{Pl}(A_2) = 1 - \text{Bel}(\neg A_2) = 1 - 0 = 1$

$$f(A_2) = \text{Bel}(A_2) + \frac{|A_2|}{\Omega} \times (\text{Pl}(A_2) - \text{Bel}(A_2)) = 0.56 + \frac{1}{10} \times (1 - 0.56) = 0.60$$

第三步,求 A 的确定性。

根据 r_3 和 r_4,有:

$$m_3(\{a_1\}, \{a_2\}) = (0.74 \times 0.5, 0.74 \times 0.4) = (0.37, 0.296)$$

$$m_4(\{a_1\}, \{a_2\}) = (0.6 \times 0.4, 0.6 \times 0.4) = (0.24, 0.24)$$

$$m_3(\Omega) = 1 - (m_3(\{a_1\}) + m_3(\{a_2\})) = 1 - (0.30 + 0.37) = 0.33$$

$$m_4(\Omega) = 1 - (m_4(\{a_1\}) + m_4(\{a_2\})) = 1 - (0.24 + 0.24) = 0.52$$

由正交和公式得到

$$K = \sum_{x \cap y \neq \varnothing} m_3(x) \times m_4(y)$$

$$= m_3(\Omega)m_4(\Omega) + m_3(\Omega)m_4(\{a_1\}) + m_3(\Omega)m_4(\{a_2\}) + m_3(\{a_1\})m_4(\Omega) +$$
$$m_3(\{a_1\})m_4(\{a_1\}) + m_3(\{a_2\})m_4(\Omega) + m_3(\{a_2\})m_4(\{a_2\})$$

$$= 0.33 \times 0.52 + 0.33 \times 0.24 + 0.33 \times 0.24 + 0.3 \times 0.52 + 0.3 \times 0.24 +$$
$$0.37 \times 0.52 + 0.37 \times 0.24$$

$$= 0.84$$

则有

$$m(\{a_1\}) = K^{-1}(m_3(\Omega)m_4(\{a_1\}) + m_3(\{a_1\})m_4(\Omega) + m_3(\{a_1\})m_4(\{a_1\}))$$
$$= \frac{1}{0.84} \times (0.33 \times 0.24 + 0.30 \times 0.52 + 0.30 \times 0.24)$$
$$= 0.37$$

$$m(\{a_2\}) = K^{-1}(m_3(\Omega)m_4(\{a_2\}) + m_3(\{a_2\})m_4(\Omega) + m_3(\{a_2\})m_4(\{a_2\}))$$
$$= \frac{1}{0.84} \times (0.33 \times 0.24 + 0.30 \times 0.52 + 0.37 \times 0.24)$$
$$= 0.41$$

于是：

$$\mathrm{Bel}(A) = m(\{a_1\}) + m(\{a_2\}) = 0.37 + 0.41 = 0.78$$

$$\mathrm{Pl}(A) = 1 - \mathrm{Bel}(\neg A) = 1 - 0 = 1$$

$$f(A) = \mathrm{Bel}(A) + \left(\frac{|A|}{|\Omega|}\right) \times (\mathrm{Pl}(A) - \mathrm{Bel}(A))$$
$$= 0.78 + \frac{2}{10} \times (1 - 0.78)$$
$$= 0.82$$

证据理论的优点在于能够满足比概率论更弱的公理系统,可以区分不知道和不确定的情况,可以依赖证据的积累,不断缩小假设的集合。

但是,在证据理论中,证据的独立性不易得到保证；基本概率分配函数要求给的值太多,计算传递关系复杂,随着诊断问题可能答案的增加,证据理论的计算呈指数增长,传递关系复杂,比较难以实现。

4.5　习题

(1) 不确定性推理的概念是什么? 为什么要采用不确定性推理?

(2) 不确定性推理中需要解决的基本问题是什么?

(3) 在主观 Bayes 方法中如何引入规则的强度的似然率来计算条件概率?

(4) 主观 Bayes 方法的优点是什么? 有什么问题? 试说明 LS 和 LN 的意义。

(5) 设有如下的规则：

$$r_1: E_1 \rightarrow H, \quad \mathrm{LS} = 10, \quad \mathrm{LN} = 1$$

$$r_2: E_2 \rightarrow H, \quad \mathrm{LS}=20, \quad \mathrm{LN}=1$$

$$r_3: E_3 \rightarrow H_1, \quad \mathrm{LS}=1, \quad \mathrm{LN}=0.002$$

已知 H、H_1 的先验概率 $P(H)=0.03, P(H_1)=0.3$。

（6）何为可信度？说明规则强度 $\mathrm{CF}(H,E)$ 的含义。

（7）设有如下知识。

$$r_1: \mathrm{If} \quad E_1 \quad \mathrm{then} \quad (20,1) \quad H_1(0.06)$$

$$r_2: \mathrm{If} \quad E_2 \quad \mathrm{then} \quad (10,1) \quad H_2(0.05)$$

$$r_3: \mathrm{If} \quad E_3 \quad \mathrm{then} \quad (1,0.08) \quad H_3(0.4)$$

求：当证据 E_1、E_2、E_3 存在时，$P(H_i|E_i)$ 的值是多少？

（8）设有如下规则：

$$r_1: \mathrm{If} \quad E_1 \quad \mathrm{then} \quad (400,1) \quad H$$

$$r_2: \mathrm{If} \quad E_2 \quad \mathrm{then} \quad (60,1) \quad H$$

已知证据 E_1 和 E_2 必然发生，并且 $P(H)=0.04$，求 H 的后验概率。

（9）请说明证据理论中概率分配函数、信任函数、似然函数和类概率函数的含义。

（10）设有如下规则：

$$r_1: \mathrm{If} \quad E_1 \quad \mathrm{then} \quad H(0.8)$$

$$r_2: \mathrm{If} \quad E_2 \quad \mathrm{then} \quad H(0.6)$$

$$r_3: \mathrm{If} \quad E_3 \quad \mathrm{then} \quad H(-0.5)$$

$$r_4: \mathrm{If} \quad E_4 \quad \mathrm{and} \quad (E_5 \ \mathrm{or} \ E_6) \quad \mathrm{then} \quad E_1(0.7)$$

$$r_5: \mathrm{If} \quad E_7 \quad \mathrm{and} \quad E_8 \quad \mathrm{then} \quad E_3(0.9)$$

且已知：

$$\mathrm{CF}(E_2)=0.8, \quad \mathrm{CF}(E_4)=0.5, \quad \mathrm{CF}(E_5)=0.6, \quad \mathrm{CF}(E_6)=0.7,$$

$$\mathrm{CF}(E_7)=0.6, \quad \mathrm{CF}(E_8)=0.9.$$

求 H 的综合可信度 $\mathrm{CF}(H)$。

（11）设有如下规则：

$$r_1: A_1 \rightarrow B_1, \quad \mathrm{CF}(B_1,A_1)=0.8$$

$$r_2: A_2 \rightarrow B_1, \quad \mathrm{CF}(B_1,A_2)=0.6$$

$$r_3: B_1 \vee A_3 \rightarrow B_2, \quad \mathrm{CF}(B_2,B_1 \vee A_3)=0.8$$

初始证据 A_1、A_2 和 A_3 的 CF 值均设为 0.5，而 B_1 和 B_2 的初始 CF 值分别为 0.1 和 0.2。

求 $\mathrm{CF}(B_1)$、$\mathrm{CF}(B_2)$ 的更新值。

第 **5** 章

Agent技术

随着计算机技术、人工智能技术、互联网和万维网的发展，Agent 和移动系统的研究成为人工智能研究的一个热点，为分布式系统的综合、分析、实现和应用开辟了一条新的途径，促进了人工智能和软件工程的发展。本章将详细介绍 Agent 的基本概念、Agent 间的通信方式和移动 Agent 技术的应用。

5.1 概述

分布式人工智能(Distributed Artificial Intelligence, DAI)系统能够克服单个智能系统在资源、时空分布和功能上的局限性，具备并行、分布、开放和容错等优点，因而获得很快的发展，得到越来越广泛的应用。

DAI 的研究源于 20 世纪 70 年代末期。当时主要研究分布式问题求解 (Distributed Problem Solving, DPS)，其目标是要建立一个由多个子系统构成的协作系统，各子系统之间协同工作对特定问题进行求解。在 DPS 系统中，把待解决的问题分解为一些子任务，并为每个子任务设计一个问题求解的任务执行子系统。通过交互作用策略，把系统设计集成为一的整体，并采用自顶向下的设计方法，保证问题处理系统能够满足顶部给定的要求。

分布式人工智能系统具有如下特点。

1. 分布性

整个系统的信息，包括数据、知识和控制等，逻辑上和物理上都是分布的，不存在全局控制和全局数据存储。系统中各路径和结点能够并行地求解问题，从而提高了子系统的求解效率。

2. 连接性

在问题求解过程中,各个子系统和求解机构通过计算机网络相互连接,降低了求解问题的通信代价和求解代价。

3. 协作性

各子系统协调工作,能够求解单个机构难以解决或者无法解决的困难问题。例如,多领域专家系统可以协作求解单个专家系统无法解决的问题,提高求解能力,扩大应用领域。

4. 开放性

通过网络互连和系统的分布,便于扩充系统规模,使系统具有比单个系统更好的开放性和灵活性。

5. 容错性

系统具有较多的冗余处理结点、通信路径和知识,能够使系统在出现故障时,仅仅通过降低响应速度或求解精度,就可以保持系统正常工作,提高工作可靠性。

6. 独立性

系统把求解任务归约为几个相对独立的子任务,从而降低了各个处理结点和子系统问题求解的复杂性,也降低了软件设计开发的复杂性。分布式人工智能一般分为分布式问题求解(DPS)和多 Agent 系统(Multi-Agent System,MAS)两种类型。DPS 研究如何在多个合作和共享知识的模块、结点或子系统之间划分任务,并求解问题。MAS 则研究如何在一群自主的 Agent 之间进行智能行为的协调。两者的共同点在于研究如何对资源、知识和控制等进行划分。两者的不同点在于,DPS 往往需要有全局的问题、概念模型和成功标准;而 MAS 则包含多个局部的问题、概念模型和成功标准。DPS 的研究目标为建立大粒度的协作群体,通过各群体的协作实现问题求解,并采用自顶向下的设计方法;MAS 却采用自底向上的设计方法,首先定义各自分散自主的 Agent,然后研究怎样完成实际任务的求解问题,各个 Agent 之间的关系并不一定是协作的,也可能是竞争甚至是对抗的关系。

有人认为 MAS 基本上就是分布式人工智能,DPS 仅是 MAS 研究的一个子集,他们提出,当满足下列 3 个假设时,MAS 就成为 DPS 系统:①Agent 友好;②目标共同;③集中设计。正是由于 MAS 具有更大的灵活性,更能体现人类社会的智能,更适应开放和动态的世界环境,因而引起许多学科及其研究者的强烈兴趣和高度重视。目前研究的问题包括 Agent 的概念、理论、分类、模型、结构、语言、推理和通信等。Agent 技术,特别是多Agent 技术,为分布式开放系统的分析、设计和实现提供了一种崭新的方法,被誉为“软件开发的又一重大突破”,Agent 技术已被广泛应用到各个领域。Agent 及其相关概念和技术最早源于分布式人工智能(DAI),但从 20 世纪 80 年代末开始,Agent 技术从 DAI 领域中拓展开来,并与许多其他领域相互借鉴和融合,在许多不同于最初 DAI 应用的领域得到了更为广泛的应用。面向 Agent 技术(AOT)作为一种设计和开发软件系统的新方法已经得到了学术界和企业界的广泛关注。

目前,对 Agent 的研究大致分为如下 3 个相互关联的方面:①智能 Agent;②多 Agent 系统(MAS);③面向 Agent 的程序设计(AOP)。智能 Agent 是多 Agent 系统研究的基础,我们也可以将智能 Agent 的研究统一在 MAS 的研究框架下,这样,智能 Agent 被看成 MAS 研究中的微观层次,主要研究 Agent 的理论和结构,包括 Agent 的概念、特性和分类以及 Agent 的形式化表示和推理等;而有关 Agent 间的关系的研究则构成了 MAS 研究的宏观层次,它主要研究由多个 Agent 组成的系统中 Agent 的组织以及 Agent 间的通信、规划、协同、协作、协商与冲突消解、自组织和自学习等问题。智能 Agent 和 MAS 的成功应用要借助于 Agent 的应用方法(即 AOP)以及 AOP 开发工具或平台。

Agent 是人工智能领域里发展起来的新型计算模型,具有功能的连续性和自主性,即 Agent 能够连续不断地感知外界发生的以及自身状态的变化,并自主产生相应的动作。对 Agent 更高的要求可让其具有认知功能,以达到高度智能化的效果。由于 Agent 的上述特点,Agent 被广泛应用于分布式计算环境,用于协同计算以完成某项任务。

5.1.1 Agent 技术的定义

在信息技术中,把 Agent 看作能够通过传感器感知环境信息,能自主进行信息处理并做出行动决策,再借助执行器作用于环境的一种智能事物。例如,对于人类 Agent,其传感器可为眼睛、耳朵或其他感官,其执行器可为手、腿、嘴或其他执行部件;对于机器人 Agent,其传感器为摄像机、语音感受器、红外检测器等,而各种动力设备则为其执行器;对于软件 Agent,则通过位编码的字符串完成感知和作用。Agent 通过传感器和执行器与环境进行交互。

所谓 Agent 是指驻留在某一环境下能够自主、灵活地执行动作以满足设计目标的行为实体。

上述定义具有如下两个特点。

1. 定义方式

Agent 概念的定义是基于 Agent 的外部可观察行为特征,而不是其内部的结构。Agent 概念的定义仅仅描述了作为 Agent 的行为实体应具有的外在行为特点,而没有描述作为实体的 Agent 应具有什么样的内部结构以及如何通过其内部结构来实现其自主、灵活的行为。Agent 概念的这种定义方式抛开了 Agent 的内部结构和实现细节,刻画了作为 Agent 的外在公共和基本的性质和特征,有助于脱离具体的技术实现细节,在一个较高的技术层次上来分析和讨论应用系统和软件系统中的行为实体,缓解了不同研究领域和应用领域的专家和学者就有关 Agent 概念的争论。

2. 抽象层次

Agent 概念更加贴近于人们对现实世界(而不是计算机世界)中行为实体的理解。不仅可以用 Agent 概念来表示现实世界中的行为实体,而且还可以用它来表示计算机世界中的软件实体,因而有助于缩小现实世界中的应用系统到其模型以及最终的软件系统之间的概念差距。与过程和对象等概念相比较,Agent 是一个更为抽象的概念,因而可以在一个更高的抽象层次上对应用和软件系统中的行为实体进行自然分析和建模,减少系统开发的复杂性,并有助于实现从需求模型到设计模型的自然过渡。

5.1.2　Agent 的特性

从 Agent 的定义可知:Agent 除具有智能性外,还应具有对环境的自治性、响应性、结构分布性,社会性及其通信/合作/协调性等。下面针对这些特性进行介绍。

1. 自治性(Autonomy)

一个 Agent 能够控制它的自身行为,其行为是自控的、主动的、自发的、有目标和意图的。它能根据目标和环境要求对短期行为做出规划,能在没有与环境相互作用或来自环境命令的情况下自主执行命令。这是 Agent 区别于普通程序的基本属性。

2. 响应性(Reactivity)

Agent 能够感知它所处的环境,对来自环境的影响和信息做出适当的响应。

3. 结构分布性(Configuration Distributing)

多 Agent 系统具有分布式结构,如数据库、知识库、感知器和执行器等系统中的实体,在物理和逻辑上表现出具有分布和异构的特点。因此,多 Agent 系统又有便于资源共享、性能优化、技术集成和系统整合等优势。

4. 社会性(Sociality)

单个 Agent 以社会角色存在于由多个 Agent 组成的社会大家庭中,它们相互通信并交换信息、交互作用。在社会活动中出于对安全、风险、信任、诚信等因素的考虑,各 Agent 由社会职责、承诺与推理实现社会分工、意向和目标。

5. 通信/合作/协调性(Communication/Cooperation/Coordination)

这些特性充分体现了 Agent 群体具有的社会属性。各 Agent 在工作中通过交互通信进行合作与协调,并依据不同的要求各自引入不同机制和各种新的算法进行协同,从而能够求解单个 Agent 原本无法处理的问题,极大地加强了系统处理问题的能力。

6. 主动性/目的性(Activity/Goal Oriented)

Agent 不仅能对环境变化做出响应,而且能够表现出某种目标指导下的行为,为实现其内在的目标而采取主动行为。

7. 推理/学习/自适应能力(Reasoning/Learning/Adaptation)

Agent 的智能主要包括内部知识库、学习与自适应能力以及基于知识库的推理能力。

8. 可移动性(Mobility)

一个 Agent 在分布式系统中具有漫游的能力,而且,当一个 Agent 被转移到分布式系统的另一个结点时,该 Agent 会带着原有的活动环境(记录使用的知识库等软硬资源的使用权限以及当前的运行状态)。当移到新的环境后,重新解释保留的环境状态,并保持原有的资源占有权,从而使该 Agent 的活动环境与原来的一样。

总之,可把 Agent 作为描述机器智能、动物智能或人类智能的统一模型,它强调理性作用,具有较高智能,每个 Agent 还可看作是构成社会智能的一部分。

5.1.3 Agent 实例

下面给出一些 Agent 例子,以加强对 Agent 概念的理解,分析其性质和特征。在面向 Agent 的软件开发过程中,软件开发人员应该将现实世界应用系统和计算机世界软件系统中的哪些实体视为 Agent 呢? 从软件工程的角度,系统中的任何行为实体都可抽象地视为 Agent,只要这种抽象有助于分析、规约、设计和实现软件系统。

例 5.1 物理 Agent。

现实世界中的任何控制系统都可视为 Agent。例如,房间恒温调控系统中的恒温调节器就是一个 Agent,如图 5.1 所示。

图 5.1 恒温调节器 Agent

恒温调节器 Agent 的设计目标是要将房间的温度维持在用户设定的范围。它驻留于物理环境(房间)之中,具有温度感应器以感知环境输入(房间中的温度),并能对感知到的房间温度作出适时反应,通过与空调设施(实际上也可将它视为一个 Agent)进行交互,从而影响所处的环境(调高或者降低房间的温度)。

当恒温调节器 Agent 感知到房间的温度低于用户设定值,就向空调设施发出信号要求加大热空气的流量。空调设施一旦接收到该信号,将加大输出的热空气流量,从而使得房间的温度升高。如果房间的温度高于用户设定值,则恒温调节器 Agent 向空调设施发出信号要求加大冷空气的流量。空调设施一旦接收到该信号,将加大冷空气流量,从而使得房间的温度降低。因此,向空调设施发送各种信号一方面体现了恒温调节器 Agent 与环境中其他 Agent(空调设施)之间的交互,另一方面也展示了恒温调节器 Agent 所具有的能力。正是通过该能力,恒温调节器 Agent 在感知到环境温度后,自主地决定和执行不同的动作,从而保证房间的温度维持在用户设定的范围。

在例 5.1 中,恒温调节器 Agent 的行为灵活性主要体现在对感知输入的适时反应,根据其设计目标,恒温调节器 Agent 无需自发性的行为。

现实世界中 Agent 是一个个的物理部件,Agent 所展示的能力主要体现为物理 Agent 所拥有的物理动作,其所驻留的环境是物理环境。

例 5.2 软件 Agent。

可将大多数软件 Demon 视为 Agent,它们作为后台进程持续地运行于计算机系统之中,不断监控计算机系统中的信息,并通过执行动作影响系统环境。

例如,杀毒软件中的文件实时防护子系统可视为软件 Agent。文件实时防护软件 Agent 的设计目标是要保护计算机系统中的文件系统,防止系统中的文件被病毒感染以及由此而导致的进一步传播。因此,文件实时防护 Agent 需持续不断地运行于用户的计算机中,通过与软件环境(如操作系统、文件系统和图形用户界面等)的交互,感知用户计算机文件系统的文件,如增加一个新的文件、从其他媒介中复制一个文件,已有文件中的数据被篡改等。根据感知到的信息,文件实时防护 Agent 将自主地对可疑的文件进行处理,如病毒扫描和分析、病毒清除、文件隔离、文件删除和文件备份等,并通过图形用户界面及时地将相关信息通告给用户。在本例中,文件实时防护软件 Agent 的行为灵活性不仅体现在反应性方面,而且还体现出一定的自发性(如主动地对受病毒感染的文件进行备份)。

杀毒软件中的病毒数据维护子系统也可视为软件 Agent。病毒数据维护软件 Agent 的设计目标是要确保用户计算机中的病毒数据得到及时的更新和维护。当用户的计算机开启时,病毒数据维护软件 Agent 就被加载,并在用户计算机中持续不断地运行。病毒数据维护软件 Agent 拥有用户本地计算机系统中的病毒数据。如果用户的计算机与 Internet 连接,病毒数据维护软件 Agent 能通过与远端病毒数据服务器的交互,感知环境输入(体现为远端服务器中病毒数据的变化),判断用户计算机中的病毒数据是否需要更新。如果需要,病毒数据维护 Agent 将通过与远端数据服务器的交互,自发地从远端数据服务器中下载最新的病毒数据。

与例 5.1 不同,例 5.2 中给出的软件 Agent 对应的是一个个软件逻辑部件,Agent 所展现的能力主要表现为由语句序列构成的一系列计算机操作指令而不是物理动作,软件 Agent 所驻留的环境一般是逻辑(软件)环境。

例 5.3 个人数字助手。

代表用户利益,负责为用户提供各种通信、信息、购物和日程安排等服务的个人数字助手可视为 Agent。

个人数字助手 Agent 驻留在 Internet 环境之中,通过与用户的多次交互以及对用户日常访问网站及其信息类型的分析和学习,个人数字助手 Agent 逐渐了解用户的习性和爱好。例如,喜欢访问哪些网站,喜欢哪些类型的信息。于是,每天个人数字助手 Agent 都会通过 Internet 自发地帮助用户搜索和收集大量的、用户所关心的信息,并对收集到的信息进行过滤和整理,供用户阅读和浏览。

如果某天个人数字助手 Agent 帮助用户接收到一个来自某个国际会议程序委员会的邮件,通知用户所投的论文已经被录用,并邀请其参加在某个时间在某地举行的国际学术会议。个人数字助手 Agent 将根据这些信息自发地为用户制定一个参加会议日程的时刻表,并为用户的旅行路线和航班安排提供一个详细的计划,那么它将通过 Internet 与远端多家航空公司的机票订购软件 Agent 进行交互,就机票的价格进行协商,以帮助用户争取到价格实惠但同时又不影响其旅程的机票,并通过与航空公司机票订购软件 Agent 的合作,帮助用户预定机票。一旦机票订购成功,个人数字助手 Agent 将根据航空公司机票订购软件 Agent 所提供的信息提醒用户必须在某个时候进行机票确认。

5.1.4 Agent 的结构分类

根据组成 Agent 的基本成分及其作用,各成分的联系与交互机制,如何通过感知到的内外部状态确定 Agent 应采取的不同行动的算法,以及 Agent 的行为对其内部状态和外部环境的影响等,人们提出的体系结构大致可以分为以下几类。

1. 反应式 Agent

反应式(Reflex 或 Reactive)Agent 只简单地对外部刺激产生响应,没有任何内部状态。每个 Agent 既是客户,又是服务器,根据程序提出请求或作出回答。图 5.2 给出了反应式 Agent 的结构示意图。图中 Agent 的条件-作用规则使感知和动作连接起来。这种连接称为条件-作用规则。

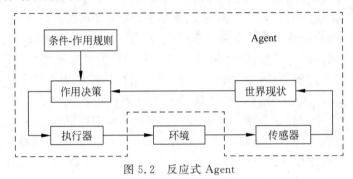

图 5.2 反应式 Agent

2. 慎思式 Agent

慎思式(Deliberative)Agent(或认知式 Agent),是一个具有显示符号模型的基于知识的系统。其环境模型一般是预先知道的,因而对动态环境存在一定的局限性,不适用于未知环境。由于缺乏必要的知识资源,在 Agent 执行时需要向模型提供有关环境的新信息,而这往往是难以实现的。慎思式 Agent 的结构如图 5.3 所示。它接收外部环境信息,依据内部状态进行信息融合,以产生修改当前状态的描述。然后,在知识库支持下制定计划,再在目标指引下,形成动作序列,对环境发生作用。

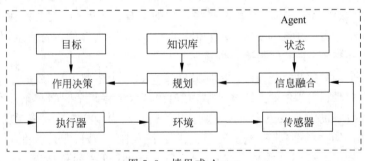

图 5.3 慎思式 Agent

3. 跟踪式 Agent

简单的反应式 Agent 只有在现有感知的基础上才能做出正确的决策。随时更新内部状态信息要求把两种知识编入 Agent 的程序,即关于世界如何独立地发展 Agent 的信息以及 Agent 自身作用如何影响世界的信息。图 5.4 给出一种具有内部状态的反应式

Agent 的结构图,表示现有的感知信息如何与原有的内部状态相结合以产生现有状态的更新描述。与解释状态的现有知识的新感知一样,它采用了有关世界如何跟踪其未知部分的信息,还必须知道 Agent 对世界状态有哪些作用。具有内部状态的反应式 Agent 通过找到一个条件与现有环境匹配的规则进行工作,然后执行与规则相关的作用。这种结构叫做跟踪世界 Agent 或跟踪式 Agent。

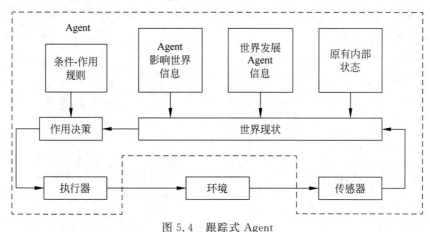

图 5.4　跟踪式 Agent

4. 基于目标的 Agent

Agent 在决策时仅仅了解现有状态是不够的,还需要某种描述环境情况的目标信息。Agent 的程序能够与可能的作用结果信息结合起来,以便选择达到目标的行为。基于目标的 Agent 在实现目标方面比反应式 Agent 更灵活,只要指定新的目标,就能够产生新的作用。图 5.5 表示了基于目标的 Agent 结构。

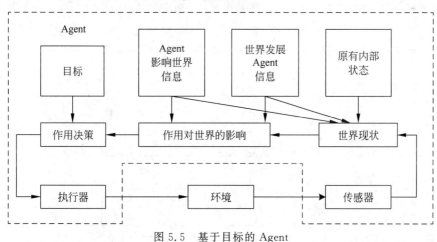

图 5.5　基于目标的 Agent

5. 基于效果的 Agent

只有目标实际上还不足以产生高质量的作用。如果一个世界状态优于另一个世界状态,那么它对 Agent 就有更好的效果(Utility),因此,效果是一种把状态映射到实数的函数,该函数描述了相关的满意程度。一个完整规范的效果函数允许对两类情况做出理性的决策。第一,当 Agent 只有一些目标可以实现时,效果函数指定合适的交替。第二,当 Agent 存在多个瞄准目标而不知哪一个一定能够实现时,效果(函数)提供了一种根据目标的重要性来估计成功可能性的方法。因此,一个具有显式效果函数的 Agent 能够做出理性的决策。不过,必须比较由不同作用获得的效果。图 5.6 给出了一个完整的基于效果的 Agent 结构。

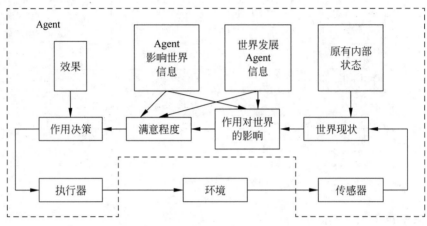

图 5.6　基于效果的 Agent

6. 复合式 Agent

复合式 Agent 即在一个 Agent 内组合多种相对独立和并行执行的智能形态,其结构包括感知、动作、反应、建模、规划、通信和决策等模块,如图 5.7 所示。Agent 通过感知模块来反映现实世界,并对环境信息做出一个抽象,再送到不同的处理模块。若感知到简单或紧急情况,信息就被送入反射模块,做出决定,并把动作命令送到行动模块,产生相应的动作。

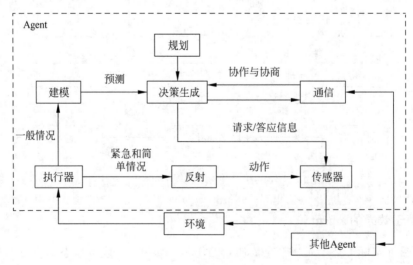

图 5.7　复合式 Agent

5.2　Agent 系统通信

    Agent 之间的通信和协作,是实现多 Agent 系统问题求解所必需的。在多 Agent 系统中,Agent 间的协作与协调是其核心问题。协调的原因是由于其他 Agent 意图的存在而可能引起的冲突。通过协调,Agent 能在对抗的环境中自主地适应环境,解决它们之间的冲突,因此协调一般会改变 Agent 的意图。协作是指 Agent 间对各个行为之间依赖关系的管理,是非对抗的 Agent 间保持行为协调的一种方式。

    在多 Agent 系统中,协调的方法是建立在多 Agent 系统共享资源和各 Agent 自主性之上的。虽然独立的 Agent 有各自分散的目标、知识和推理过程,但是它们之间必须有一种方法能够互相协调、互相帮助,以找到整个系统的目标。这种 Agent 之间在合作前或合作中的通信过程可称为 Agent 之间的协商。协商的目的是解决 Agent 之间各种各样的冲突,促进 Agent 之间的合作,提高多 Agent 系统的一致性。一个多 Agent 系统有较高的一致性,这个系统的表现就更像一个单一系统。

    本节将主要介绍消息传送原理、系统通信方式和通信语言。

5.2.1　系统通信方式

1. 直接通信

    每个 Agent 都有协商通信的能力,它们之间是通过直接的方式进行通信协商,解决相互间的矛盾,或协同完成一个任务。Agent 自己掌握着进行协商的自主权。直接通信的方式有以下两种:

    1) 合同网

    Smith 提出的合同网介绍了一种简单的协商形式,由一个 Agent 提出招标,其他 Agent 以投标的形式进行协商。Malone 采用更加复杂的经济模型对合同网进行了改进。

    2) 规范共享

    Agent 把它的能力和需求告诉其他 Agent,这些 Agent 就能用这些信息协调它们的行为。

    直接通信的缺点是:广播方式、通信代价高、实现复杂。

2. 协助通信(联邦系统)

    Agent 间如果有协商的需求,需要进行通信,但又不知道对方的详细信息,它们就可以通过 Facilitator 的协助建立 Agent 间的通信。在一个多 Agent 系统中可以有多个 Facilitator,每个 Facilitator 负责与相对固定的几个 Agent 保持联系,而 Facilitator 之间可以互相通信。Agent 将自己的要求交给 Facilitator,而 Facilitator 负责满足 Agent 的需要。它如果知道,就直接进行回应;否则就与其他 Facilitator 进行交流,再返回结果。目前 Facilitator 利用了人工智能和数据库领域的自动推理技术。

在建立这种联邦系统时,系统需要提供如下服务。

1) 目录服务

帮助程序发现合作者和需求者。

2) 分布式对象管理(CORBA、OLE、DCOM)

为面向对象系统提供位置透明性,即消息的发送者不需要知道对象的具体位置。

3. 黑板系统

黑板系统是传统的人工智能系统和专家系统的议事日程的扩充,通过使用合适的结构支持分布式问题求解。在多协议 Agent 系统中,黑板提供公共工作区,Agent 可以交换信息、数据和知识。开始一个 Agent 在黑板写入信息项,系统中其他 Agent 可使用该信息项。Agent 可以在任何时候访问黑板,查看有无新的信息到来。它并不需要阅读所有信息,可以采用过滤器抽取当前工作所需的信息。Agent 必须在访问授权中心站点登录。在黑板系统中 Agent 间不发生直接通信。每个 Agent 独立地完成它们答应求解的问题。

黑板可以用在任务共享和结果共享系统中。基于事件的问题求解策略也是可能的。如果系统中 Agent 很多,那么黑板中的数据会呈指数增加。与此类似,各个 Agent 在访问黑板时要从大量信息中搜索,决定感兴趣的信息。为了优化处理,更先进的黑板概念是在黑板为各个 Agent 提供不同的区域。

5.2.2 消息传送

采用消息通信是实现灵活复杂的协调策略的基础。使用规定的协议,Agent 彼此交换的消息可以用来建立通信和协作机制。自由消息内容格式提供非常灵活的通信能力,不受简单命令和响应结构的限制。

图 5.8 说明了面向消息的 Agent 系统的原理。一个 Agent 为发送者,传送特定的消息到另一个 Agent,即接收者。与黑板系统不同,两个 Agent 间消息是直接交换的。执行中没有缓冲,如果消息不是发送给某个 Agent 的话,该 Agent 是不能读消息的。所谓广播是一种特例,消息是发给每个 Agent 或一个组。一般情况,发送者要指定唯一的地址给消息,然后只有那个地址的 Agent 才能读这条消息。为了支持协作策略,通信协议必须明确规定通信过程、消息格式和选择通信语言,另一点特别重要的是交换知识,全部有关的 Agent 必须知道通信语言的语义。消息的语义内容知识是分布式问题求解的核心部分。

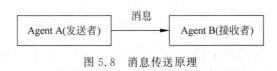

图 5.8 消息传送原理

Agent 通信语言的理论基础是基于言语行为(Speech Act)理论。这种理论由英国哲学家和语言学家 Austin 提出,并由 Searle 和 Cohen 等学者加以发展。言语行为理论的主要原理认为:通信语言也是一种动作,它们和物理上的动作一样,发言人说话是为了使世界的状态发生改变,通常是改变听众的某种心智状态。通信语言并不一定可以达到它的预期目的,这是因为每个 Agent 都有对它自身的控制权,它不一定按说话人所要求的那样做出响应。

有关言语行为理论的研究主要集中在如何划分不同类型的言语行为,在 Agent 通信语言的研究中,言语行为理论也主要用来考虑 Agent 之间可以交互的信息类型。一种最通用的分类方式是将言语行为分为表示型(Representative)(如通知、致谢、宣告等)和指示型(Directive)(如请求、询问等)。如果更进一步区分,还可以分成如下类型:

- 断言型(Assertive),如"电视机是关着的"。
- 指示型(Directive),如"把电视机关掉"。
- 承诺型(Commisive),如"我会关掉电视机的"。
- 允许型(Permisive),如"你可以把电视机关掉"。
- 禁止型(Prohibitive),如"你不能把电视机关掉"。
- 声明型(Declarative),如"我宣布这个电视机归我所有"。

这种划分依然是很粗糙的,例如,指示型中还可以再划分成命令、协议,请求和建议等。

5.2.3　Agent 系统的通信语言

1. KQML 语言

目前,国际上流行的 Agent 通信语言是知识查询与操作语言(Knowledge Query and Manipulation Language,KQML),该语言提供了一套标准的交换信息和知识的 Agent 通信语言和协议,从而使得使用这种语言的 Agent 之间都可以进行交流、共享知识。KQML 定义了一种支持 Agent 之间传递信息的标准语法以及一些动作,可以作为多 Agent 系统为合作求解问题而进行知识共享的一种语言。

KQML 规定的消息格式和消息传送系统为多 Agent 系统的通信和协作提供了一种通用框架,特别是提供了一套识别、建立连接和交换消息的协议。

KQML 分为 3 个层次:通信、消息和内容。通信层规定全部技术通信参数协议,消息层规定与消息有关的言语行为的类型,内容层规定消息内容。

KQML 消息也称为动作表达式。一种动作表达式是以 ASCII 串来定义的,类似 LISP 语句,与 Lisp 函数调用不同的是,动作表达式参数被关键字标识,与顺序无关。这些关键字称为参数名,后面跟着一个冒号":",然后必须给出相应的参数值。由于动作表达式具有大量的可选参数,所以动作表达式参数是通过关键字而不是通过它们的位置来识别的。

一条典型的 KQML 消息如下:

```
(ask
:sender ganwen
:content(PRICE IBM?price)
:receiver stock - server
:reply - with ibm - stock
:language LPROLOG
:ontoloty NYSE - TICKS)
```

在基于 KQML 的应用中,我们可以用 Facilitator Agent 来实现联邦式(Federation)的多 Agent 系统。Facilitator Agent 是一种提供通信服务的 Agent,用于处理关于信息服务知识的其他 Agent 的请求,并提供以下服务:如维护服务名称的注册,转发消息到一个服务,根据内容来转发消息,为消息提供者和客户端提供代理,以及提供调节和翻译服务。一种实现方式是,所有的 Agent 都使用一个中央的通用 Facilitator。下面给出一个使用Facilitator Agent 的例子,如图 5.9 所示。

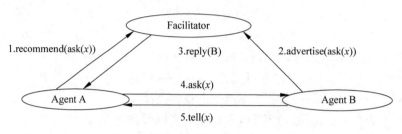

图 5.9　Facilitator Agent

Agent A 想知道句子 x 是否为真,要求 Facilitator"推荐"一个能处理该请求的Agent;而 Agent B 的知识库有 x,并通知 Facilitator 它愿意接收请求,Facilitator 将 B 的名称传送给 A,然后 A 就可以与 B 对话并找到需要的答案。

KQML 是一种点到点(Point-to-Point)的通信协议,它是建立在 TCP/IP 上的知识级消息表示语言,它关心的是高层的问题,而低层的点对点消息传送则由 TCP/IP 完成。在KQML 提供的基本通信机制中,包括点对点机制和广播机制,并且还可以扩充实现组内广播机制。

2. SACL 语言

根据 KQML 规范,史忠植等人设计了一种 Agent 通信语言 SACL(Software Agent Communication Language)。该语言用在 MAPE 环境中。作为消息传送,规定下列传送层次的抽象化约定:

(1) Agent 被单方向通信链接,携带离散的消息。

(2) 这些链接有关的消息可以有一种非零消息传送延迟。

(3) 当一个 Agent 收到消息时,它知道到达的消息是从哪里传来的。

(4) 当一个 Agent 发送消息时,它可以直接将消息与特定的输出链接。

(5) 消息按发送顺序到达单个目标。

(6) 消息交换是可靠的。

1) Agent 间通信的模型

要实现 Agent 之间的通信,首先要让一个 Agent 知道其他 Agent 的名称、通信地址和能力等特性。有两种方法:

(1) 让所有的 Agent 都保存其他所有 Agent 的信息。显然,当 Agent 数目比较多时,这将浪费很多存储空间。另外,这种存储是静态的,如果某个 Agent 的地址变化了,或者某个 Agent 根本没有启动,则会使通信出现紊乱。

（2）设置一个专门的通信服务器（Facilitator）来处理有关 Agent 通信的信息。其他每个 Agent 都只要保存通信服务器的地址。每个 Agent 在启动时将自己的有关信息（名字、地址和能力等）向服务器登记，并在退出时删除自己的信息；在需要其他 Agent 的信息时向服务器询问。这样，整个多 Agent 系统中只需要保存一份动态的 Agent 信息，而且各个 Agent 的地址和能力等都可以任意改变而不会引起混乱。

在 MAPE 系统中采用第二种方式。图 5.10 表示了由一个通信服务器和一些 Agent 构成的一个多 Agent 系统。这样的一个多 Agent 系统通常是由一些关系密切的 Agent 构成，用来解决某一类问题的，所以又经常被称为一个组（Group）。

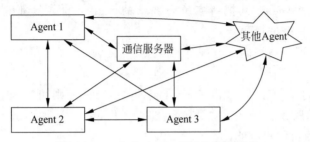

图 5.10　一个多 Agent 系统的通信模型

对于多个组构成的大规模的多 Agent 系统，采用如图 5.11 所示的通信模型。这里各个组的通信服务器采用前面所述的第一种方法（即每个服务器都保存所有服务器的地址表）得到所有服务器的地址。由于通信服务器的地址基本上是固定的，所以这种方式并不会引起太多的麻烦。

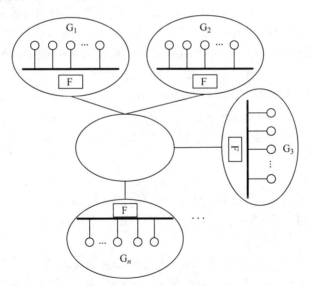

图 5.11　多个组的通信模型

各个 Agent 之间在物理上都是连通的，但是初始时它们并不知道互相的存在，而是只知道本组通信服务器的地址。它们要把自己的名称、地址和所有能力的名称和关键字发送给本组的通信服务器进行登记。在结束运行时，每个 Agent 也必须通知通信服务器,以便服务器删除关于它的登记信息。

当一个 Agent S 需要其他 Agent 的合作时,有几种常见的情况:

(1) 已经知道目的 Agent 的名称和地址,则直接发消息给它。

(2) 只知道目的 Agent 的名称为 D,则需要向服务器询问 Agent D 的地址,然后用该地址发消息给它。

(3) 如果既不知道目的 Agent 的名称,又不知道地址,则根据自己需要的功能查询有这种能力的 Agent。查询可以通过给出能力的名称或某个关键字进行。例如,Agent S 要计算一个统计模型,则它可以使用 statistics 作为关键字进行查询。如果通信服务器处登记有符合要求的 Agent,则把所有符合要求的 Agent 的名称都发给 Agent S,然后 Agent S 可以选择一个进行联络。

(4) 如果服务器在本组内没有找到符合要求的 Agent,则它向其他组的服务器广播查询条件。

(5) 如果查询结束后仍然没有符合要求的 Agent,则可以向通信服务器订购 (subscribe)。通信服务器只要一发现有符合要求的 Agent 登记启动,则通知 Agent S 符合要求的 Agent 的名称和地址。

Agent 通信语言 SACL 提供 MAPE 中的 Agent 之间交换的信息的语法和语义规范。SACL 对各种传输机制和协议提供抽象的接口,以便在不同的网络环境下支持 Agent 间的通信。

SACL 的用户是 Agent。Agent 通过 SACL 消息的异步流与其他 Agent 进行通信。使用 SACL,一个 Agent 可以当作服务器或者客户端,通过 TCP/IP、Service Mail 和 HTTP 等传输方式交换消息。SCAL 支持 Agent 间方便、透明的消息发送和接收功能。

SACL 适用于多种网络协议,如 TCP/IP 和 Service Mail,或在 LAN 上使用 UNIX IPC。无论哪种通信方式,SACL 要求 Agent 之间的通信是点对点的直接消息传递,这样可以保证以 Agent 为基础的程序和 API 易于设计和构造。

SACL 中使用 URL 表示 Agent 的地址。URL(Uniform Resource Locator) 是统一资源定位器,它是由 IETF(Internet Engineering Task Force)组织提出的,原来的目的是为了定位 WWW 上的所有资源。这里用 URL 来对每个 Agent 进行定位,因为每个 Agent 都是一种资源。

2) 通信模块

通信服务器 (Faciliator)是一个非常特殊的 Agent。前面讨论了通信服务 Agent 在 Agent 间通信中的重要作用和工作方式。在实际的实现过程中,对通信服务 Agent 采用图形界面,并赋予它更特殊的地位。

在多 Agent 系统中,不管是一般 Agent 还是通信服务器,都有一个通信部分,把这部分功能抽取出来,设计为一个统一的模块 Communicator。Communicator 是一个类,里面包含了有关通信的部件,其结构如图 5.12 所示。

通信模块中包含了如下部件:

(1) socket 接口:其功能是将直接与协议有关的通信部分组合在一起,并给通信模块的其他部分提供一种通信方式,使通信模块的其他部分不用再考虑与发送协议有关的

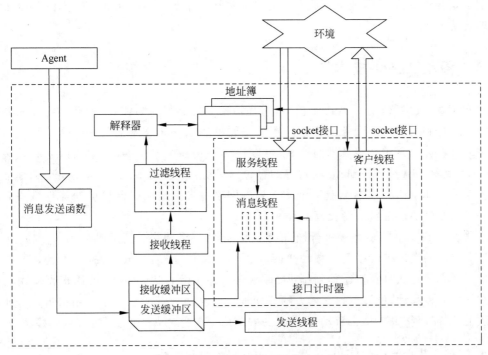

图 5.12　多 Agent 系统通信模块的结构

部分。socket 接口包含服务线程、消息线程、客户线程和计时器。

（2）接收缓冲区：用来缓存从外界发来的消息，以免外界连续发来多个消息而来不及处理。

（3）发送缓冲区：用来缓存向外发送的消息，以免连续发送多个消息而使系统出错。

（4）发送线程：是一个常驻线程。它的任务是不断监视发送缓冲区，一旦有消息进入发送缓冲区就启动 socket 接口中的方法将消息发出。

（5）接收线程：是一个常驻线程。它的任务是不断查看接收缓冲区，一旦有消息进入接收缓冲区就启动一个过滤线程来对消息进行解释和处理。

（6）过滤线程：由接收线程启动。它调用 SACL 的语法分析将接收到的字符流消息转换成符合 SACL 语法结构的原语，然后调用通信模块的解释器来对原语进行解释。

（7）解释器：解释并处理一些简单的且仅与通信模块有关的一些通信原语。

（8）地址簿：通信模块保留 Agent 的地址簿信息。地址簿中包含着 Agent 熟人的地址，对于通信服务器而言，地址簿中包含着系统中所有已登记的 Agent 的地址。

（9）消息发送函数：通信模块的消息发送函数首先查看地址簿中有没有目标 Agent 的地址。如果没有，先产生一个 ask-address 消息，向通信服务器查询目标 Agent 的地址。然后将自己挂起一段时间直到地址簿中出现目标 Agent 的地址；如果持续一段时间还是得不到地址，则发送失败。在知道了目标 Agent 的地址后，消息发送函数调用转化函数将一个 SACL 原语转化成字符流放入发送缓冲区。

作为一个生活在多 Agent 系统的环境中并与其他 Agent 交互的 Agent，通信模块无疑是其非常重要的一环,通信模块设计的好坏直接关系到 Agent 能否在分布式环境下有效地活动。

5.3 移动 Agent 技术

前面我们已经讨论了 Agent 技术,它是指模拟人类行为与关系、具有一定智能并能够自主运行和提供相应服务的程序。本节主要讲述 Agent 技术的其中一个应用——移动 Agent 技术。随着网络技术的发展,可以让 Agent 在网络中移动并执行,完成某些功能,这就是移动 Agent(Mobile Agent)的思想。移动 Agent 由 General Magic 公司在推出商业系统 Telescript 时提出,是一个能在异构网络中自主地从一台主机迁移到另一台主机并可与其他 Agent 或资源交互的程序。

移动 Agent 不同于远程执行,它能够不断地从一个网络位置移动到另一个位置,能够根据自己的选择进行移动。移动 Agent 不同于进程迁移,一般来说,进程迁移系统不允许进程选择什么时候和迁移到哪里,而移动 Agent 带有状态,所以可以根据应用的需要在任意时刻移动,可移动到它想去的任何地方。移动 Agent 也不同于 Applet,Applet 只能从服务器向客户端单方面移动,而移动 Agent 可以在客户端和服务器之间双向移动。

5.3.1 移动 Agent 产生的背景

1. 移动 Agent 是分布式技术发展的结果

1)消息传递(Message Passing)

进行通信的两个进程使用发送原语(Send)和接收原语(Receive)进行消息的发送和接收。消息传递支持同步和异步两种方式。但是,通信原语的使用令分布式应用的开发成为一项繁杂的工作,开发出的程序既容易出错,又难于分析和调试。

2)远程过程调用(Remote Produce Call,RPC)

消息传递机制需要程序设计人员给出网络地址和同步点,通信层次太低。远程过程调用对此进行了改进,它隐蔽了网络的具体细节,使得用户使用远程服务就像进行一个本地函数调用一样,但在通信过程中需要远程与本地进行频繁的交互。

3)远程求值(Remote Evaluation,REV)

远程过程调用正确执行的前提是:被调用的过程事先存在。这个要求限制了 RPC 在大型分布式系统中的应用。在很多情况下,要调用的过程在远程结点上并不存在,远程求值方式可以实现这个灵活性。远程求值允许网络中的结点向远程结点发送子程序和参数信息。远程结点启动该子程序,一些初始请求可由该子程序发出,中间结果也由该子程序处理,而不是发回源结点,子程序只是将最后的处理结果返回到源结点。

4)客户端/服务器模式(Client/Server,C/S)

在客户端/服务器通信模型中,通信的实体双方有固定的、预先定义好的角色:服务器提供服务,客户端使用服务。这种模式隐含了一种严格的依赖关系:客户端依赖于服务器所提供的服务而工作。客户端发出服务请求,然后在服务器上完成任务,最后服务器将处理结果返回到客户端。引入客户端和服务器的角色,RPC 模式和 REV 模式都是客户端/服务器模式的一种。著名的 C/S 模式主要有:①CORBA,它通过采用面向对象技术中的继承、重用和封装等使 C/S 模式更便于使用;②分布式计算环境(DCE)RPC,它提供了更好的身份验证和安全机制,并通过用户级接口线程替代传统 socket 机制以获得更高层的通信抽象。

但 C/S 模式也存在着一些固有的缺陷,若服务器不提供客户端所需的服务,则客户端就必须通过一系列的远程调用来实现其所需的服务,这会增大服务响应的延迟和造成网络带宽的浪费。另外,当客户端请求很多时,服务器的效率会大大降低,客户端请求的响应时间也会增大,这主要是因为计算环境中的处理器资源(计算资源)、软件资源和信息资源等都集中在服务器上造成的。

5) 代码点用(Code-on-Demand)

针对 C/S 结构中资源过于集中的缺点,代码点用模式使用了代码移动技术,即:在需要远程服务时,首先从远程获得能执行该服务的代码。例如,主机 A 最初由于没有代码而无法执行任务,但网络中主机 B 可提供所需要的代码,这时 A 就可以向 B 申请获得该代码。一旦 A 从 B 获得相应的代码,A 就同时拥有了代码资源和本地处理器资源,任务就可在 A 中完成。与 C/S 模式不同,A 无须知道远程主机(如 B)的情况,因为只需下载所需的代码即可。代码点用模式最典型的例子是 Java 中的 Applet(应用小程序)和 Servlet(服务小程序),Applet 从服务器下载到浏览器中在本地运行,而 Servlet 则从本地上载到服务器(常为 Web 服务器)在远程运行。

6) 移动 Agent(Mobile Agent)

代码点用模式虽然能进行代码移动,但这种移动不是自主的,而且代码不能多次移动。MA 模式克服了 C/S 模式和代码点用模式的不足之处,MA 可以(在一定范围内)随着移动到能提供服务的目标主机上,可以连续移动,而且这种移动是自主的。在 MA 模式中,原来 C/S 模式中的客户端和服务器的界限消失了,取而代之的是统一的"主机"的概念;原来代码点用模式中代码具有了自主性,而且可以放心多次移动。Java 中的 Applet 和 Servlet 被统一成移动 Agent。这样的 MA 有其明显的优势。

(1) MA 技术能较大地减轻网络上的数据流量,通过将服务请求 Agent 移动到目标主机。使该 MA 直接访问该主机上的资源,与源主机只有较少的交互,从而避免了大量数据的网络传送,降低了系统对网络带宽的依赖;这同时也缩短了通信延时,提高了服务响应速度。

(2) MA 能以异步方式自主运行。我们可以将要完成的任务嵌入到 MA 中,并通过网络将其派出去,然后就可以断开源主机与目标主机的连接。此后,MA 就独立于最初生成它的进程,可以异步自主运行了。源主机可以在随后适当的时候再与目标主机连接并接收运行的结果信息。这对于移动设备或移动用户来说尤其有用。移动计算的真正意义也在于此。

(3) MA 可以根据服务器和网络的负载动态决定移动目标,有利于负载均衡。而且 MA 的智能路由减少了用户浏览或搜寻时的判断。

(4) 在进行任务处理时,可通过动态创建多个 Agent 并行工作提高效率并降低对任务的响应时间。

（5）能够克服网络隐患,在不可靠的网络中也能提供稳定的服务。例如,在远程工业实时控制系统中,通过存在隐患的网络传送控制信息,远不如将控制指令通过 MA 直接移动到该受控系统上执行安全。

总之,在网络一体化的时代,移动 Agent 技术较之于传统的分布式技术有着明显的优势。

7) 移动 Agent 与负载平衡的比较

负载平衡是分布式系统中一个重要技术。负载平衡系统也允许作业或进程在网络上的重新定位或迁移,但这种移动是由 OS 或相关的负载平衡应用程序决定的,被迁移的作业或进程根本无法知道,是完全被动的,即负载平衡系统要求迁移的透明性。移动 Agent 的移动性与此正好相反,移动 Agent 的移动是主动的,是该 Agent 显式请求的结果,这是由 Agent 的自主特性决定的。移动 Agent 的主动性要求实现移动 Agent 的语言具有移动语义,即要求移动 Agent 代码中包含形如 GO < host >、JUMP < host >或 MOVE-TO < host >之类的语句或函数调用。这里,< host >是移动 Agent 所要访问的主机。当该语句或调用被执行时,Agent 首先暂停运行,进行移动前的准备工作（如将数据和状态等信息打包）,然后移动到新主机上;在新主机上它被解压或重新安装,并从断点处继续执行。显然移动 Agent 的移动性与负载平衡系统中的移动性有着本质的不同,但利用移动Agent 技术可以实现分布式系统的负载平衡。

2. 移动 Agent 是 Internet 发展的趋势

随着 Internet/WWW 的迅速发展,用户定位和处理感兴趣的信息变得异常困难。日益庞大的网络及其异质性对网络管理和互操作提出了新的挑战。如何合理、有效地利用 Internet 上巨大的计算资源成为计算机工作者们关注的重要问题。当前流行的分布式计算技术都基于 C/S 模式,通过远程过程调用或消息传递等方式进行远程通信,比较适合稳定的网络环境和应用场合。随着新型网络应用（如移动计算）的出现,C/S 模式的缺点日益明显,远不能适应当今快速多变的网络应用发展。移动 Agent 技术集智能 Agent、分布式计算和通信技术于一体,提供了一个强大的、统一的、开放的计算模式,更适用于提供复杂的服务（如复杂的 Internet 信息搜索,Internet 智能信息管理等）。

移动 Agent 的产生是众多因素的综合结果。Internet 上信息的数量以及上网用户的数量和种类在飞速增长。这些用户来自不同的民族和地域,有着不同的文化和知识背景,他们对 Internet 上信息的需求以及希望使用 Internet 的方式也是不同的,这就要求对 Internet 进行个性化的表示和使用。这种个性化可能只是表示格式的不同,也可能是诸如信息自动搜索和邮件过滤等更为高级的要求,它们体现在 Internet 的实现中,也就是服务的客户化。这种服务的客户化可以直接在服务器端实现,也可以通过代理服务器（proxy）实现。

尽管目前 Internet 的带宽在不断增大,但其发展速度还是跟不上 Internet 上通信量的飞速增长,网络带宽仍然是制约 Internet 用户的一个主要因素。尤其是用户端到 Internet 的连接速度很低,这就要尽量避免进行大量的数据传输。目前常用的方法是采用代理服务器与 Internet 高速连接,将最后的结果传送给通过慢速线路(如电话线路)与其相连的客户端程序。

目前计算机工业发展的一个热点是移动设备。这些设备多数通过不可靠、低带宽、高延迟的电话或无线网络与 Internet 进行互联,这时它们也要求避免大量数据传输。移动用户经常需要断开与网络的连接,随后可能在其他地方再与网络相连。对于这两种情况,可以采用代理服务器的方法,也可以采用到客户端的移动代码技术。后者的典型代表是 Java 的 Applet,通过 Applet 在本地与客户进行复杂、耗时的交互,然后传输结果,这种方法更为有效。将这里的移动代码赋予自主性后就变成了移动的 Agent。

但网络服务不可能完全满足不同用户的各种个性化需求,而且随着用户的增多,代理服务器也会变为通信的瓶颈。一种解决方法是以移动代码的形式实现这些个性化的工具,这些移动代码可以按用户的要求移动到相应的服务器或代理服务器上,甚至可以移动到客户机上。移动代码方法还可以在通信双方连接断开的情况下继续工作。

用户在网络上搜索信息时不可能在一台服务器上就能得到全部信息,而往往要搜索多台主机,为避免大的延迟,就要避免"星形的循环",即移动代码首先进入第一个网址进行搜索并将结果返回客户,然后同样的或不同的移动代码又从客户端出发进入第二个选定的网址……如此进行,直到用户找到所需的信息。如果让移动代码携带用户的搜索要求,在第一个网址搜索完毕后直接移动到第二个网址、第三个网址……直到找到用户所需的信息,则可以极大地减少网络拥挤,提高搜索速度。这种可以连续多次移动的代码就是移动 Agent。

5.3.2 移动 Agent 的系统结构

移动 Agent 系统由移动 Agent 和移动 Agent 服务设施(移动 Agent 服务器)两部分组成。移动 Agent 服务设施基于 Agent 传输协议实现 Agent 在主机间的转移,并为其分配执行环境和服务接口。Agent 在服务设施中执行,通过 Agent 通信语言 ACL 相互通信并访问服务设施提供的服务。

移动 Agent 体系结构包括以下相互关联的模块:安全代理、环境交互模块、任务求解模块、知识库、内部状态集、约束条件和路由策略,如图 5.13 所示。

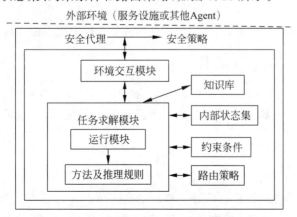

图 5.13 移动 Agent 的结构模型

体系结构的最外层为安全代理,它是 Agent 与外界环境通信的中介,执行 Agent 的安全策略,阻止外界环境对 Agent 的非法访问。Agent 通过环境交互模块感知外部环境并作用于外部环境。环境交互模块实现 ACL 语义,保证使用相同 ACL 的 Agent 和服务设施之间的正确通信和协调。Agent 的任务求解模块包括 Agent 的运行模块,以及与 Agent 任务相关的推理方法和规则。知识库是 Agent 所感知的世界和自身模型,并保存在移动过程中获取的知识和任务求解结构。内部状态集是 Agent 执行过程中的当前状态,它影响 Agent 的任务求解过程,同时 Agent 的任务求解又作用于内部状态。约束条件是 Agent 创建者为保证 Agent 的行为和性能而做出的约束,如返回时间、站点停留时间及任务完成程度等,一般只有创建者拥有对约束条件的修改权限。路由策略决定 Agent 的移动路径,路由策略可能是静态的服务设施列表(适用于简单、明确的任务求解过程),或者是基于规则的动态路由以满足复杂和非确定性任务的求解。

服务设施为移动 Agent 提供基本服务(包括创建、传输、执行等),移动 Agent 的移动和任务求解能力很大程度上决定于服务设施所提供的服务。一般来讲,服务设施应包括以下基本服务:

1. 生命周期服务

实现 Agent 的创建、移动、持久化存储和执行环境分配。

2. 事件服务

事件服务包括 Agent、传输协议和 Agent、通信协议,实现 Agent 间的事件传递。

3. 目录服务

提供定位 Agent 的信息,形成路由选择。

4. 安全服务

提供安全的 Agent 执行环境。

5. 应用服务

应用服务是任务相关的服务,在生命周期服务的基础上提供面向特定任务的服务接口。

5.3.3 移动 Agent 的实现技术

移动 Agent 技术涉及通信、分布式系统、操作系统、计算机网络、计算机语言以及分布式人工智能等诸多领域。为了更好地利用移动 Agent 技术,必须解决好以下关键技术问题。

1. 移动

移动可分为强移动和弱移动两种。移动 Agent 包括 3 种状态:程序状态(Programate State)、数据状态(Data State)和执行状态(Execution State)。程序状态指所属 Agent 的实现代码；数据状态包含全局变量和 Agent 的属性；执行状态包含局部变量值、函数参数值到线程状态等。强移动包含程序状态、数据状态和执行状态的移动，而弱移动只包含程序状态和数据状态的移动。

强移动的语义是：在移动目的地，从 Agent 的断点处执行。如果 MA 包含多个线程，则多个线程同时从断点处运行。强移动要求 Agent 的实现语言提供 Agent 执行状态的外表化(Externalize)和内在化(Internalize)的功能，即要求 MA 系统提供抽取(Extraction)执行状态、恢复(Re-insertion)执行状态的功能。目前只有少数语言能提供上述要求的功能，例如 Facile 和 Tycoon。由于 Agent 的执行状态通常很庞大(尤其对多线程 Agent)，所以强移动是开销很大的操作。Agent TCL、Ara 和 Telescript 都属于强移动系统。

弱移动只携带程序状态和数据状态，根据需要只把 MA 的部分执行状态存入数据状态中随 Agent 一起移动，传输的数据量有限。弱移动操作的开销小，执行效率高，但它改变了移动后的执行语义。MA 移动到新主机后，不再接着移动前的断点处执行，而是执行主线程的某一个入口函数(如，在系统 Mole 中是主线程的 start 方法，在系统 Aglets 中是主线程的 run 方法)。在该函数中，根据数据状态决定应该如何执行。如果 Agent 包含多个线程，则移动之后，只启动包含入口函数的线程，再由它决定启动哪些线程。Aglet、Mole 和 Odyssey 都是弱移动系统。

移动 Agent 为完成用户指定的任务，通常要依次移动到多个主机上，依次与这些主机交互，并使用其提供的服务和资源，这就是所谓的 Multi-Hop 技术。如何实现和规划 MA 在多主机间的移动是移动机制和移动策略所要解决的问题。移动机制主要研究移动的实现方式。不同的系统采用的移动机制不同，目前 MA 的移动机制可以分为两大类：一类是将 MA 的移动路线和移动条件隐含在 MA 的任务代码中，其代表系统是 IBM 公司的 Aglet；另一类是将 MA 的移动路线和移动条件从 MA 的任务代码中分离，用所谓的"旅行计划"表示，其代表系统是 Mitsubishi 公司的 Concordia。

MA 的移动策略是指根据 MA 的任务、当前网络负载和服务器负载等外界环境，动态地为其规划出移动路径，使 MA 在开销最小的情况下，最快、最好地完成其任务。移动策略的优劣直接影响 MA 的性能乃至其任务的完成。移动策略一般可以分为静态路由策略和动态路由策略。在静态路由中，需要访问的主机和访问的次序在 MA 执行任务之前就已经由 MA 的设计者确定。在动态路由中，访问哪些主机及访问的次序在 MA 执行任务之前是无法预料的，由 MA 根据任务的执行情况自主地决定，一般由用户指定一个初始路由表，MA 在按照该路由表移动的过程中可以根据周围环境的变化自主地修改路由表。动态路由方式体现出 MA 的自主性和反应性。

目前，对 MA 的移动机制的研究比较广泛和深入，相比之下，有关 MA 移动策略的研究还比较少，未见有系统对 MA 移动策略给出一个较为精确和系统的说明。多数系统在规划 MA 移动路由时只考虑了软件资源(任务语义)，而忽略了网络传输资源和主机处理资源等硬件资源的影响，更没有考虑 MA 以往的旅行经验，这显然是不全面的。IBM 公司的 Aglet 给出了移动 Agent 的传输协议 ATP，但该协议只是规定了 MA 在两台主机之间如何传输，并没有考虑硬件资源对移动路由的影响，也没有给出 MA 在多个主机之间的移动策略。Acharya 等意识到了不同硬件资源及其使用状况对 MA 移动的影响，但在实现 MA 系统 sumatra(一种移动 Agent)时只给出了网络延迟的监测,而没有考虑到目标主机本地资源对 Agent 移动的具体影响。D. Rus 等人在对网络负载进行监测的基础上,进一步给出了对网络连接和目标主机是否可达等监测信息,但也忽略了目标主机本地资源对 Agent 移动的具体影响。Concordia 提出了旅行计划的概念,实现了迁移信息和 Agent 任务体的分离,但其旅行计划的描述能力和灵活性都不够,不能表达多种迁移方式。另外,它只是从任务语义的角度决定 MA 下一步向哪里移动,但还不能根据网络资源和目标主机资源动态地规划 MA 的移动路径。Dartmouth 学院的 K. Moizumi 等人在 D'Agent 的基础上,开发了分布式信息查询系统 Technical-Report Searcher,在该系统中他们将移动策略称为 TAP(Traveling Agent Problem)。在他们的解决方案中,综合考虑了网络负载、主机负载和主机上存在所查信息的概率等因素,力图在 MA 出发之前为其规划出一条最佳移动路径,使 MA 完成任务的时间最短。TAP 实际上是静态路由问题,在他们提出的"贪心算法"(Greed Method)中没有考虑负载信息过时对算法的影响。该系统采用一个"网络感知模块"(Network-Sensing Module)来获得网络负载信息和主机负载信息,存在集中环节。

另外,在"最佳"的评判标准上,该系统也只考虑了速度而没有考虑服务价格和服务质量。

2. 通信

移动 Agent 系统可采用的通信(Communication)手段很多,有消息传递、RPC、RMI、匿名通信和 Agent 通信语言等。根据通信对象的不同,移动 Agent 的通信方式可分为以下 4 种。

1) 移动 Agent/服务 Agent 通信

该通信方式实质是移动 Agent 和 MAE 之间的通信。服务 Agent 提供服务,移动 Agent 请求服务,是一种典型的客户端/服务器模式。如移动 Agent 向黄页服务 Agent 查询有关服务,该类通信方式可以采用类似 RPC 和 RMI 的通信机制。

2) 移动 Agent/移动 Agent 通信

这是对等(peer-to-peer)通信方式,通信双方的地位是平等的。为了完成特定的任务,如协作求解,移动 Agent 系统必须提供同步和异步通信机制。

3) 组通信

组通信也称为匿名通信。前两种通信方式的前提是,通信双方事先相互了解。然而,在有些情况下,通信的双方并不能确认对方的身份。例如,在基于移动 Agent 技术的分布式信息查询应用中,一组 Agent 被派遣到 Internet 的各个信息源上执行搜索操作,在查询的过程中,为了提高搜索的并行度,某些 Agent 可能又派生多个子 Agent 组,当这些子 Agent 和其父 Agent 所在组中的 Agent 进行通信时,就是匿名通信。在组通信方式中,通信的一方只能确定对方所在的组,而不能确定组中具体的成员。目前,支持组通信的方法有:组通信协议(Group Communication Protocols),如 ISIS;共享内存(Shared Memory),如 Tuple Spaces;事件管理等。在事件管理方式中,Agent 间系统注册其感兴趣的事件,当其他 Agent 产生该事件时,交由注册 Agent 处理。

4) 移动 Agent/用户通信

属于智能人机接口领域。根据通信发生的地点,可以把通信分为本地通信(又称结点内通信)、主机内通信(Inter-Place Communication)和远程通信(Intra-Place Communication，又称结点间通信、网络通信)。通常一个主机内不同 MAE 之间的通信被视为远程通信。

Agent 通信语言(Agent Communication Language，ACL)是实现 MA 与 MA 执行环境之间以及 MA 与 MA 之间通信的高级方式。开放式 MA 系统的 ACL 系统应当具有环境无关、简洁、语法语义一致等特点。KQML/KIF 和 XML 是两种具有发展潜力的通信语言(或协议)，前者主要用于知识处理领域，后者在 Internet 环境(尤其是 WWW)中具有很好的支持能力。

在具体的移动 Agent 系统中，通信的实现方式有很大差别。Tacoma 通过一个携带数据的 briefcase 来交换数据。Ara 支持 C/S 方式的服务调用，但没有提供异地 Agent 之间的通信手段。Telescript 中的 Agent 只能在相遇点(Meet Place)中使用本地方法调用的方式相互通信。D'Agent 既支持底层的消息传递方式，也支持高层通信方式，如 AgentRPC 和 KQML/KIF。Aglets、Mole 和 Voyage 等基于 Java 的系统通常采用 Java 对象来实现分布式事件通信和消息传递机制。另外，Aglets 预留了与 CORBA/IIOP 的通信接口。

3. 程序设计语言

移动 Agent 系统对程序设计语言(Programming Language)有多方面的要求。Knabe 等人对移动 Agent 的程序设计语言提出 4 条基本要求。

1) 支持移动

该语言必须提供机制以确定将要移动的 Agent 应携带哪些代码；必须提供发起"移动"操作的原语或函数。

2) 支持异构性

用该语言编写的移动 Agent 应当能在一个异构的环境中任意移动，这个异构的环境可能包含不同拓扑结构的网络、不同类型的计算机硬件设备以及不同的操作系统等。

3) 高性能

移动 Agent 的移动操作会给系统带来很大的开销，在某些情况下，移动 Agent 的执行效率甚至远低于其他技术。该语言必须能快速、高效地运行。

4) 安全性好

该语言必须具有很好的安全性，使用该语言编写的移动 Agent 不易受到恶意主机和其他恶意 Agent 的攻击。

MA 的实现语言可以采用编译型语言，也可以采用解释型语言。从支持移动、支持异构性、执行效率和安全性等多方面考虑，几乎所有的移动 Agent 系统都采用解释型语言。由于 Java 技术的快速发展和其具有良好的安全性和较高的执行效率，因而被大多数移动 Agent 系统所采用。

如果采用编译型语言，MA 被编译成本地代码(Native Code)，本地代码与具体的系统平台有关，当 MA 在不同系统平台之间移动时，必须重新编译源代码，另外，本地代码具有直接访问本地系统资源的权利，使得很难进行安全控制。如果采用解释型语言，MA 被编译成与本地无关的独立于机器的代码(Machine-Independent Code)，由解释器解释执行,不同平台上的解释器能保证 MA 可以在不同系统平台之间移动执行,并且解释器在解释执行时,对访问系统资源的语句加以严格的控制,实现语言级安全性。

当选用解释型语言作为 Agent 的实现语言时,所面临的问题是执行效率。编译后的本地代码比解释型语言的执行速度快,但目前有些解释型语言提供实时编译技术(如 Java 语言的 Just-In-Time 技术)可以显著地提高解释型语言的执行速度。

从移动语义考虑,如果提供强移动(Strong Migration),需要获得 MA 的执行状态(Execution State)。对于解释执行而言,要求解释器提供抽取(Extraction)线程执行状态、恢复(Re-insertion)线程执行状态的功能。对于编译执行而言,线程的执行状态用堆栈表示,编译器必须提供捕捉堆栈和恢复堆栈的功能,目前的移动 Agent 系统即使采用的是同一种编译器,该过程开销也十分巨大。

解释型语言还具有延迟绑定的优点,程序可以包含本地不存在的函数和类,这很好地支持了代码的移动。

不同的移动 Agent 系统采用不同的语言,大体可以分为多语言系统和单语言系统。多语言系统的代表有 Ara、Tacoma 和 D'Agent。Ara 致力用当前现有的编程语言实现移动 Agent,支持 C/C++、Tcl 和 Java;Tacoma 支持 Tcl/Tk、C、Scheme、Perl 和 Python;D'Agent 支持 Tcl、Scheme 和 Java。单语言系统多数采用 Java,如 Mole、Aglet、Concordia、Voyager 等。DEC 研究院研制的 Oblic 采用面向对象语言 Oblic。编程语言的选择对于移动 Agent 系统的发展至关重要,第一个商业化的移动 Agent 系统 Telescript 的消亡就说明了这一点,过于专用的 Telescript 语言极大地限制了 Telescript 系统的应用范围,使之无法经受基于 Java 的移动 Agent 系统的冲击。General Magic 公司重新开发了一个基于 Java 版本的移动 Agent 系统 Odyssey,它继承了 Telescript 的所有思想。

4. 安全性

MA 的移动性会带来很多不确定因素,要想使 MA 被广泛地接受,成功地应用于商业(如电子商务),就必须解决好 MA 的安全性(Security)问题。MA 的安全性问题是 MA 应用的瓶颈,是移动 Agent 系统中最重要、最复杂的问题。

通常把移动 Agent 系统的安全问题分为 4 个部分:①保护主机免受恶意 Agent 的攻击;②保护 Agent 免受恶意主机的攻击;③保护 Agent 免受其他恶意 Agent 的攻击;④保护低层传输网络的安全。

为了阻止恶意 MA 对主机的破坏,在主机上通常采用如下安全检测技术。

1) 身份认证

主要用于检查 MA 是否来源于可信的地方。这需要从 MA 的源主机或独立的第三方将有关身份认证(Authentication)的详细信息传送过来。身份认证失败的 MA 或者被驱逐出主机,或者仅允许以匿名 Agent 的身份在十分有限的资源环境下运行。数字签名就是一种常用的身份认证技术。

2) 代码验证

主要用于检查 MA 的代码,看它是否会执行被禁止的动作。由于有些代码只有在其被执行时才能被认证,如用于函数参数的变量的内容等,所以代码验证(Verification)常常按如下步骤进行：首先检查 MA 是否试图破坏其执行环境，然后检查该 MA 实际运行所在的 MA 系统是否对 MA 的管理负责。若以上验证结果成立，则进一步检查该 Agent 的操作是否超出其授权和资源限制的范围。可以采用一种称为携带证明的代码（Proof-Carrying Code）来完成对来自不安全地点的移动代码的验证，以确定对该代码的执行是否安全。该技术将安全性证明（Proof）附加到每条代码上并与代码一起移动。目标主机可以迅速验证这些证明并进而判定移动代码的安全性。证明或代码两者之一被篡改均会造成整个代码验证的失败，从而导致移动代码被拒绝执行。Java 语言本身提供了一定程度的代码验证机制，即完整性验证。

3）授权认证

主要检查 MA 对主机资源的各种访问许可，包括资源可被访问的次数和被使用的数量以及 MA 在该资源上进行存取操作的类型。例如，被高度信任的 MA 可以读、写、修改指定的资源并可无限制的访问它；而不被信任的 MA 则仅能对该资源进行读操作，而且只能进行有限次的访问。有些 MA 可能允许访问主机的计算资源；有些 MA 则可能被完全禁止。可以通过使用访问控制标的方法实现授权认证（Authorization）。

4）付费检查（Payment for Services）

主要用于检查 MA 对服务的付费意愿和付费能力（除非服务是免费的），这包括检查 MA 是否确实付费了、付费过程是否正确以及付费者是否对所提供的服务满意等。MA 在运行的过程中至少会使用服务器的计算资源，也可能进行购买物品的交易。为避免不必要的资源占用和不合理的交易，需要限制 MA 的权利，这也可以通过付费的方式来控制。例如，MA 可以携带一定数量的电子货币，当 MA 在某主机上运行时，它需要根据所要求的服务的数量和质量对主机付费。这样，MA 的权利受限于其所拥有的货币的多少，用尽货币的 MA 会消亡。当然，MA 会要求主机不能随意捏造所收到的货币数量，而且要求主机确实提供了双方所协商的服务。

通过上面给出的 4 种方法，主机的安全性问题在一定程度上可以解决，但有关 MA 方面的安全问题还需要考虑，即要保证 MA 在传送和远程执行时的安全性和完整性。为此，通常采用加密技术和身份认证技术（如数字签名）等。采用诸如 PGP 等加密算法有助于在 MA 传送过程中保护其内容免遭窃听。使用身份认证技术可用于检查目标主机的合法性；数字签名技术还可用于验证信息，保证接收者不篡改收到的信息，并使处理结果返回到正确的发送者。

对于 MA 的安全性问题，很多学者做了大量的工作，但多数是针对具体的系统和环境，而且只是侧重于某一层面。例如，ffMAIN 利用其实现语言 SafeTCL 在安全性方面的特点重点给出了代码验证的实现方法；APRIL 重点研究代码验证和加密技术而忽略了其他因素；基于 Java 语言的系统在代码验证方面往往直接使用 Java 的字节码校验程序而很少再对此做深入研究，但 Java 的字节码校验程序本身还存在一定的缺陷。

作为第一个商业化的 MA 系统，General Magic 公司的 Telescript 对安全性策略进行了细致的设计，它提供了本节提到的各种安全机制。IBM 公司的 Aglets 也是面向商用目的，它提供了身份验证、授权认证、代码验证以及电子货币机制。Agent TCL 对安全性有比较好的支持，但是没有提供有关付费检查功能。APRIL 在代码验证方面很有特色（这与其使用专用语言 April 有关），但未阐明其传输的安全性问题。Mole 和 Sumatra 除了利用 Java 已有的安全机制（代码验证）和默认的安全管理器外没有再提供其他的安全机制。

5. 容错

为保证移动 Agent 在异质环境中的正常运行，必须考虑服务器异常、网络故障、目标主机关机和源主机长时间无响应等异常情况的出现，并给出相应的解决方法。MA 要执行的任务越复杂，经过或所到达的站点越多，则出现故障的概率也越大。在诸如 Internet 这样的广域网环境中，此概率是绝对不容忽略的。像安全性一样，容错性也是移动 Agent 系统成功应用所需重点解决的问题。

在 MA 的移动和任务求解过程中，有以下几个环节可能产生系统错误。

（1）传输过程。MA 是在网络上进行移动，网络传输介质的不稳定和高误码率常常会导致传输的错误，线路的中断还会导致 MA 的崩溃。

（2）MA 服务环境。MA 会在不同的计算机系统中运行，这些计算机系统的容错能力可能各不相同。当 MA 服务环境出现主机进行恶意破坏，主机长时间停机、系统死机或系统掉电等情况时，都能造成 MA 的失效或崩溃。

（3）MA 自身代码。MA 设计和实现的缺陷也会导致 MA 系统的突然崩溃。MA 在结点间移动和执行的过程是典型的串行过程，这种串行性使得整个过程链的容错性能等于其中最差的结点的容错性能，是典型的"灾难共享"，所以要在 MA 移动和执行过程的各个环节上进行故障的预测、防范和故障后的恢复。

容错的基本原理是采用冗余技术，而具体的冗余方法有很多种。目前在移动 Agent 系统中，总体上来说可以采用以下几种冗余策略：

1) 任务求解的冗余

创建多个 MA 分别求解相同的任务，最后根据所有或部分的求解结果，并结合任务的性质决定任务的最终结果。该方法的难点在于最后结果的冲突消解和综合。对于任务求解结果比较明确、唯一的情形（典型的情形如计算作业），可以采用多数优先的原则选择求解结果，其依据是概率论。对于求解结果多样化的任务（典型的情形如 Internet 上的信息搜索），首先对结论有冲突的结果进行取舍，然后将剩余结果的并集作为最后的结果，可以将并集中的结果根据出现的概率进行排序。这种方法在保证 MA 结果的有效性方面具有很大的优势，但会耗用大量的网络资源和计算资源。

2) 集中式冗余

将某个主机作为冗余服务器，保存 MA 原始备份并跟踪 MA 的任务求解过程。若 MA 失效，则通过重发原始备份提供故障恢复。这种方法的缺点是中间结果难以利用，可以采用检查点技术来对其进行改进。方法是：每隔一个适当的时间间隔对该 MA 做一次检查点操作，不断地把程序运行的中间状态保存在检查点文件中。在 MA 出现故障后，利用该 MA 的检查点文件把 MA 恢复到最近一个检查点时刻的状态继续运行。这样，利用检查点采用这种步步为营的策略可以保证长时间运行的 MA 最终能被正确地执行完毕。在采用检查点技术的集中式冗余方法中，检查点文件被集中存放在某个固定的主机中。集中式冗余方法的缺点是存在集中环节，使得该容错方法本身缺乏容错性。

3）分布式冗余

将 MA 容错的责任分布到网络中多个非固定的结点中,这些结点由冗余分配策略决定。在此也可以采用检查点技术,只是检查点文件的获取和存放位置是分布式的。这种方法能提供较理想的容错机制。

当前只有少数系统具有容错机制。Ara 提供检查点(Check_Point)机制,在 Agent 执行中产生一系列检查点,它是 Agent 内部状态的一个完整记录,当 Agent 由于某种原因出错时,用最近的检查点把 Agent 恢复到出错前的状态。Concordia 提供一个持久存储管理器(Persistent Store Manager),用于备份服务环境和 Agent 的状态,其中消息排队子系统备份将要移动的 Agent,直到 Agent 被目的主机正确接收。Tacoma 则利用后台监视 Agent 去完成 Agent 出错后的重新启动。

6. 管理

MA 在具有高度自主特性的同时,还应受到一定程度的管理。这种管理主要来自源主机,也可能来自目标主机,这要依具体的实现而定。首先,源主机要对 MA 的行为负责,使其对整个系统不会产生危害;其次,源主机还要随时了解 MA 的当前工作情况,以避免 MA 的迷航或过度复制,也要随时回答 MA 提出的问题或协调 MA 的工作。目标主机也要将 MA 作为外来 Agent 进行管理,避免其过度使用本地资源,或协助其进行下一次的移动,协调其与本地 Agent 的交互等。

7. 移动 Agent 的理论模型

移动 Agent 的理论模型刻画了位置、移动、通信、安全、容错、资源控制和资源配置等基本概念,有助于从形式抽象的角度来认识移动 Agent 的本质特征。现有的几种理论模型是对传统并发和分布式计算形式与方法的扩充与修改,有基于代数语义的进程代数,如 CSP、π^-演算等,有基于支撑语义的 Actor 模型,也有基于状态转换语义的时序逻辑,如 Unity 和 TLA。

1）π^-演算及扩展

π^-演算(π^-Calculus)是一种描述和分析并发系统的方法,是 CSS 的扩充,基本实体是通道名和由名字构成的进程。π^-演算抽象刻画了分布、位置、动态连接和移动概念。π^-演算没有考虑安全控制原语,SQL 进行了这方面的扩充。π^-演算有很多扩充的方法,如异步 π^-演算弱化同步原语,消除同步中的分布一致的需求。Join 演算的每个进程以特殊进程为根结点,构成同步化解的单一空间。高阶 π^-演算(HOπ)通过通道传送进程实现进程移动。

2）环境演算

环境演算(Ambient Calculus)受 π^-演算和 Telescript 系统设计的启发,基本模型为:环境表示抽象有界的计算场所,如主页、虚拟地址空间、对象和笔记本电脑等。计算环境嵌套组织,每个环境包括数据、计算 Agent 和子环境。环境受顶级 Agent 控制,可按活动方式移动。环境演算通过环境、移动以及移动授权和认证等概念从最基础的层次上刻画移动 Agent 的本质。环境演算抽象刻画了名字、位置、配置、交互、移动和安全等概念。

3）Seal 演算

Seal 演算（Seal Calculus）是一种同步高阶分布进程演算，可以视为具有层次性位置移动特征和资源访问控制的 π^- 演算。该演算的设计目的是表达与推理分布式系统的安全特性和移动特性。Seal 演算的移动模型包含消息传递、远程计算和进程迁移等方式，而且可以刻画应用程序和硬件的移动。演算包含一个层次保护模型，每层通过仲裁（指在低层执行的可观察动作由高层作检查和控制）保证管理域的安全。另外根据操作条件的变化，安全策略动态地嵌入演算，以适应环境的需求。Seal 演算抽象刻画了名字、位置、进程、交互、移动和安全等概念。

4）移动 Unity

移动 Unity（Mobile Unity）是时序逻辑的扩展。移动 Unity 是基于 Unity 的非确定、公平交替并发模型，通过引入新的程序抽象扩充 Unity 的表示注解，来刻画移动计算的本质特征。针对新程序抽象扩展了 Unity 证明逻辑，用于推理移动 Agent 系统的特性。它能够描述和推理松耦合且环境依赖的分布式系统，直接刻画系统重新配置与断连操作。其最显著的特点是能进行移动 Agent 系统的规范说明和性质检验。抽象刻画了位置、交互、移动、配置和共享等概念。

5）Actor 模型

Actor 模型（Actor Model）是基于异步消息传递的分布式处理模型。其中，Actor 是独立的并发进程，通过异步消息传递同其他 Actor 交互. 一群并发的 Actor 组成 Actor 系统。Actor 有邮件标识、独立执行线程和存储（收发）消息的邮件队列。Actor 基本原语有 Send（发送消息到其他 Actor）、newactor（用来指定行为动态生成新的 actor）和 ready（捕捉局部状态变化，释放该 Actor 等待接收另外消息）。扩充 Actor 模型还引入了一种特殊的资源模型——经济模型来刻画开放分布式系统的资源分配和使用。经济模型中使用了通用货币的概念，资源的分配和使用以通用货币为单位来衡量。该模型认为：Actor 占用的处理器时间、内存、硬盘、通道和网络带宽等都是要付费的资源。

综合比较可见，环境演算和 Seal 演算比较充分地体现了移动 Agent 特征的理论模型，但用它们推理 Agent 系统的复杂性质比较困难。Actor 模型是对象并发计算模型，因而能很好地体现 Agent 系统的封装性和自主性。以时序逻辑为基础的移动 Unity 在对移动 Agent 进行描述和推理方面要比其他模型充分。

除了上述几种模型，还有一些模型。Linda 是用进程代数形式化了的 Linda，有多个分布元组空间，每个元组空间有局部同步管理。移动 Petri Net 通过允许场所名以标记（token）形式出现在场所中来扩充场所/转换网，支持表示进程间通信通道配置的改变。Polis 是基于多元组空间的一种协作语言，提供定义、研究和控制移动实体的机制，用于描述和分析移动 Agent 系统的体系结构。WAVE 是一种在分布、开放环境中用移动代码技术进行信息处理的模型，WAVE 提供一种基于空间匹配（Spatial Matching）技术的语言，并引入了分布式知识网络（Distributed Knowledge Net，DKN）概念。

8．移动 Agent 的协作模型（Coordination Model）

移动 Agent 在执行任务的过程中经常要和其他实体进行协作，最常见的协作对象是

MAE 中的服务 Agent 及其他移动 Agent。Agent 之间的协作技术已被广泛、深入地研究,各国的研究者提出了许多关于协作的理论、模型和语言,这些理论和模型已被广泛地应用到包括移动 Agent 系统在内的许多应用系统中。

Cabri 按照空间耦合(Spatially Coupled)和时间耦合(Temporally Coupled)的标准把当前移动 Agent 的协作模型分为 4 类:直接协作模型(Direct)、基于黑板的协作模型(Blackboard-Based)、面向会见的协作模型(Meeting-Oriented)和类 Linda 模型(Linda-Like)。表 5.1 给出了它们的分类。

表 5.1　移动 Agent 协作模型分类

空间 \ 时间	耦　　合	非　耦　合
耦合	Direct Aglets、D'Agent	Blackbaord-Based Ambit、ffMain
非耦合	Meeting-Oriented Ara、Mole	Linda-Like PageSpace、TuCSoN、MARS、Jada

空间耦合是指参与协作的 Agent 共享名字空间;时间耦合是指参与协作的 Agent 采用同步机制,要求参与协作的 Agent 在协作时必须同时存在。

1) 直接协作模型

在此模型中,参与协作的 Agent 向其他 Agent 直接发送消息。因为消息的发送方必须知道接收方的名字,因此该模型是空间耦合的。发送方在发送消息的时候,接收方必须做好接收的准备,两者同步通信,因此该模型也是时间耦合的。直接协作模型非常适合于客户端/服务器方式的协作,因此移动 Agent 和服务 Agent 之间的协作通常采用此模型。但是以下两个原因使它很难满足移动 Agent 之间的协作。第一,由于移动 Agent 频繁地移动,其位置在不断地改变,消息的发送者不能确定接收者的位置,使消息不能直接到达接收者,而必须通过复杂的路由机制。第二,由于移动 Agent 可以被动态地创建,因此很难确定在某一时刻会存在哪些 Agent。

大多数基于 Java 的移动 Agent 系统采用直接协作模型,如 Aglets、D'Agent。

一些中间件(如 CORBA/DCOM)也支持直接协作模式,它们封装了 Agent 的命名和定位,使开发人员可以直接向服务对象发送消息,而不必关心消息是如何到达的。

2) 面向会见的模型

在此模型中参与协作的 Agent 聚集在同一个会见地点(Meeting Place)进行通信和交互。由于在协作的过程中参与者不必知道其他参与者的名字,因此该模型是非空间耦合的,这使协作具有很大的灵活性。该模型要求参与协作的 Agent 都必须到达指定的会见地点进行同步的交互,因此该模型是时间耦合的。

Ara 系统实现了面向会见的协作模型。管理会见的服务 Agent 负责建立一个会见地点,外来的移动 Agent 可以进入会见地点同其中的 Agent 进行协作。Mole 采用了 OMG 提出的基于事件(event)的同步模型,该模型可以视为一个复杂的面向会见模型。事件是用于同步的特殊对象,同步的双方都需要具有该事件对象的引用,这相当于进入同一个会见地点。

3）基于黑板的协作模型

该模型使用一个被称为"黑板"（Blackboard）的消息储存库（Repository）来存放消息。消息的发送者可以向"黑板"写入消息，接收者在需要的时候从"黑板"读取消息。由于"写入"操作和"读取"操作不需要同步执行，因此该模型是非时间耦合的。发送者在向"黑板"写入消息的时候，必须给该消息加上一个唯一的标识，因此该模型是空间耦合的。

Ambit 中的每一个结点都维护一个局部"黑板"，构成一个分布式黑板模型。Agent 可以向局部"黑板"写入信息或从中读取信息。ffMain 中，用"信息空间"（Information Space）存放数据信息，Agent 通过 HTTP 协议向其写入或从其读取数据。

4）类 Linda 模型

该模型在时间和空间上都是非耦合的，是最灵活的一种协作模型。类似"黑板"协作模型，类 Linda 模型中也有一些存放消息的空间，这些空间被称为元组空间（Tuples），Tuples 中的消息都以元组表示。与黑板协作模型不同的是，类 Linda 模型不是通过标识进行信息检索，而是采用所谓的联想式（Associative Way）检索。这种方式使用模式匹配（Pattern Matching）机制，只用部分信息就可以检索出完整的消息。通过这种方式，参与协作的 Agent 不需要共享任何信息。

基于 Java 的移动 Agent 系统 Jada 提出了联想黑板（Associative Blackboard）概念，维护多个对象空间（Objective Space）。移动 Agent 使用对象空间来存放对象，并用对象空间以联想方式检索对象的引用。系统也允许移动 Agent 创建私有的对象空间进行私有的交互。MARS 对元组空间增加了可移植性（Portable）和反应性（Reactive）。元组空间的接口严格遵循 JavaSpace 规范，反应（reactive）是一些与元组有关的 Java 方法（Java method），当元组被匹配后，相关的反应被执行。

5.3.4 移动 Agent 的分布式计算应用实例

移动 Agent 是一种软件实体，具有一定的智能，能够代表主人根据计划在网络中寻找资源达到目标。移动 Agent 模型和以往的分布式计算模型比较而言，能够较好地适应动态变化的网络环境。移动 Agent 系统是由 Agent 和 Agent 支持平台构成。用户把一个计算任务分解成若干个子任务后，Agent 将子任务的代码和数据进行封装，然后被派遣出去，寻找合适的 Agent 平台执行计算。本次实例是利用 IBM 公司的 Aglet 平台来构建的分布式计算环境，并在该环境中设计了计算矩阵乘法的实例。

1. 移动 Agent 的支撑平台——Aglet

Aglet 是用纯 Java 开发的移动 Agent 技术，并提供了实用的平台——Aglet Workbench，让人们开发或执行移动 Agent 系统。到目前为止，Aglet 是最为成功和全面的系统，这主要表现在：它提供了一个简单而全面的移动 Agent 编程模型；它为 Agent 间提供了动态和有效的通信机制；它还提供了一套详细且易用的安全机制，因此本次实例的开发和运行就是基于该平台的。

Aglet 以线程的形式产生于一台机器上，可随时暂停正在执行的工作，而后整个

Aglet 可被分派到另一台机器上,再重新启动执行任务。因为 Aglet 是线程,所以不会消耗太多的系统资源。下面将介绍 Aglet 的具体设计。

1) 利用 Aglet 平台来构建分布式计算环境

采用 Aglet 设计模式的任务(task)里面的主从(Master-Slave)模式,主要由主 Agent(Master)负责接受任务,然后把任务分解之后分派给不同的从 Agent(Slave)去执行。在这里,允许主 Agent(Master)把任务委派给从 Agent(Slave),从 Agent(Slave)移动到指定目的地,完成指定的任务后返回结果。

Aglet 开发和运行环境提供了一个 Java 类库,它支持 Aglet 的创建和运行。创建一个 Aglet,要用到的是类 Aglet,可以重载该类的方法来定制 Aglet 的行为。重载 Oncreation() 可以初始化一个 Aglet。Aglet 有一个 run() 方法,它表示 Aglet 主要线程的入口点。每当一个 Aglet 到达一个新的 Aglet 主机时,run() 方法都被调用。

2) Aglet 架构

Aglet 的系统架构主要分为四个阶段,Aglet 的系统架构如图 5.14 所示。

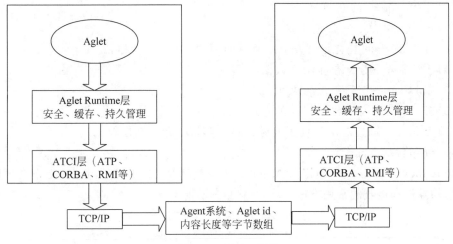

图 5.14　Aglet 架构

当一个正在执行的 Aglet 想将自己外送到远端时,首先会对 Aglet Runtime 层发出请求,然后 Aglet Runtime 层把 Aglet 的状态信息与程序码转成系列化(Serialized)之位组阵列(Byte Array),其次若是外送的请求成功时,系统会将位组阵列传送至 ATCI(Agent Transport and Communication Interface)层处理;最后,系统会将位组阵列附上相关的系统信息,像是系统名称以及 Aglet 的 id 等,并以比特流(bit Stream)透过网络传至远端工作站。

移动 Agent 有自己的生命周期,计算过程中 Agent 可以判断当前空闲资源状况,根据不同的状况来调整自己的状态。Aglet 系统提供一个上下文环境来管理 Aglet 的基本行为:如创建(create)Aglet、复制(clone)Aglet、分派(dispatch)Aglet 到远程机器、召回(retract)远端的 Aglet、暂停(deactive)Aglet、唤醒(active)Aglet 以及清除(dispose)Aglet 等,其过程如图 5.15 所示。

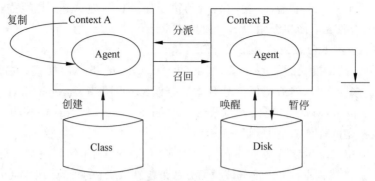

图 5.15　Aglet 的生命周期

3）Aglet 工作台及 Aglet 的包结构

Aglet 工作台是一个可视化环境,它被用来建立使用移动 Agent 的网络应用。目前它提供的工具包括:

（1）移动 Agent 的框架。

（2）ATP——Agent 传输协议。

（3）Tazza——可视化地开发应用所需的个性化的移动 Agent。

（4）JDBC——用于访问 DB2 数据库。

（5）JoDax——访问单位的数据。

（6）Tahiti——可视化 Agent 的管理页面。

（7）Fiji——通过在 Web 页面上对 Agent 实行生命周期控制。

Aglet 包含如下几个包:

com.ibm.Aglet:这个包定义 Aglet 的一些接口以及提供管理 Agent 上下文环境,以及信息的发送和接收的常用方法。

com.ibm.Aglet.event:此包实现了对象模型中的生命周期。

com.ibm.Aglet.system:主要是管理 Aglet 运行层的一些函数。

com.ibm.Aglet.util:提供一些公共类,如 letAudioClip。

com.ibm.Aglet.patterns:包含常见的消息传递模式,如 Master-Slave、Notifier-Notification 等。

4）Windows 下 Aglet 平台搭建步骤

第一步:下载 Aglet 框架,本次实验下载的是 aglets-2.0.2.jar 版本;

第二步:解压 aglets-2.0.2.jar 到指定目录下(注意:不能安装在中文目录下);

第三步:配置环境变量:

（1）AGLET_HOME:D:\Aglets\aglets-2.0.2

（2）AGLET_PATH:D:\Aglets\aglets-2.0.2

（3）ANT_HOME:D:\Aglets\aglets-2.0.2

（4）CLASSPATH:.;%JAVA_HOME%\lib;%JAVA_HOME%\lib\tool.jar;D:\Aglets\aglets-2.0.2;D:\Aglets\aglets-2.0.2\public;D:\Aglets\aglets-2.0.2\lib;D:\Aglets\aglets-2.0.2\bin

（5）path：C：\ProgramData\Oracle\Java\javapath；％JAVA_HOME％bin；％JAVA_HOME％lib；％JAVA_HOME％jre；D：\Aglets\aglets-2.0.2；D：\Aglets\aglets-2.0.2\bin；D：\Aglets\aglets-2.0.2\lib；D：\Aglets\aglets-2.0.2\bin

第四步：全部配置好后，重启计算机！

在 D:\Aglets\aglets-2.0.2\bin 目录下运行 ant 命令，将得到 Buildfile：build.xml 文件，如图 5.16 所示。

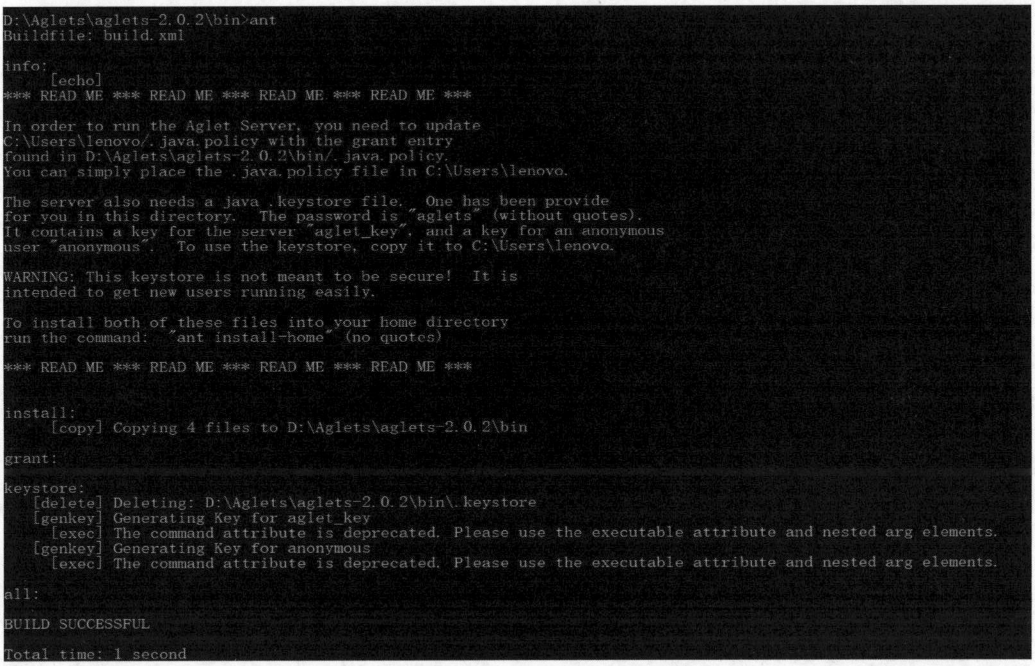

```
D:\Aglets\aglets-2.0.2\bin>ant
Buildfile: build.xml

info:
    [echo]
*** READ ME *** READ ME *** READ ME *** READ ME ***

In order to run the Aglet Server, you need to update
C:\Users\lenovo\.java.policy with the grant entry
found in D:\Aglets\aglets-2.0.2\bin\.java.policy.
You can simply place the .java.policy file in C:\Users\lenovo.

The server also needs a java .keystore file.  One has been provide
for you in this directory.  The password is "aglets" (without quotes).
It contains a key for the server "aglet_key", and a key for an anonymous
user "anonymous".  To use the keystore, copy it to C:\Users\lenovo.

WARNING: This keystore is not meant to be secure!  It is
intended to get new users running easily.

To install both of these files into your home directory
run the command: "ant install-home" (no quotes)

*** READ ME *** READ ME *** READ ME *** READ ME ***


install:
    [copy] Copying 4 files to D:\Aglets\aglets-2.0.2\bin

grant:

keystore:
    [delete] Deleting: D:\Aglets\aglets-2.0.2\bin\.keystore
    [genkey] Generating Key for aglet_key
    [exec] The command attribute is deprecated. Please use the executable attribute and nested arg elements.
    [genkey] Generating Key for anonymous
    [exec] The command attribute is deprecated. Please use the executable attribute and nested arg elements.

all:

BUILD SUCCESSFUL

Total time: 1 second
```

图 5.16　运行 ant 命令

第五步：接着运行 ant install-home 命令，得到 Buildfile：build.Xml 文件。

实现将.java.policy 和.keystore 两个文件复制到 C:\Users\lenovo 中，如图 5.17 所示。

```
D:\Aglets\aglets-2.0.2\bin>ant install-home
Buildfile: build.xml

install-home:
    [echo] Copying .java.policy file...
    [copy] Copying 1 file to C:\Users\lenovo
    [echo] Copying .keystore file...
    [copy] Copying 1 file to C:\Users\lenovo

BUILD SUCCESSFUL

Total time: 0 seconds
D:\Aglets\aglets-2.0.2\bin>
```

图 5.17　运行 ant install-home 命令

此时，表明 Aglet 安装成功！

2. 程序实现

```
1    //Matirx.java
2    package examples.matrix;
3    import com.ibm.aglet.*;
4    import com.ibm.aglet.event.*;
5    import com.ibm.aglet.util.*;
6    import java.lang.InterruptedException;
7    import java.io.Externalizable;
8    import java.io.ObjectInput;
9    import java.io.ObjectOutput;
10   import java.io.IOException;
11   import java.net.*;
12   import java.awt.*;
13   import java.awt.event.*;
14   import java.util.Enumeration;
15   public class Matrix extends Aglet{
16       transient MyDialog my_dialog = null;              //没有串行化
17       URL dgp = null;                                   //客户端地址
18       String message = null;
19       //矩阵初始化
20       int matone[][] = new int[10][10];
21       int mattwo[][] = new int[10][10];
22       int matthr[][] = new int[10][10];
23       boolean Flag;                                     //设置标志量
24       int all = 0;
25       AgletProxy outer;                                 //Agent 客户机地址
26       //设置初始窗口
27       public void onCreation(Object init){
28           Flag = true;
29           setMessage("Choose remote machine and GO!");  //显示窗口信息
30           createGUI();                                   //创建窗口
31       }
32       //创建窗口
33       protected void createGUI(){
34           my_dialog = new MyDialog(this);
35           my_dialog.pack();
36           my_dialog.setSize(my_dialog.getPreferredSize());
37           my_dialog.setVisible(true);
38       }
39       //窗口显示信息
40       public void setMessage(String message){
41           this.message = message;
42       }
43       //处理信息
44       public boolean handleMessage(Message msg){
45           if (msg.sameKind("Finish")) {
```

```
46    OutPut(msg);
47          } else if (msg.sameKind("startTrip")){
48    startTrip(msg);
49    }else{
50    return false;
51    };
52    return true;
53    }
54    //报告已经返回并销毁
55    public void OutPut(Message msg) {
56          setText("output begin");
57          while (Flag){
58    waitMessage(5 * 10);
59    };
60          my_dialog.msg.append("\n" + msg.getArg("answer").toString() + "\n");
61     }
62    public synchronized void startTrip(Message msg){    //到达远程机器
63          String destination = (String)msg.getArg();    //得到远程机器地址
64    //客户端得到 Agent 的内容
65    try{
66          outer = getAgletContext().createAglet(null,"examples.Matrix.Calculator",get
67          Proxy());
68     }catch(Exception e){
69          setText("wrong!");
70          };
71    try{
72          dgp = new URL(destination);                    //dgp 为客户端地址
73    }catch(MalformedURLException e){
74    setText("wrong!");
75          };
76    try{
77    outer.dispatch(dgp);                               //发送到客户端
78     }catch(Exception e){
79          setText("wrong!");
80          };
81    matrixrun();                                        //本机上任务开始执行
82    }
83    //本机上的程序
84    public void matrixrun() {
85          setText("matrixrun begin");
86          for (int x = 0;x < 10;x++){
87    for(int y = 0;y < 10;y++){
88    matone[x][y] = 1;
89                  mattwo[x][y] = 1;
90                  matthr[x][y] = 0;
91          }
92    }
93    for (int x = 0;x < 5;x++){
```

```
94          for (int y = 0;y < 10;y++){
95          for (int z = 0;z < 10;z++){
96          matthr[x][y] = matthr[x][y] + matone[x][z] * mattwo[z][y];
97                      }
98          }
99              }
100     Flag = false;
101     String result = "";
102          for (int x = 0;x < 5;x++){
103         for (int y = 0;y < 10;y++){
104         result = result + "A[" + x + "][" + y + "] = " + matthr[x][y] + " ";
105          }
106          }
107     //打印本机结果
108     my_dialog.msg.append("The result shows down:" + "\n" + result + "\n" + "Local is
109 over!");
110     setText("matrixrun over");
111          }
112     }
113     //MyDialog 窗口
114     class MyDialog extends Frame implements WindowListener, ActionListener{
115         private Matrix aglet = null;
116     //GUI 组件
117         private AddressChooser dest = new AddressChooser();
118         public TextArea msg = new TextArea("",10,20,TextArea.SCROLLBARS_
119                 VERTICAL_ONLY);
120         private Button go = new Button("GO!");
121         private Button close = new Button("CLOSE");
122     //创建对话窗口
123         MyDialog(Matrix aglet) {
124             this.aglet = aglet;
125             layoutComponents();
126             addWindowListener(this);
127             go.addActionListener(this);
128             close.addActionListener(this);
129         }
130     //组件布局
131         private void layoutComponents() {
132     msg.setText(aglet.message);
133             GridBagLayout grid = new GridBagLayout();
134             GridBagConstraints cns = new GridBagConstraints();
135             setLayout(grid);
136             cns.weightx = 0.5;
137             cns.ipadx = cns.ipady = 5;
138             cns.fill = GridBagConstraints.HORIZONTAL;
139             cns.insets = new Insets(5,5,5,5);
140             cns.weightx = 1.0;
141             cns.gridwidth = GridBagConstraints.REMAINDER;
```

```
142              grid.setConstraints(dest, cns);
143              add(dest);
144              cns.gridwidth = GridBagConstraints.REMAINDER;
145              cns.fill = GridBagConstraints.BOTH;
146              cns.weightx = 1.0;
147              cns.weighty = 1.0;
148              cns.gridheight = 2;
149              grid.setConstraints(msg, cns);
150              add(msg);
151              cns.weighty = 0.0;
152              cns.fill = GridBagConstraints.NONE;
153              cns.gridheight = 1;
154              Panel p = new Panel();
155              grid.setConstraints(p, cns);
156              add(p);
157              p.setLayout(new FlowLayout());
158              p.add(go);
159              p.add(close);
160          }
161      //事件的处理
162      public void actionPerformed(ActionEvent ae){
163      //对 go 按钮的处理
164          if("GO!".equals(ae.getActionCommand())){
165      aglet.setMessage(msg.getText());
166          msg.setText("");
167          try{
168      AgletProxy p = aglet.getProxy();
169                  p.sendOnewayMessage(newMessage("startTrip",dest.getAddr
170              ess()));
171          }catch(Exception e) {
172      e.printStackTrace();
173          }
174      }
175          else if("CLOSE".equals(ae.getActionCommand())){
176      // 对 close 按钮的处理
177      setVisible(false);
178          }
179      }
180      public void windowClosing(WindowEvent we){
181          dispose();
182      }
183      public void windowOpened(WindowEvent we){}
184      public void windowIconified(WindowEvent we){}
185      public void windowDeiconified(WindowEvent we){}
186      public void windowClosed(WindowEvent we){}
187  }
188
```

```java
1    //Calculator.java
2    package examples.Matrix;
3    import java.lang.InterruptedException;
4    import java.io.Externalizable;
5    import java.io.ObjectInput;
6    import java.io.ObjectOutput;
7    import java.io.IOException;
8    import java.net.*;
9    import java.util.Enumeration;
10   import com.ibm.aglet.*;
11   public class Calculator extends Aglet{
12   AgletProxy proxy = null;
13       int matone[][] = new int[10][10];
14       int mattwo[][] = new int[10][10];
15       int matthr[][] = new int[10][10];
16       public void onCreation(Object init){
17   setText("creation begin");
18           try{
19   proxy = (AgletProxy)init;
20           }catch(Exception e){
21   setText("wrong!1");
22   }
23   }
24       public void run(){
25           setText("Calculator begin");
26           for (int x = 0;x < 10;x++){
27   for(int y = 0;y < 10;y++){
28   matone[x][y] = 1;
29                   mattwo[x][y] = 1;
30                   matthr[x][y] = 0;
31           }
32       };
33           for (int x = 0;x < 5;x++){
34               for (int y = 0;y < 10;y++){
35   for (int z = 0;z < 10;z++){
36   matthr[x + 5][y] = matthr[x + 5][y] + matone[x + 5][z] * mattwo[z][y];
37               }
38           }
39       }
40       String result = "";
41       setText("sendonewaymsg begin");
42   //客户端上从 5 开始
43   for (int x = 5;x < 10;x++){
44   for (int y = 0;y < 10;y++){
45   result = result + "A[" + x + "][" + y + "] = " + matthr[x][y] + " ";
46           }
47       }
```

```
48    //将结果返回到主机
49    try{
50            Message msg = new Message("Finish");
51            msg.setArg("answer",result);
52            System.out.println(msg.getArg("answer"));
53            this.proxy.sendOnewayMessage(msg);
54        }catch(Exception e){
55            setText("wrong!2");
56        }
57    }
58  }
```

3. 运行程序

（1）启动 Aglet（默认用户是 anonymous，密码是 aglets），如图 5.18 所示。

图 5.18　启动 Aglet

（2）启动后的 Aglet 平台如图 5.19 所示。

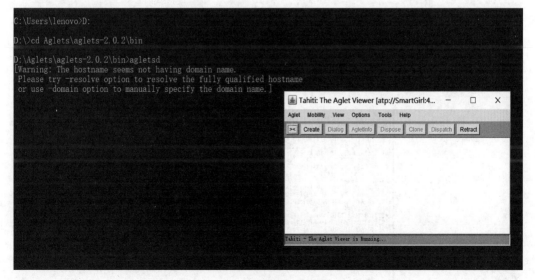

图 5.19　启动后的 Aglet 平台

（3）创建主 Agent(也就是 Matrix 类)，单击 create 按钮，如图 5.20 所示。

图 5.20　创建主 Agent

（4）在图 5.20 中的 Aglet name 处输入 Matrix 类的全路径名(包名加类名)，然后单击 Create 按钮。

（5）将从 Aglet 发送到 Slave 机器上去执行，并收回结果。在 Address 处输入从 Aglet 的地址为 atp://SmartGirl:4434/，如图 5.21 所示。

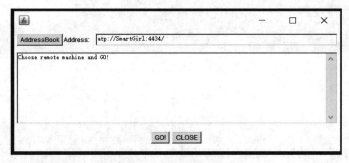

图 5.21　输入 Aglet 地址

（6）得到运行结果如图 5.22 所示。

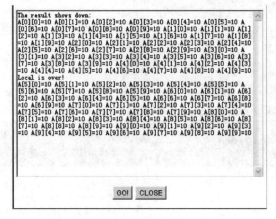

图 5.22　运行结果

4. 程序分析

在实现中,我们采用了主从模式,这是 Aglet 支持的众多模式中的一种。首先,对任务进行分解,并创建一个主 Agent;然后,主 Agent 创建从 Agent,并将任务分派给它们,从 Agent 完成计算后把结果返回给主 Agent。然而主 Agent 等待从 Agent 的回答,将计算结果拼接起来组成计算结果,并将得到的结果返回给用户。

为此,在局域网中使用两台机器运行。一台为 Master,另一台为 Slave。在 Master 端启动 Aglet 平台创建 Matrix 类,并创建 Calculator 类,发送到 Slave 机器上运行。Master 机器将 Slave 机器上运行完成后的 Agent 回收(结果),再与本机上的运行结果合并,并显示结果。

1) Master 端的 Matrix 类和 Slave 端的 Calculator 类的基本算法

Master 端的 Matrix 类的基本算法如下:

```
void onCreation(Object init);              //设置初始化窗口
createGUI();                               //创建窗口
setMessage(String message);                //窗口显示信息
handle Message(Message msg);               //处理消息,根据消息选择执行程序
matrixrun();                               //本地计算部分
startTrip(Message msg);                    //到达远程机器
OutPut(Message msg);                       //显示最后结果
```

Slave 端的 Calculator 类的基本算法如下:

```
onCreation(Object init);                   //初始化
try{};                                     //将结果返回到主机
```

2) Aglet 与 Aglet 之间的通信

Aglet 与 Aglet 之间的通信是使用消息传递的方式来传递消息对象的。此外,基于安全上的考虑,Aglet 并非让外界直接存取其信息,而是透过一个代理(proxy)提供相应的接口与外界沟通。这样做有一个好处,即 Aglet 的所在位置会透明化,也就是说 Aglet 想要与远端的 Aglet 沟通时,只在本地主机的上下文环境中产生对应远端 Aglet 的代理,并直接与代理沟通即可,不必直接处理网络连接与通信的问题。

(1) 通知主 Agent 向某个从 Agent 发送调用命令

```
//主 Agent 的代理
AgletProxy p = aglet.getProxy();
//向主 Agent 发送消息
p.sendOnewayMessage(
new Message("startTrip", dest.getAddress());
```

(2) 进入消息循环

```
public boolean handleMessage(Message msg) {
if (msg.sameKind("Finish")) {
OutPut(msg);
        } else if (msg.sameKind("startTrip")){
```

```
startTrip(msg);
}else{
return false;
        };
return true;
        }
```

无论是主 Agent 还是从 Agent 都要继承自 Agent 类,并且要覆盖超类 Agent 类的消息循环处理函数 handleMessage(),比如说现在收到的消息为 AgletClient1,那么将要执行 processAgletClient1(msg)方法。

5.3.5　移动 Agent 技术的应用前景

人工智能 Agent 技术也称为人工智能代理技术,是由知识域库、数据库、解释推理器、各 Agent 之间通信部分等组成的。人工智能 Agent 技术的运行机制简要来说,就是其通过每个 Agent 的知识域库对新的网络信息数据进行处理,之后再进行各组成部分的沟通,从而完成具体的工作任务。在人工智能 Agent 技术的应用过程中,首先是通过网络用户的自定义信息进行自动的搜索,之后再将其搜索得到的数据信息传递发送到指定的位置,这样能够保证用户在应用的过程中获得更加人性化的服务。举例来讲,用户使用计算机来查找信息,人工智能 Agent 技术能够自动对信息进行分析处理,从中筛选出更加有用的信息呈现给客户,这样就能够有效节省用户的时间。另外,人工智能 Agent 技术在人们的日常生活中也有着非常广泛的应用,如网上购物、行程安排、邮件收发等,其具有自主性、学习性,能够在应用的过程中自动进行任务分配,提高服务效率。

移动 Agent 作为关键技术被广泛地应用在电子商务、移动计算、网络管理等各个领域。

1. Agent 技术在电子商务中的应用

1) 移动 Agent 技术应用于电子商务

从 20 世纪 50 年代起,移动 Agent 体系结构就作为任务执行自动化的方法在计算机世界中被广泛讨论。为了通信目的而交换信息或协调生产过程质量等任务,都非常适合用移动 Agent 的方法执行。

随着 Internet 的快速发展,现有的电子商务系统将难以解决商务信息爆炸式的增长及网络环境的日益复杂化。在现有的电子商务系统中,商家通过 Web 页面向顾客提供商品信息,供其进行交互式查询和操作,顾客通常不得不浏览若干网站才能找到所需商品,然后还要自行进行商品比较、订购。这些过程都需要在线操作,当系统的应用量越来越大时,顾客和网站间的频繁交互使带宽严重浪费,系统负荷增加,既耗费了顾客的时间和精力,也增加了网络的信息流量,造成效率的降低和资源的浪费。商家需要靠顾客访问站点才能为其提供服务,是被动的销售方式,而他们也希望能够采取主动的方式向顾客推销服务。此外,现有的电子商务系统基本上没有提供协商的机会,购物者不能对产品或服务的某些交易条件提出要求,商家也不能根据自己的优势对交易条件做出让步以便吸引消费者。面对以上问题,现有的基于客户端/服务器(Client/Server,C/S)的电子商务技术已无法很好地满足要求,于是,近年来一种新的分布式计算机模型——智能移动 Agent 模型被引入到电子商务领域中,它为分布式应用与开发提供了一个统一的模式。

移动 Agent 能解决电子商务中的很多问题,其中一个就是自动化问题。智能 Agent 的移动性使电子商务能提供灵活、方便的服务。

2) 应用于电子商务移动 Agent 的移动技术实现

电子商务最初的形式是通过 Internet Email 传递信息,随后是通过 Web 在网上发布企业形象信息,并且走向互动方式交换信息,最后实现网上在线贸易,将整个贸易活动电子化。而智能 Agent 技术是将代码、数据、状态信息封装成一个 Agent,然后从网络中的一台主机移动到另一台并保证其状态属性等的完整性以及独立于平台的开发执行环境和安全等技术。因此一般选择 Java 这种跨平台的语言实现应用于电子商务的智能移动 Agent 体系,Java 语言允许程序在异构平台上不加修改地运行,并提供面向对象的编程接口。

Agent 的运行环境是经过图形加强的 Agent 服务器,它具有创建、复制、派遣和执行 Agent 等基本功能。Agent 基于事件驱动,当用户发出一条指令触发一个事件时,Agent 被驱动并执行相应操作。按基本功能和运行属性划分,应用于电子商务的 Agent 可分为 Agent、Agent 代理和 Agent 服务设施。

Agent 的基类定义控制了 Agent 移动性和生命周期的基本方法。Agent 代理提供了获取 Agent 的手段。Agent 代理不但为来自异地主机的 Agent 和本地发送到外地的 Agent 反馈回的结果提供存储和执行的空间,同时在内外 Agent 之间设置了一道屏障,避免两者直接接触,从而保证了系统的安全。简言之,所有 Agent 之间的通信都要经过 Agent 代理。

如图 5.23 所示,当买方元 Agent 创建一个智能移动 Agent 时,智能移动 Agent 本身 Agent 信息的一份拷贝就会发还给元 Agent。同时,元 Agent 的 Agent 信息的一份拷贝也会传给智能移动 Agent。这样,智能移动 Agent 就可与元 Agent 进行交互。Agent 服

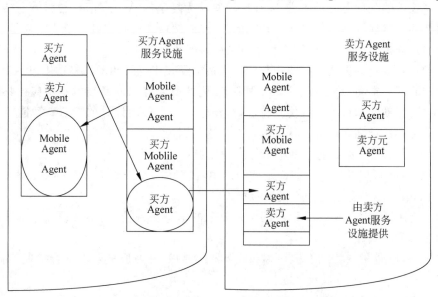

图 5.23 移动 Agent 信息交换

务设施为 Agent 在 Agent 服务器上准备了运行环境。当 Agent 要移动到异地时,它就会与本地当前的 Agent 服务设施对象相分离,串行化成连续的信息流,通过网络最后在异地主机上的 Agent 服务设施上重新建立链接并继续执行。

如图 5.23 所示,当买方的智能移动 Agent 到达卖方时,它就会主动向卖方 Agent 服务设施发出申请,并获得买方元 Agent 的 Agent 信息的一份拷贝。这样买方智能移动 Agent 就可调用卖方元 Agent 中的方法并进行信息交换。

除此之外,移动 Agent 技术还提供了诸如在 Agent 之间进行同步和异步消息传递技术。另外,由于安全是移动 Agent 体系的一个重要的方面,所以 Agent 技术还提供了 Agent 安全技术全面实现对智能移动 Agent 的安全管理。

3) 移动 Agent 应用在电子商务的优势

移动 Agent 应用于电子商务具有 3 个优势。

(1) 一个移动 Agent 就是一段为使问题自动求解而使用 Agent 通信协议交换信息的程序,与传统软件方式不同,移动 Agent 是个性化的(内联合作,谈判和冲突解决)、连续运行的和自主的。

(2) 移动 Agent 技术可以用来使购物过程中一些最费时的阶段自动化。

(3) 一个移动 Agent 还具有服务能力、自主制定决策和承诺的特性。

2. 移动 Agent 技术在移动数据库中的应用

1) 基于 Agent 的移动数据库系统技术优势

移动数据库既有信息的及时性、分散性和局部自治性,又有系统间的协同性和统一性,它的出发点和所要解决的问题既符合社会组织机构的管理原则,又能实现个人无约束自由沟通和获取资源的理想目标。人类对移动数据库强烈的应用要求必然促进其迅速发展。

为了适应移动计算和移动数据库的技术特点,很多研究者在传统分布式计算和分布式数据库技术的基础上进行改进,设计出一些较为复杂的 Agent 信息复制体系结构来解决实时性和一致性问题。但是移动计算的复杂性,使得这些技术并不能满足需求,尤其是当移动用户规模变得巨大时,这些技术就会明显暴露其缺陷。

移动计算本身的灵活性需要一种同样灵活的新技术与之相配。移动用户希望能在不受限制的时间和空间中自由地处理各种业务,因此所要寻求的新技术本身应该具有灵活性、自主性、主动性和移动性等优良特性,这样才能符合移动计算的特点。智能 Agent 技术恰好成为移动计算和移动数据库的首选。这是因为:

(1) 将大幅减少无线通信网络上的通信流量;

(2) Agent 可以驻留在高速固定的网络中,代表移动客户端检索各个数据库;

(3) Agent 支持移动客户端的断接操作;

(4) 允许移动计算机透明地访问各种复杂的信息服务器,而不必预先了解该服务器的能力和访问方式;

(5) Agent 能够自主结合客户端和服务器的知识,并在服务器上进行推理,确定下一步工作;

(6) 移动用户可以定制服务器上的 Agent,使之为自己提供个性化服务。

2）基于 Agent 的数据库的体系结构

首先介绍在单独的一台机器上（这台机器可以是移动设备、移动基站或是中心服务器）如何实现 Agent 与数据库的交互。如图 5.24 所示，为了支持互操作性，每个数据库系统提供一组预定义的操作，叫做原语数据库方法，用于访问各个数据库系统。应用程序通过应用 Agent 访问这些数据库。一个应用 Agent 只能调用这些预定义的原语数据库方法访问各个数据库系统。而每个数据库系统还有一个数据库 Agent，这些数据库 Agent 用于协调对数据的访问，负责访问每个数据库系统的一致性，并在发生故障时进行恢复处理。

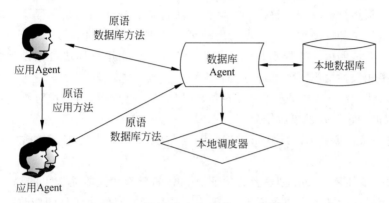

图 5.24 Agent 与数据库的交互结构

Agent 的结构包括各执行状态之间的一组依赖关系，这种信息可以用来调度一个 Agent 内的部件的执行，这些部件的执行顺序还必须服从维护数据库一致性的并发控制协议。应用 Agent 还可以与其他应用 Agent 通信，协同完成赋给它们的任务。这种通信过程是通过调用其他 Agent 的某个方法来访问其本地数据库而完成的。

应用 Agent 和数据库 Agent 的 Agent 结构模型如图 5.25 所示。

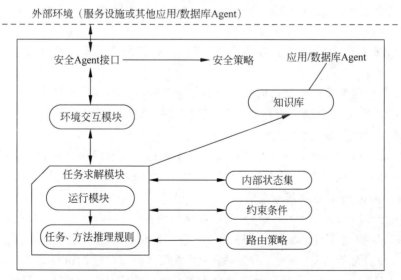

图 5.25 通用 Agent 模型

（1）在 Agent 体系结构的最外层为安全 Agent 接口，它是 Agent 与外界通信的中介，执行 Agent 的安全策略，防止外界对 Agent 的非法访问。设置这样一个安全接口是完全必要的，因为现在面对的是一个开放的移动计算环境，在这种环境下任何程序设计首先要考虑的问题就是安全。安全 Agent 接口的安全管理功能负责保证 Agent 自身的合法性、健壮性和用户身份的合法性等，同时还要保护 Agent 当前驻留的主机本身。

（2）环境交互模块负责与客户端、Agent 服务器、其他应用/数据库 Agent 进行交互和通信，实现 ACL 语义。

（3）任务求解模块负责处理用户事务处理工作，Agent 的 BDI 结构（反应式结构或混合式结构）包括运行模块和求解模块。运行模块包括 Agent 的初始化程序和事件处理程序，前者负责初次和移动到另二结点后启动事件处理线程，后者持续自主运行，感知外部环境的请求，并依照内部的规则和状态产生动作。Agent 运行模块可以设计为任务独立的模块，任务相关性由不同的推理方法和规则集实现。

（4）知识库为 Agent 所感知的世界和自身模型，并保存在当前相对静止或移动的过程中所获取的知识和任务求解结果。

（5）内部状态集是 Agent 执行过程中的当前状态，内部状态必须实现持久支持跨平台的持续运行。

（6）约束条件是 Agent 创建者为保证 Agent 的行为和性能而作出的约束，如返回条件、站点停留时间及任务完成程度等，一般只有创建者有对约束条件的修改权限。

（7）路由策略是本体系中的 Agent 所特有的，它实现了 Agent 移动的智能化路由。这是为了适应移动计算的环境而特别设计的，应用 Agent 一般来说是要在固定和无线网络中移动的，而数据库 Agent 为了保证各个移动基站上的数据库数据一致性也需要移动。这里的 Agent 其实就是移动 Agent。

Agent 需要 Agent 服务器为其提供执行环境。Agent 服务器的功能是发送需要移动的 Agent 至目的客户端或服务器，接受其他服务器或客户端"拉动"Agent 的请求，生成执行 Agent，监督 Agent 的执行，管理 Agent 与服务器之间以及各个 Agent 之间的通信和 Agent 的访问控制，同时回答关于系统状态的询问，直接终止 Agent 的原型。简言之，Agent 服务器提供生命周期服务、事件服务、安全机制和目录服务。其功能结构如图 5.26 所示。

（1）事件处理系统包括初始化程序和事件处理模块。事件处理模块是联结整个服务设施的神经中枢，它控制服务设施中其他模块，根据外部环境和 Agent 执行环境中的不同服务请求，协调相关组件提供所要求的服务。

（2）环境接口模块包括 Agent 传输控制模块和通信控制模块。它们分别处理不同的外部请求。传输控制模块采用 ATP 协议，具体实现 Agent 的移动；通信控制模块采用 ACL，实现 Agent 传输外的其他通信任务。

（3）执行环境（Agent Context）。执行环境负责激活和执行 Agent，同时实施服务设施安全策略，保护主机不受攻击。这还是为了适应移动计算这种开放但不安全的应用环境。执行环境分配策略有两种：一是为每一个 Agent 分配单独的执行环境；二是为所有的 Agent 分配同一个执行环境。第一种分配策略需要更多的资源但具有较强的安全性。

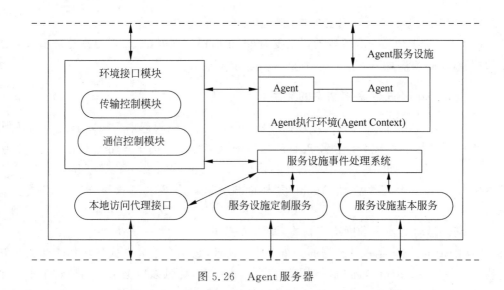

图 5.26　Agent 服务器

（4）服务设施基本服务。提供基础的 Agent 服务，包括 Agent 的生命周期服务、时间及目录服务等。这些服务在不同的服务设施中都应该实现并且有相同的界面。

（5）服务设施定制服务。为 Agent 提供领域相关的任务求解服务。定制服务以组件的形式出现。这为添加新的应用提供了便利，由此可以扩展原先的应用体系，以适应业务发展的需求。

（6）本地访问代理接口。具有两方面的功能：一是提供服务设施与本地应用程序的接口，应用程序通过它创建、发送、接收自己的 Agent；此外 Agent 或服务设施通过本地访问代理接口访问所在主机的本地应用程序，本地访问代理接口集中对这些访问进行管理和安全性控制，代表服务设施访问本地应用然后将结果返回。

3）基于 Agent 的移动数据库的特点

Agent 实际是一个主动的程序实体，它最主要的特点之一就是可以由某个源主机产生后，就脱离了该主机的控制而自行执行下去；还可以在网络中漫游，逐个访问各相关的服务器，也可与其他 Agent 交互协作，直到完成用户赋予它的任务。基于 Agent 的模型具有以下特点：

（1）因为一个 Agent 可能访问多个异构的、自治的和分布的数据库系统，所以基于 Agent 的系统与多数据库系统有一定的相似性。但是两者之间也存在许多不同：

基于 Agent 的系统是分布的，它没有一个全局事务管理器，但是为了考虑系统的协调性，特地构建了中心数据库 Agent，用以协调全局，但是整个计算环境仍然是开放和发展的；

在创建时，一个 Agent 还不能分解为本地方法和原语方法的执行序列，而只能在运行时根据上一个动作的结果动态确定；

数据库 Agent 提供的接口是一组原语方法，而不是简单的读/写操作。

（2）Agent 必须与其他 Agent 相互通信和协作，因此 Agent 不能像隔离事务那样执行。此外，由于 Agent 运行行为相对复杂，基于 Agent 的系统必须具有先进的流程控制能力。

（3）每个 Agent 都是在自己的本地数据上下文环境中运行的。

（4）Agent 必须是一个鲁棒的可恢复对象，在出现故障时，不仅需要恢复数据库系统中的数据，还必须恢复 Agent 的本地数据和运行状态。

3. 移动 Agent 在信息网络中的应用

随着 Internet 上信息资源的爆炸式增长，网络上的资源管理也日趋复杂，这些不利因素使得人们不能高效、充分地使用现有的网络信息资源。目前 Internet 上的一些搜索引擎尽管在一定程度上解决了信息资源定位的问题，但它们的工作方式都是基于客户端/服务器结构，仍存在缺陷。移动 Agent 技术的出现为解决网络信息检索问题提供了新思路。

1）基于移动 Agent 的网络信息检索系统的优势

移动 Agent 技术是一种新型的分布式计算技术，它结合了分布式计算技术和人工智能技术。将移动 Agent 技术应用到网络信息检索中，系统可以根据用户的检索请求将多个 Agent 移动到远程 Web 站点等信息提供者上，并行进行本地的信息分析，然后将用户真正需要的索引信息通过网络传输回来。由此可见，与传统的基于客户端/服务器结构的信息搜索方法相比，基于移动 Agent 的网络信息检索系统具有四个优势。

（1）动态执行方式。对于基于移动 Agent 的信息检索系统，用户的请求由 Agent 动态地移动到网络结点上执行，移动 Agent 可以在结点上对将要查找的信息进行过滤、筛选，然后把用户真正感兴趣的信息通过网络传送回来，避免了大量数据的网络传输。而以往基于客户端/服务器模型的工作模式是：先毫无保留地把网络上的原始信息资源下载到本地主机上，然后逐步分析、筛选，舍弃无用的信息，这样明显地浪费了网络带宽，造成网络不应有的拥挤。由于移动 Agent 把网络上信息传递和信息搜索截然分开，所以显著地减少了网络流量，降低了对网络带宽的依赖。

（2）异步计算能力。以往的基于客户端/服务器模型的检索系统一般采用请求/响应的应答模式，它要求网络的连接必须是一直保持到这次的服务完成才可以断开。相比之下，由于移动 Agent 是移动到服务器端执行，所以只需要在传递代码、数据以及运行状态等信息时保证网络的稳定连接，对于占用大量时间在服务器上进行信息的过滤、搜索等操作则不需要保持网络连接。这样就使得基于移动 Agent 的信息检索系统对于网络可靠性的要求大大降低，即使在非稳定连接的网络环境中依然能保证稳定的工作。

（3）自主选择路由。在信息检索过程中，移动 Agent 可根据任务目标、网络通信能力和服务器负载等因素动态地规划下一步操作。移动 Agent 自主地选择路由可以很好地优化网络资源，实现负载均衡，避免对资源的盲目访问。

（4）并行检索能力。系统可以创建多个移动 Agent 到相同或不同的网络结点上进行搜索，从而大大减少完成整个搜索任务的时间。

2）系统的体系结构模型

如图 5.27 所示，整个模型是建筑在基于 TCP/IP 上的概念层次，共分为应用层、Agent 层、平台层以及网络层四层。图中给出了这些概念层次之间的关系以及这些层次之间的数据传输形式。

（1）应用层。这是整个系统的最高层次，它直接负责和用户的交互。其功能包括两个方面：①接受用户的查询请求以及一些与查询请求相关的参数；②按照用户的要求提交查询结果，可以把返回的结果组织成文本文件格式或 HTML 格式。应用层将用户的请求和参数按照 Agent 层要求组织好，然后把它交给 Agent 层。

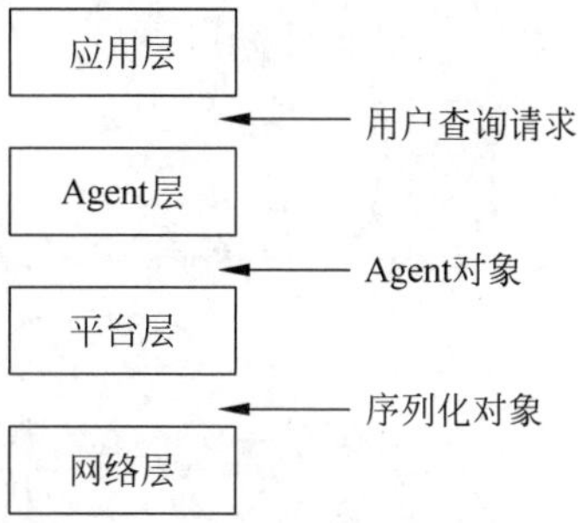

（2）Agent 层。它是整个系统最复杂也是最核心的部分。简单来说，对上层而言就是按照用户的要求

图 5.27　系统体系结构的模型

生成用户的移动 Agent 对象，同时还负责管理所有本地发出的 Agent 对象，记录它们的当前位置和状态。把 Agent 返回的数据进行提取和重组，达到用户要求的提交格式，返回给应用层。对下层而言就是把生成的 Agent 对象传给平台层。

（3）平台层。平台层是整个系统的传输管道，是系统功能实现的最基本条件，它提供了 Agent 的生存环境，是 Agent 移动的基础、Agent 之间通信的场所以及 Agent 与主机之间通信的纽带。它将把 Agent 序列化后提交给网络层或者是将其反序列化交给 Agent 层。

（4）网络层。网络层是基于现有的网络通信协议的。它通过对等层之间的协商端口传送数据，完成与上层之间的收发数据流。同时它还要接收更底层的异常信息，以判断是否发送、接收和保存数据流。

在具体实现检索时，可在现有的移动 Agent 平台上进行二次开发，不必考虑网络层的具体细节。系统的关键在于应用层和 Agent 层的开发，即如何实现与用户的交互以及移动 Agent 的实现和管理。

3）系统的工作流程

在分析实现系统的主要模块之前，首先对整个系统的工作流程加以描述，如图 5.28 所示。

（1）用户首先通过浏览器访问检索服务器中 Web 服务 Agent 提供的检索页面，然后将检索请求提交给 Web 服务 Agent。

（2）Web 服务 Agent 得到用户的检索请求后，首先查询黄页服务器，找到与检索请求相关的主机。Web 服务 Agent 将黄页服务器返回的主机地址组成系统检索的地址列表。

（3）Web 服务 Agent 确定地址列表后，其自身并不移动到网络中进行检索，而是创建检索 Agent，将检索请求和地址列表传递给检索 Agent，由检索 Agent 完成检索任务。

（4）检索 Agent 根据 Web 服务 Agent 传递给它的参数初始化后，开始其检索周期，自主地在地址列表给出的主机间移动并进行检索。

（5）检索 Agent 先按照一定的路由策略选择下一个被检索的主机，然后将自身转移到该主机。

（6）检索 Agent 到达该主机后，对该主机的共享资源进行检索，找到符合用户的检索请求信息，并保存检索结果。

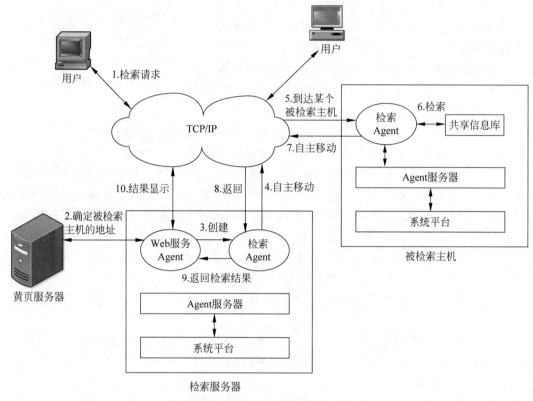

图 5.28　系统结构及工作流程

（7）检索 Agent 继续按照路由策略移动到下一个主机进行检索，直到检索完地址列表中的所有主机。

（8）检索 Agent 对所有的主机检索完毕后，携带检索结果返回到检索服务器。

（9）检索 Agent 将结果提交给 Web 服务 Agent 后，自身消亡，从而结束整个检索周期。

（10）Web 服务 Agent 将检索结果以网页的形式显示给提出检索请求的用户。

4）系统的主要模块

该系统主要包括移动 Agent 服务器、Web 服务 Agent、检索 Agent 以及黄页服务器四个模块，其功能如下：

（1）移动 Agent 服务器。为移动 Agent 提供了一个运行环境，移动 Agent 只有在配置移动 Agent 服务器的主机上才能执行。本系统中，这个运行环境被划分为若干个服务空间和匿名空间，服务空间由提供某种服务的服务 Agent 和使用该服务的移动 Agent 组成。而匿名空间则不需要提供服务，仅为执行某种特定任务的 Agent 提供一个独立的运行环境。任何 Agent 对系统资源的访问都必须通过它所在空间提供的接口，不能直接进行访问，通过这种措施在一定程度上可以保证系统的安全。具体实现本系统时，检索服务器端创建了一个服务空间，它由提供 Web 服务的服务 Agent 和进行检索的移动 Agent 组成。对于被检索的主机，只需要提供一个检索 Agent 运行环境的匿名空间即可。

（2）Web 服务 Agent。Web 服务 Agent 是常驻于检索服务器中的服务 Agent,它为用户访问检索服务器提供了 Web 接口,使得用户可以通过网页提交检索请求。Web 服务 Agent 接收到用户请求后,首先确定地址列表;然后创建检索 Agent,并将检索请求和地址列表传递给检索 Agent,由它完成检索任务;最后 Web 服务 Agent 接收检索 Agent 提交的检索结果,并负责将它们以网页的形式显示给用户。

（3）检索 Agent。检索 Agent 是实现本系统的核心模块,它承担了所有的信息检索工作。检索 Agent 接收 Web 服务 Agent 传递给它的参数后,在地址列表指定的主机间移动并进行检索,最后它携带检索结果返回到检索服务器,将结果提交给 Web 服务 Agent。由于检索 Agent 是在多个主机间移动完成检索任务,所以它在某个主机上检索完毕后,必须确定下一个检索的主机。检索 Agent 在移动的过程中自主决定其检索路径,体现了 Agent 的自主性。为了实现这一点,可对每个检索 Agent 设置一个监听对象,它监听检索 Agent 在移动过程中的状态,并发出相应的消息指令,指示检索 Agent 下一步的行为,从而控制整个检索流程。

（4）黄页服务器。黄页服务器的主要组件是索引数据库,负责记载各个站点提供的信息资源并按类划分。目前有关页面分类、索引建立等技术已有了很多研究成果,这些技术同样可以应用于基于移动 Agent 的网络信息检索系统中。黄页服务器可以放在网络中的任何地方,当 Web 服务 Agent 接受检索请求后,它向黄页服务器提出查询,找到符合检索请求的资源所在的主机。

对于一个完整的网络信息查询系统来说,仅以上四个模块是不够的,但这四个模块是组成"基于移动 Agent 的网络信息检索系统"的最基本部分,是实现这个检索系统的关键。

5.3.6 多 Agent 系统的应用

1. 多机器人协调

多机器人系统（一种 MAS）利用全局信息、知识和技能,通过多 Agent 系统协调作用,合作完成单机器人无法独立完成的复杂任务。基于决策理论的 MAS 策略适于多移动机器人的行为协调。机器人足球比赛是一种典型的协调 MAS。

在比赛中,每个 Agent（足球机器人）都具有定向跑步、带球、传球、接球、避碰等个体技能。这些足球机器人通过任务分解、多级学习、动态角色分配等实时策略,构造球队的站位、队形和队员的行为模式,以实现球队在比赛过程中的协调。

2. 过程智能控制

工业过程控制往往是自主响应系统,适于应用 MAS。ARCHON 的多 Agent 系统是一个软件平台,包括 4 个模块：高级通信模块,用于 Agent 间的通信管理;规划协调模块,负责决定和分配各 Agent 的任务;信息管理模块,管理 Agent 的环境模型;智能系统,存放和提供 Agent 的领域知识。这 4 个模块封装在一起,构成一个 MAS。本 MAS 已在电力传输管理、核子加速器控制等部门得以应用。

在机械制造过程,尤其是柔性制造系统(FMS)和计算机集成制造系统(CIMS)中,MAS 也已获得许多应用。采用 MAS 方法对柔性制造系统的任务进行分解,根据合同网协议把任务分配给各 Agent(生产单元),由多个生产单元通过对策与协商,协同完成生产任务。

3. 网络通信与管理

远程通信系统是需要对相连部件进行实时监控和管理的大型分布式网络。当电话网络中,建立一个与呼叫相关的 Agent。如果该 Agent 监测到某种冲突,那么各 Agent 之间可以通过协商解决问题,直到建立一个可接受的呼叫连接结构。

网络通信与管理领域的其他 Agent 应用还有网络负荷平衡、通信网络的故障相关性分析与诊断、网络控制和传输、通信业务管理和网络业务管理等。

4. 交通控制

利用基于对策论和优化理论的多 Agent 系统技术,已提出一个空中交通管理系统 ATMS。该系统通过多 Agent 系统协作,解决空中航线的冲突问题。其中,各 Agent 表示进入控制区域的飞机和空中交通控制站。对可能出现的航线冲突,采用对策论进行冲突消解。

在城市交通控制方面,已建立一个基于多 Agent 系统的市区交通控制系统。该系统把每个交通路口信号控制器定义为 Agent,这些 Agent 不仅具有路口交通流状态和相应控制方法的知识,而且具有紧急情况下的反应能力、一般情况下的自调节和自优化能力以及对未来短期车流状况做出预测的能力。Agent 间通过联合优化实现全局优化目标。

5. 城市应急联动与社会综合信息服务

应急联动系统通过集成的信息网络和通信系统将治安、消防、卫生急救、交通、公共设施和自然灾害等突发事件应急指挥与调度集成在一个管理体系中,通过共享指挥平台和基础信息,实现统一接警、统一指挥、联合行动和快速反应,为市民提供更加便捷的紧急救援及相关服务,为政府科学决策和处置各种紧急与灾害事件提供技术支持,为城市公共安全提供技术保障,如图 5.29 所示。

6. 其他应用

因特网已成为多 Agent 系统技术的天然试验平台,促进了 MAS 的广泛应用。电子商务在于建立因特网上的自动交易标准、协议和相应的应用系统。例如,一个称为 ICUMA 的分布式动态多虚拟电子商务环境,含有用户 Agent、客户 Agent、供应 Agent、协商 Agent、知识库管理 Agent 和支付 Agent。其中,用户 Agent 和供应 Agent 的交易过程采用了对策论的协商规则进行自动协商。

在前面提过的因特网的智能用户接口和智能搜索引擎中,多 Agent 系统技术发挥了重要作用。多 Agent 系统技术还用于远程智能教学系统开发、远程医疗、网上数据挖掘、信息过滤、评估和集成以及数据库管理等。

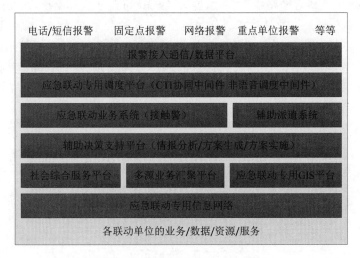

图 5.29　城市应急联动系统框架

多 Agent 系统能够克服单智能系统在资源、时空分布和功能上的局限性,具有并行、分布、开放、协作和容错等优点。多 Agent 系统研究如何在一群自主的 Agent 间进行智能行为的协调,具有更大的灵活性,更能体现人类社会智能,更加适应开放和动态的世界环境。

5.4　习题

(1) 什么是 Agent?它具有哪些特性?

(2) Agent 在结构上有何特点?在结构上又是如何分类的?每种结构的特点是什么?

(3) BDI 模型包括哪些部分?

(4) 简述合同网协商过程。

(5) Agent 为什么需要互相通信?

(6) Agent 系统有哪几种主要通信方式?它们各有什么特点?

(7) 举例说明分布式人工智能(或多 Agent 系统)的应用。

(8) 你认为多 Agent 系统的研究方向应是哪些?其应用前景又如何?

(9) 选择一个你熟悉的领域,描述一个或多个 Agent 与环境的作用。对于该领域,采取何种 Agent 结构为好?

(10) 设计并实现几种具有内部状态的 Agent,并测试其性能。对于给定的环境,这些 Agent 如何接近理想的 Agent?

(11) 军队需要迅速、有效地调动人员、装备和后勤物资,以便为高技术条件下的局部战争提供保障。可以将合作自主 Agent 技术应用到国防运输活动中。由近地轨道卫星所提供的全球通信系统可用于跟踪运输情况,并不断更新其共享知识库。在国防运输系统中,采用 Agent 规划运输路线很有效,这些 Agent 可监控运输路线,改变运输工具。

设计两类 Agent。一类是动态智能 Agent,与运输装置有关,如集装箱、装备或人员舱室,其中的每项物资、每箱军需品及每件军火都可以认为是 Agent,其唯一目标就是在可能的最好条件下以最省时的方式到达目的地。另一类是静态 Agent,其作用是为运输物资安排运输方式,竞争有限的运输、存储和装卸资源,避免或解决与其他 Agent 的冲突。

第 **6** 章

神 经 网 络

　　神经网络是近年来再度兴起的研究领域,也是医学、生物学、信息学等多种学科研究的热点。解决了传统人工智能方法在语音识别、模式识别等方面的问题,在机器视觉、智能计算、信号处理、模式分类、信号处理、金融决策和数据挖掘等领域获得了成功的应用,推动了人工智能的发展,成为研究人工智能的重要工具。本章详细介绍人工神经网络、BP 神经网络以及 Hopfield 神经网络的概念、实验和应用。

6.1　人工神经网络概述

　　广义上讲,神经网络是指生物神经网络和人工神经网络。生物神经网络是指由大脑和脊髓及其周围神经系统(运动神经、感觉神经等)构成的神经网络,它主要管理人类机体的各种活动。人工神经网络也简称为神经网络,它是一种模仿动物神经网络的行为特征,进行分布式并行信息处理的算法数学模型。这种网络依靠系统的复杂程度,通过调整内部大量结点之间相互连接的关系,从而达到处理信息的目的。显然,人工神经网络是在生物神经网络的研究基础上建立的,人工神经网络是对脑神经系统的模拟。

　　如上所述,本节将首先介绍生物神经元和人工神经元,其次对神经网络的结构与发展进行简要的概述。

6.1.1　神经元

　　生物神经系统是由大量神经细胞(神经元)组成的一个复杂的互联网络,据统计,人类大脑约有 $10^{10} \sim 10^{11}$ 个神经元,每个神经元与 $10^{3} \sim 10^{5}$ 个其他的神经元相互连接,从而构成一个极为庞大复杂的网络。

　　神经元的结构总体来讲可分为三部分:细胞体、轴突、树突。

（1）细胞体：由细胞膜、细胞质和细胞核等组成，主要集中在脑和脊髓的灰质中，构成神经中枢。细胞体与神经元的轴突末梢相接触的部位叫做突触。细胞体周围分布着树突，与轴突和神经纤维组成神经细胞。细胞体是代谢和营养中心，同时用于接收并处理从其他神经元传递来的信息。

（2）轴突：每一个神经元一般只有一个轴突，从细胞体的一个凸出部分伸出。轴突的长度在不同类型的神经元中可以相差悬殊，长者可达一米以上，轴突一般都比树突长，其功能是把从树突和细胞表面传入细胞体的神经冲动传出到其他神经元或效应器。

（3）树突：是从细胞体发出的一至多个突起，呈放射状，短而多分支，每支可再分支，树突的结构与脑体相似，胞质内含有尼氏体，尼氏体可深入树突中，树突具有接受刺激并将冲动传入到细胞体的功能。

神经细胞之间存在突触，并且神经细胞会发出"电化学"脉冲信号。在突触的接受侧，信号被送入胞体，在胞体内进行综合，有的信息起刺激作用，有的起抑制作用，当胞体中接受的累加刺激超过一个阈值时，胞体被激发，此时它沿轴突通过树突向其他神经元发出信号。一个神经元沿轴突通过树突发出的信号是相同的，而这个信号可能对接受它的不同神经元有不同的效果，这一效果主要由突触决定：突触的"联合强度"越大，接收的信号就越强，反之，则越弱。突触的"联合强度"可以随系统受到的训练而被改变。

在神经系统中，神经元之间有多种多样的联系形式。此外，神经元还有以下重要特征：

（1）树突与轴突之间的连接点是突触，多数情况下，一个神经元的轴突发送信息，经过突触，到另一个神经元的树突，树突接收到信号，根据突触神经传递素的增加或减少以及树突的权重，成比率地释放化学物质。

（2）各输入脉冲抵达神经元的时间先后不一致，总的突触后膜电位为一段时间内的累计，所以具有时间整合功能；对于同一时刻产生的刺激所引起的膜电位变化，大致等于各单独刺激引起的膜电位变化的综合，所以具有空间整合功能。

（3）神经元具有兴奋和抑制两种状态。当传入神经元冲动，经输入信息整合后，使细胞膜电位升高，超过动作电位的阈值时，为兴奋状态，产生神经冲动，由轴突神经末梢输出。当传入的神经冲动使膜电位降低，低于阈值时，为抑制状态，不产生神经冲动。

（4）神经细胞膜电位在不同时期，具有不同的状态，通常分为静息电位或两侧的电位差，神经纤维在安静时是细胞膜外正电，细胞膜内负电；动作电位就是各种可兴奋细胞受到有效刺激时，在细胞膜两侧产生的快速、可逆并有扩散性的电位变化，受刺激时，细胞膜内外不带电，刺激后期，细胞膜外负内正，兴奋传递结束，恢复到安静状态。

人工神经网络是以计算机网络系统来模拟生物神经网络的智能系统，网络上的每个结点相当于一个神经元，它是对具有以上行为特性的神经元的一种模拟，每个神经元就是一个简单的处理单元，这些大量的神经元之间相互作用，共同完成信息的并行处理工作。

根据生物神经元的机理和功能，心理学家 W. McCulloch 和数理逻辑学家 W. Pitts 在 1943 年提出了简化的神经元模型，即所谓的 M-P 模型。在这个模型的基础上，又发展了许多其他的模型。M-P 模型如图 6.1 所示。

在图 6.1 中，圆表示神经元的细胞体；e、i 表示外部输入，对应于生物神经元的树突，e 为兴奋性突触连接，i 为抑制性突触连接；θ 表示神经元兴奋的阈值；y 表示输出，它对应于生物神经元的轴突。与图 6.2 对照可以看出，M-P 模型确实在结构及功能上反映了生物神经元的特征。但是，M-P 模型对抑制性输入赋予了"否决权"，只有当不存在抑制性输入，且兴奋性输入的总和超过阈值时，神经元才会兴奋，其输入与输出的关系如表 6.1 所示。

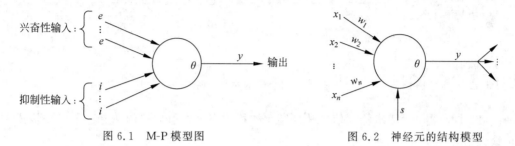

图 6.1 M-P 模型图   图 6.2 神经元的结构模型

表 6.1 M-P 模型输入输出关系表

输　入	输　出
$\sum e \geqslant \theta, \sum i = 0$	$y = 1$
$\sum e \geqslant \theta, \sum i > 0$	$y = 0$
$\sum e < \theta, \sum i \leqslant 0$	$y = 0$

在 M-P 模型的基础上，根据需要又发展了其他一些模型，目前常用的模型如图 6.2 所示。

在图 6.2 中，$x_i (i = 1, 2, \cdots, n)$ 为该神经元的输入；w_i 为该神经元分别与各输入间的连接强度，称为连接权值；θ 为该神经元的阈值；s 为外部输入的控制信号，它可以用来调整神经元的连接权值，使神经元保持在某一状态；y 为神经元的输出。由此结构可以看出，神经元一般是一个具有多个输入，但只有一个输出的非线性器件。

神经元的一般工作过程：

（1）从各输入端接收输入信号 x_i；

（2）根据连接权值 w_i，求出所有输入的加权和 σ：

$$\sigma = \sum_{i=1}^{n} w_i x_i + s - \theta$$

（3）用某一特性函数（又称作用函数）f 进行转换，得到输出 y：

$$y = f(\sigma) = f\left(\sum_{i=1}^{n} w_i x_i + s - \theta\right)$$

正如生物神经元是生物神经网络的基本处理单元一样，人工神经元是组成人工神经网络的基本处理单元，简称神经元。根据神经元的特性和功能，可以把神经元抽象为一个简单的数学模型，如图 6.3 所示，下面给出神经元模型的 3 种基本元素。

（1）突触：用其权值来标识。特别是，在连到神经元 k 的突触 j 上的输入信号 x_j 被乘以 k 的权重 w_{kj}。注意，在突触权值 w_{kj} 中，第一个下标指输出神经元，第二个下标指权值所在的突触的输入端。人工神经元的突触权值有一个范围，可以取正值，也可以取负值。

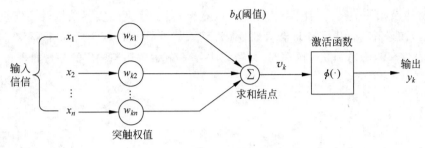

图 6.3　神经元的非线性模型

（2）加法器：用于求输入信号被神经元的相应突触权值加权的和。这个操作构成一个线性组合器。

（3）激活函数：用来限制神经元输出振幅。由于它将输出信号压制（限制）到允许范围之内的一定值，所以，激活函数也称为压制函数。通常，一个神经元输出的正常幅度范围可写成闭区间 $[0,1]$ 或者 $[-1,+1]$。

图 6.3 也包括一个外部偏置，记为 b_k。根据其为正或为负，它用来增加或降低激活函数的神经网络输入。

由神经元模型，可以得到神经元的非线性模型表达式：

$$v_k = w_{k1}x_1 + w_{k2}x_2 + \cdots + w_{kn}x_n + b_k = \sum_{i=0}^{n} w_{ki}x_i + b_k$$

$$y_k = \phi(v_k)$$

$x_1, x_2, \cdots, x_n$ 是神经元的输入，代表前级 n 个神经元的轴突的输出信息，$w_{k1}, w_{k2}, \cdots,$ w_{kn} 分别是神经元 k 对 $x_1, x_2, \cdots, x_n$ 的权系数，亦即突触信号的传递强度，y_k 是神经元 k 的输出，$\phi(\cdot)$ 是激活函数或传递函数，它反映了神经元的非线性信息处理的特性。激活函数 $\phi(\cdot)$ 有多种形式，常用的特性函数有阈值型、分段线性型、Sigmoid 型（简称 S 型）以及双曲正切型，如图 6.4 所示。

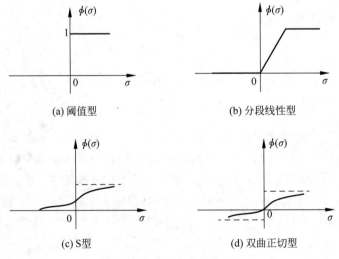

图 6.4　常用的特性函数

6.1.2 人工神经网络的结构

建立人工神经网络的一个重要步骤是构造人工神经网络的拓扑结构,即确定人工神经元之间的互联结构。根据神经元之间连接的拓扑结构,可将神经网络的互联结构分为分层网络和相互连接网络两大类。分层网络结构又可根据层数的多少分为单层、两层及多层网络结构。

1. 单层网络结构

单层或两层神经网络结构是最简单的层次结构。在分层网络中,神经元以层的形式组织。在最简单的分层网络中,源结点构成输入层,直接投射到神经元输出层(计算结点)上去。

如图 6.5 所示,输入层有 3 个结点,输出层有两个结点,此网络称为单层网,"单层"指的是计算结点(神经元)输出层。

2. 多层网络结构

通常把三层和三层以上的神经网络称为多层神经网络结构。在多层神经网络结构中,将所有神经元按功能分为若干层。一般有输入层、隐层(中间层)和输出层。其中,输入层结点上的神经元接受外部环境的输入模式,并由它传递给相连隐层上的各个神经元。隐层是神经元网络的内部处理层,这些神经元在网络内部构成中间层,由于它们不直接与外部输入、输出打交道,故称隐层。人工神经网络所具有的模式变换能力主要体现在隐层的神经元上。输出层用于产生神经网络的输出模式。

多层神经网络结构中有代表性的有前向网络(BP 网络)模型、多层侧抑制神经网络模型和带有反馈的多层神经网络模型等。以下我们仅以三层神经网络结构为例进行说明。

1)多层前向神经网络

前向神经网络不具有侧抑制和反馈的连接方式,即不具有本层之间或指向前一层的连接弧,只有指向下一层的连接弧。代表是 BP 神经网络:输入模式由输入层进入网络,经中间各层的顺序变换,最后由输出层产生一个输出模式,如图 6.6 所示。

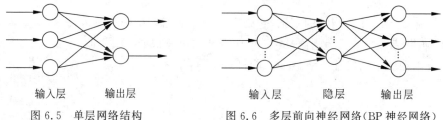

输入层　　　　输出层	输入层　　　隐层　　　输出层
图 6.5　单层网络结构	图 6.6　多层前向神经网络(BP 神经网络)

2)多层侧抑制神经网络

同一层内有相互连接的多层前向网络,它允许网络中间一层上的神经元之间相互连接,这种连接方式将形成同一层的神经元彼此之间的牵制作用,可实现同一层上神经元之间的横向抑制或兴奋的机制。这样可以用来限制同一层内能同时激活神经元的个数,或者把每一层内的神经元分成若干组,让每组作为一个整体来动作。

3）带有反馈的多层神经网络

这是一种允许输出层-隐层,隐层中各层之间,隐层-输入层之间具有反馈连接的神经网络,反馈的结果将构成封闭环路,在这种神经网络中,引出有反馈连接弧的神经元称为隐神经元,其输出称为内部输出。

这种神经网络和前向多层神经网络不同。多层前向神经网络属于非循环连接模式,它的每个神经元的输入都没有包含该神经元先前的输出,因此可以说是没有"短期记忆"的。但带有反馈的多层神经网络则不同,它的每个神经元的输入都有可能包含有该神经元先前的输出反馈信息。因此,它的输出要由当前的输入和先前的输出两者来决定。

4）相互连接型网络结构

相互连接网络是指网络中任意两个神经元之间都存在连接路径的神经网络,按照这种结构,信息要在网络中的各个神经元之间反复往返传递,它会使网络处在一种不断改变状态的过程中。因此,其模式的产生就比较复杂。

对于给定的某一输入模式,可能会出现以下两种情况:一种可能是经过若干次状态变化后,产生某一稳定的输出模式,使网络达到某种平衡状态;另一种可能是网络进入周期性震荡或混沌状态。

6.2　反向传播（BP）神经网络

反向传播(Back-Propagation,BP)学习算法被简称为 BP 算法,采用 BP 算法的前馈型神经网络被简称为 BP 网络。作为一种前馈型神经计算模型,BP 网络与多层感知器没有本质的区别。然而,有了 BP 算法,BP 网络便有了强大的计算能力,可表达各种复杂的映射。BP 网络自出现以来一直是神经计算科学中最为流行的神经计算模型,现在已经得到了广泛应用。

6.2.1　感知器

1. 感知器模型

感知器是人工神经网络的基础,它是以一个实数值向量作为输入,计算这些输入的线性组合,如果结果大于某个阈值,就输出 1,否则输出 -1(或 0)。

也可以把感知器的输出看做输入的符号函数,记为:

$$o(x) = \text{sgn}(w \cdot x)$$

其中:

$$\text{sgn}(y) = \begin{cases} 1, & y > 0 \\ -1, & y \leqslant 0 \end{cases}$$

还可以把感知器看做 n 维实例空间(即点空间)中的超平面决策面。对于超平面一侧的实例,感知器输出 1,对于另一侧的实例输出 -1,这个决策超平面方程是:

$$(w \cdot x) = 0$$

如图 6.7 所示,如果输入为 $x_1 \sim x_n$,那么感知器计算的输出为

$$o(x_1, \cdots, x_n) = \begin{cases} 1, & w_0 + w_1 x_1 + \cdots + w_n x_n > 0 \\ -1, & \text{否则(有些书中此值为 0)} \end{cases}$$

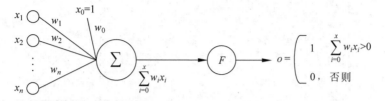

图 6.7 感知器示意图

其中每一个 w_i 是一个实数向量,称为 x_i 的权值,用来决定输入 x_i 对感知器输出的贡献率。w_0 是阈值,是要使感知器输出 1,输入的加权和 $w_1 x_1 + \cdots + w_n x_n$ 必须超过 0 的值。为了将 w_0 写入加权和中,设想有一个附加的常量输入 $x_0 = 1$,这样 $w_0 + w_1 x_1 + \cdots + w_n x_n > 0$ 可写为 $\sum_{i=0}^{n} w_i x_i > 0$,写成向量形式 $\boldsymbol{w} \cdot \boldsymbol{x} > 0$。

因此,设计一个感知器就是确定其权值 $w_0, w_1, \cdots, w_n$ 的过程。后面会看到,我们也可以通过训练样例训练一个感知器,让其具有学习功能,自己确定其权值。

单个感知器可以用来表示很多布尔函数,例如布尔函数 AND,它的真值表如表 6.2 所示。

表 6.2 布尔函数真值表

x_1	x_2	输 出
0	0	0
0	1	0
1	0	0
1	1	1

所谓设计一个感知器实现布尔函数 AND,就是确定其权值 w_0, w_1, w_2,使得 $w_0 + w_1 x_1 + w_2 x_2$ 的值在前三组 x_1, x_2 值下小于等于零,在第四组 x_1, x_2 值下大于零。$w_0 = -0.8, w_1 = 0.5, w_2 = 0.5$ 就是满足上述条件的一组值。

同样,我们要设计一个感知器实现布尔函数 OR,可以令 $w_0 = -0.3, w_1 = 0.5, w_2 = 0.5$。

让我们来分析一下感知器的定义。感知器的核心就是其权值表达式为 $w_0 + w_1 x_1 + \cdots + w_n x_n$。令 $n = 2$,表达式成为 $w_0 + w_1 x_1 + w_2 x_2$;再令其值为 0,得到 $w_0 + w_1 x_1 + w_2 x_2 = 0$,这是二维平面 $x_1 - x_2$ 上的一条直线。$-w_0/w_1$ 是 x_1 轴上的截距,$-w_0/w_2$ 是 x_2 轴上的截距,直线上方区域为 $w_0 + w_1 x_1 + w_2 x_2 > 0$,直线下方区域为 $w_0 + w_1 x_1 + w_2 x_2 < 0$,如图 6.8 所示。

经过上述分析,就可轻而易举地设计一个感知器实现布尔函数 AND。将布尔函数 AND 的真值表画在二维坐标系中,并任意画一条直线使输出值 0,1 分布于直线两侧,上

侧输出 1,下侧输出 0,如图 6.9 所示(图中用"－"表示输出 0,用"＋"表示输出 1)。这样,得出直线方程为: $x_1 + x_2 - 1.5 = 0$,由此可以确定感知器的权值为 $w_0 = -1.5$, $w_1 = 1$, $w_2 = 1$。

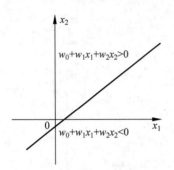

图 6.8　$w_0 + w_1 x_1 + w_2 x_2 = 0$ 分割平面

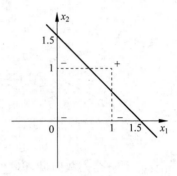

图 6.9　实现布尔函数 AND

同理,我们可以按此方法设计一个感知器实现布尔函数 OR。

现在的问题是,哪些布尔函数可以用单个感知器实现? 从上面分析可知,直线必须能够将输出值 0,1 分在直线两侧,一侧全是 0,另一侧全是 1。

考虑用单个感知器实现布尔函数 XOR。XOR 的真值表如表 6.3 所示。

表 6.3　布尔函数真值表

x_1	x_2	输　　出
0	0	0
0	1	1
1	0	1
1	1	0

画在二维平面 $x_1 - x_2$ 上,如图 6.10 所示。

不难看出,不存在一条直线将 XOR 的输出 0,1 分开,一侧全是 0,而另一侧全是 1。这表明单个感知器不能实现布尔函数 XOR。

再进一步,我们用两条直线分割,将二维平面分割成三个部分,如图 6.11 所示,两条直线之间的输出值全是 1(用"＋"表示),两条直线外的输出值全是 0(用"－"表示)。两条

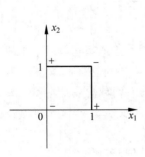

图 6.10　XOR 的真值在二维平面上

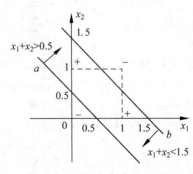

图 6.11　两条直线对平面的分割

直线需要两个感知器来表示,但是要表示两条直线之间的输出值就必须将每条直线对平面的划分相"与",因此实现布尔函数 XOR 需要三个感知器:两个用来划分平面;一个用来产生"与"逻辑,如图 6.12 所示。

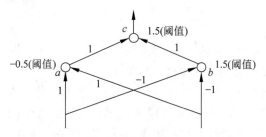

图 6.12　三个感知器实现布尔函数 XOR

下面计算三个感知器的权值。

如图 6.11 所示,直线 a 的方程为 $x_1+x_2=0.5$,直线 b 的方程为 $x_1+x_2=1.5$,故两条直线之间的部分是 $x_1+x_2>0.5$ 和 $x_1+x_2<1.5$ 的公共部分(即 $x_1+x_2-0.5>0$ 和 $1.5-x_1-x_2>0$ 的公共部分)。由此我们得出,对应于直线 a 的感知器的权值为

$$w_{a0}=0.5,\quad w_{a1}=1,\quad w_{a2}=1$$

对应于直线 b 的感知器的权值为

$$w_{b0}=-1.5,\quad w_{b1}=-1,\quad w_{b2}=-1$$

注意:感知器的阈值是 w_0 的负值,直线 a 和直线 b 对应的感知器的阈值分别为 -0.5 和 1.5,阈值和权值已标于图 6.12 中。

第三个感知器(图 6.12 中标为 c)用于产生"与"逻辑,其阈值和权值前面已计算过,标于图 6.12 中。

至此,我们得出结论:如果只用一条直线能够将一个布尔函数的输出 0,1 分开,一侧全是 0,而另一侧全是 1,那么该布尔函数能够由单个感知器实现。单个感知器可以表示布尔函数与、或、与非、或非等。

上面我们讨论了两输入感知器,如果是三输入感知器的权值表达式为 $w_0+w_1x_1+w_2x_2+w_3x_3$,$w_0+w_1x_1+w_2x_2+w_3x_3=0$ 是三维空间的一个平面。如果是 n 个输入感知器,其权值表达为 $w_0+w_1x_1+\cdots+w_nx_n$,$w_0+w_1x_1+\cdots+w_nx_n=0$ 是 n 维空间的一个超平面。

一般地,感知器可以看作是 n 维实例空间中的超平面决策面:$w\cdot x=0$,对于该平面一侧的实例,感知器输出 1,对于另一侧的实例输出 0。正反例的集合不一定能被超平面分割,可以被分割的称为线性可分训练样例集合。

2. 感知器训练法则

感知器的学习任务是求得一个权向量,它可以使感知器对于给定的训练样例输出正确的目标值 1 或 -1。

为了求得权向量 $(w_1,w_2,\cdots,w_n)$,一种办法是从一组随机的权值开始,然后反复地应用这个感知器到每个训练样例,只要它误分类训练样例就修改感知器的权值。重复这个过程,直到感知器正确分类所有的训练样例,即对所有训练样例能够输出正确的目标值。

每一步根据如下的感知器训练法则来修改权值:

$$w_i \leftarrow w_i + \Delta w_i$$
$$\Delta w_i = \eta(t - o)x_i$$

其中,t 是当前训练样例的目标输出,o 是感知器的实际输出,η 是一个正的常数,称为学习速率,它的作用是缓和每一步调整权值的幅度。

可以证明,如果训练样例是线性可分的(能用一直线分类的训练样例集),并且使用充分小的 η,那么,在有限次地使用感知器训练法则后,上面的训练过程一定会收敛到一个能正确分类所有训练样例的权向量,但如果训练数据不是线性可分的,那么就不能保证训练过程收敛。

单独的感知器可以用来表示很多布尔函数。假定用 1(真)和 −1(假)表示布尔值,那么可以使用一个有双输入的感知器来实现与函数(AND),只需设置权 $w_0 = -0.8, w_1 = w_2 = 0.5$,如图 6.13 所示。

如果用这个感知器来表示或函数(OR),那么只要改变它的阈值 $w_0 = -0.3$ 即可。

单个感知器可以表示所有的布尔函数:与、或、与非和或非。但仍有一些布尔函数无法用单一的感知器表示,例如,异或函数(XOR),它当且仅当 $x_1 \neq x_2$ 时输出为 1,可以用两层感知器来实现异或函数,如图 6.14 所示。

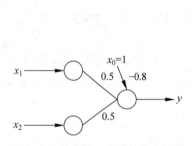

图 6.13　单独的一个感知器实现的
　　　　　AND 函数

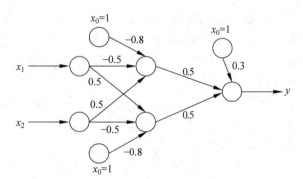

图 6.14　双层感知器实现的 XOR 函数

6.2.2　BP 算法

在神经元 j 的迭代 n 时,输出误差信号(即呈现第 n 个训练例子)由式(6-1)表示:

$$e_j(n) = d_j(n) - y_j(n) \quad (\text{神经元 } j \text{ 是输出结点}) \tag{6-1}$$

将神经元 j 的误差能量瞬间值定义为 $(1/2)e_j^2(n)$。相应地,整个误差能量的瞬间值 $E(n)$ 即为输出层的所有神经元的误差能量瞬间值的和,这些只是误差信号可被直接计算的"可见"神经元。因此,$E(n)$ 的计算公式是

$$E(n) = \frac{1}{2} \sum_{j \in C} e_j^2(n) \tag{6-2}$$

其中,集合 C 包括所有神经网络输出层的神经元。令 N 指在训练集中样本的总数。对所有 n 求 $E(n)$ 的和,然后关于集的大小规整化即得误差能量的均方值,表示如下:

$$E_{av} = \frac{1}{N} \sum_{n=1}^{N} E(n) \tag{6-3}$$

误差能量的瞬间值 $E(n)$ 和误差能量的平均值 E_{av},是神经网络所有自由参数(突触权值和偏置水平)的函数。对下一个给定的训练集,E_{av} 表示的代价函数作为学习性能的一个量度。学习过程的目的是调整神经网络的自由参数来使 E_{av} 最小。特别地,考虑一个训练的简单方法,即权值在一个模式接一个模式的基础上更新,直到一个回合(epoch)结束,也就是整个训练集完全表示已被神经网络处理。权值的调整根据每个呈现给神经网络的模式所计算的各自的误差进行。因此,这些单个权值在训练集上的更新的算术平均是基于整个训练集的代价函数 E_{av} 最小化的真实权值调整的估计。

考虑图 6.15,它描绘了神经元 j 被它左边的一层神经元产生的一组函数信号所馈给。因此,在神经元 j 的激活函数输入处产生的诱导局部域 $v_j(n)$ 是

$$v_j(n) = \sum_{i=0}^{m} w_{ji} y_i(n) \tag{6-4}$$

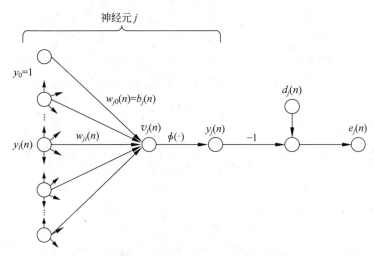

图 6.15 输出神经元 j 的详细信号流图

这里 m 是作用于神经元 j 的所有输入个数(不包括偏置)。突触权值 w_{j0}(相应的固定输入 $y_0 = 1$)等于神经元 j 的偏置 b_j。所以,在迭代 n 时出现在神经元 j 输出处的函数信号 $y_i(n)$ 是

$$y_i(n) = \phi_j(v_j(n)) \tag{6-5}$$

反向传播算法给出了突触权值 $w_{ji}(n)$ 的一个修正值 $\Delta w_{ji}(n)$,它正比于 $E(n)$ 对 $w_{ji}(n)$ 的偏导 $\partial E(n)/\partial w_{ji}(n)$。

根据微分的链式规则,可以将这个梯度表示为

$$\frac{\partial E(n)}{\partial w_{ji}(n)} = \frac{\partial E(n)}{\partial e_j(n)} \frac{\partial e_j(n)}{\partial y_j(n)} \frac{\partial y_j(n)}{\partial v_j(n)} \frac{\partial v_j(n)}{\partial w_{ji}(n)} \tag{6-6}$$

偏导数 $\partial E(n)/\partial w_{ji}(n)$ 代表一个敏感分子,决定突触权值 $w_{ji}(n)$ 在权空间的搜索方向。

在式(6-2)两边对 $e_j(n)$ 取微分,得到

$$\frac{\partial E(n)}{\partial e_j(n)} = e_j(n) \tag{6-7}$$

在式(6-1)两边对 $y_j(n)$ 取微分,得到

$$\frac{\partial e_j(n)}{\partial y_j(n)} = -1 \tag{6-8}$$

接着,在式(6-5)两边对 $v_j(n)$ 取微分,得到

$$\frac{\partial y_j(n)}{\partial v_j(n)} = \phi_j'(v_j(n)) \tag{6-9}$$

最后,在式(6-4)两边对 $w_{ji}(n)$ 取微分,得到

$$\frac{\partial v_j(n)}{\partial w_{ji}(n)} = y_i(n) \tag{6-10}$$

将式(6-7)到式(6-10)代入式(6-6),得到

$$\frac{\partial E(n)}{\partial w_{ji}(n)} = -e_j(n)\phi_j'(v_j(n))y_i(n) \tag{6-11}$$

$w_{ji}(n)$ 的修正值 $\Delta w_{ji}(n)$ 由 delta 规则定义:

$$\Delta w_{ji}(n) = -\eta\frac{\partial E(n)}{\partial w_{ji}(n)} \tag{6-12}$$

其中,η 是反向传播算法的学习率参数,式(6-12)中的负号是指在权空间中梯度下降(寻找一个使 $E(n)$ 值下降的方向)。于是将式(6-11)代入式(6-12)中,得到

$$\Delta w_{ji}(n) = \eta\delta_j(n)y_j(n) \tag{6-13}$$

这里局域梯度

$$\delta_j(n) = -\frac{\partial E(n)}{\partial v_j(n)} = -\frac{\partial E(n)}{\partial e_j(n)}\frac{\partial e_j(n)}{\partial y_j(n)}\frac{\partial y_j(n)}{\partial v_j(n)} = e_j(n)\phi_j'(v_j(n)) \tag{6-14}$$

局域梯度是指突触权值所需要的变化量。根据式(6-14),神经元 j 的局域梯度 $\delta_j(n)$ 是相应误差信号 $e_j(n)$ 和相应激活函数的导数 $\phi_j'(v_j(n))$ 的乘积。

从式(6-13)和式(6-14)可以注意到,权值修正值 $\Delta w_{ji}(n)$ 的计算涉及神经元 j 的输出端的误差信号 $e_j(n)$。在这种情况下,要根据神经元的不同位置区别两种不同的情况。

(1) 神经元 j 是输出结点。这种情况的处理很简单,因为神经网络的每一个输出结点都提供了自己的期望反应信号,使得计算误差信号成了直截了当的事。

(2) 神经元 j 是隐层结点。虽然隐层神经元不能直接访问,但是它们对神经网络输出层的误差有影响。然而,问题是要知道对隐层神经元的这种共担责任如何进行惩罚或奖赏。这已经被神经网络的反向传播误差信号成功地解决了。

下面给出两种情况下局域梯度的计算方法。

情况 1:神经元 j 是输出结点。

当神经元 j 位于神经网络的输出层时,给它提供自己的一个期望响应。可以用式(6-1)来计算这个神经元的误差信号 $e_j(n)$;当 $e_j(n)$ 确定后,用式(6-14)来计算局域梯度 $\delta_j(n)$ 是很直接的。

情况 2：神经元 j 是隐层结点。

当神经元 j 位于神经网络的隐层时，就没有对该输入神经元的指定期望响应。因此，隐层的误差信号要根据所有与隐层神经元相连的神经元的误差来递归决定。这就是为什么反向传播算法的发展很复杂的原因。如果神经元 j 是一个神经网络隐层结点，根据式(6-14)可将隐层神经元的局域梯度重新定义为：

$$\delta_j(n) = -\frac{\partial E(n)}{\partial y_j(n)}\frac{\partial y_j(n)}{\partial v_j(n)} = -\frac{\partial E(n)}{\partial y_j(n)}\phi'_j(v_j(n)) \tag{6-15}$$

在式(6-15)中用到了式(6-9)。要计算偏导 $\partial E(n)/\partial y_j(n)$ 需进行如下处理：

$$E(n) = \frac{1}{2}\sum_{k\in C}e_k^2(n) \quad (\text{神经元 } k \text{ 是输出结点}) \tag{6-16}$$

k 就是式(6-2)中的 j，这么写为了避免与隐层结点 j 相混淆。在式(6-16)两边对 $y_j(n)$ 求偏导，得到

$$\frac{\partial E(n)}{\partial y_j(n)} = \sum_k e_k\frac{\partial e_k(n)}{\partial y_j(n)} \tag{6-17}$$

接着还是使用链式规则，所以重写式(6-17)为

$$\frac{\partial E(n)}{\partial y_j(n)} = \sum_k e_k(n)\frac{\partial e_k(n)}{\partial v_k(n)}\frac{\partial v_k(n)}{\partial y_j(n)} \tag{6-18}$$

然而，

$$e_k(n) = d_k(n) - y_k(n) = d_k(n) - \phi_k(v_k(n))(\text{神经元 } k \text{ 是输出结点}) \tag{6-19}$$

因此，

$$\frac{\partial e_k(n)}{\partial v_k(n)} = -\phi'_k(v_k(n)) \tag{6-20}$$

对神经元 k 来说，局部诱导域是

$$v_k(n) = \sum_{j=0}^m w_{kj}(n)y_j(n) \tag{6-21}$$

这里 m 是神经元 k 所有输入的个数(包括偏置)，而且在这里突触权值 $w_{k0}(n)$ 等于神经元 k 的偏置 $b_k(n)$，相应的输入是固定在值 +1 处的。求式(6-21)关于 $y_j(n)$ 微分得到

$$\frac{\partial v_k(n)}{\partial y_j(n)} = w_{kj}(n) \tag{6-22}$$

将式(6-20)和式(6-22)代入式(6-18)，得到期望的偏微分：

$$\frac{\partial E(n)}{\partial y_j(n)} = -\sum_k e_k(n)\phi'_k(v_k(n))w_{kj}(n) = -\sum_k \delta_k(n)w_{kj}(n) \tag{6-23}$$

在式(6-23)中用到了局域梯度 $\delta_k(n)$ 的定义。

最后，将式(6-23)代入式(6-15)，得到关于局域梯度 $\delta_j(n)$ 的反向传播公式：

$$\delta_j(n) = \phi'_j(v_j(n))\sum_k \delta_k(n)w_{kj}(n)(\text{神经元 } j \text{ 为隐单元}) \tag{6-24}$$

在式(6-24)中与局域梯度 $\delta_j(n)$ 的计算有关的因素 $\phi'_j(v_j(n))$ 仅仅依赖于隐层神经元 j 的激活函数。这个计算涉及的其余因子，也就是所有神经元 k 的加权和，依赖于两组

项。第一组项 $\delta_k(n)$ 需要误差信号 $e_k(n)$ 的知识,因为所有在隐层神经元 j 右端的神经元是直接与神经元 j 相连的。第二组项 $w_{kj}(n)$ 是由所有这些连接的突触权值组成的。

下面总结为反向传播算法导出的关系。

(1) 由神经元 i 指向神经元 j 的突触权值的修正值 $\Delta w_{ji}(n)$ 由 delta 规则定义如下:

$$
\begin{bmatrix} 权值 \\ 修正 \\ \Delta w_{ji}(n) \end{bmatrix} = \begin{bmatrix} 学习率 \\ 参数 \\ \eta \end{bmatrix} \cdot \begin{bmatrix} 局部 \\ 梯度 \\ \delta_j(n) \end{bmatrix} \begin{bmatrix} 神经元 j \\ 输入信号 \\ y_i(n) \end{bmatrix} \tag{6-25}
$$

(2) 局域梯度 $\delta_j(n)$ 取决于神经元 j 是一个输出结点还是一个隐层结点。

① 如果神经元 j 是一个输出结点,$\delta_j(n)$ 等于导数 $\varphi_j'(v_j(n))$ 和误差信号 $e_j(n)$ 的乘积,它们都和神经元 j 相关,参看式(6-14)。

② 如果神经元 j 是隐层结点,$\delta_j(n)$ 就是其导数 $\varphi_j'(v_j(n))$ 和 δ_j 的加权和的乘积,这些 δ_j 是对与神经元 j 相连的下一个隐层或输出层中的神经元计算得到的,参看式(6-24)。

下面给出反向传播算法的实施步骤。

1. 计算的二次传播

在反向传播算法的应用中,有两种截然不同的传播。第一个是指前向传播,而第二个是指反向传播。

在前向传播中,在通过神经网络时突触权值保持不变,而网络的函数信号由一个神经元接一个神经元基础上的计算。反向传播以输出层开始,误差信号向左通过网络一层一层传播,并且递归计算每一个神经元的 δ(即局部梯度)。该递归过程允许突触权值根据式(6-25)的 delta 规则变化。对于位于输出层的神经元,δ 简单地等于这个神经元的误差信号乘以它的非线性一阶导数。因此,使用公式(6-25)来计算所有馈入输出层的连接权值变化。给出输出层神经元的 δ,接着用式(6-24)来计算倒数第二层的所有神经元的 δ 和所有馈入该层的连接的权值变化。通过传播这个变化给网络的所有突触权值,来一层接一层的连续递归计算。

注意,由于每给出一个训练样本,其输入模式在整个往返过程中是固定的,这个往返过程包括前向传播和随后的反向传播。

2. 激活函数

计算多层感知器每一个神经元的 δ 需要关于神经元的激活函数 $\phi(\cdot)$ 的导数知识。要导数存在,则需要函数 $\phi(\cdot)$ 连续,并满足可微性。通常用于多层感知器的连续可导非线性激活函数的一个例子是 Sigmoid 非线性函数。

logistic 函数的一般形式由式(6-26)定义:

$$
\phi_j(v_j(n)) = \frac{1}{1 + \exp(-av_j(n))} \quad (a > 0, -\infty < v_j(n) < \infty) \tag{6-26}
$$

这里 $v_j(n)$ 是神经元 j 的诱导局部域。根据这种非线性,输出的范围位于 $0 \leqslant y_j \leqslant 1$ 之内。对式(6-26)取 $v_j(n)$ 的微分,得到

$$\phi_j'(v_j(n)) = \frac{a\exp(-av_j(n))}{[1+\exp(-av_j(n))]^2} \qquad (6\text{-}27)$$

由于 $y_j(n) = \phi_j(v_j(n))$，可以从式(6-27)中消去指数项 $\exp(-av_j(n))$，所以导数可以表示为

$$\phi_j'(v_j(n)) = ay_j(n)[1-y_j(n)] \qquad (6\text{-}28)$$

因为神经元 j 位于输出层，所以 $y_j(n) = o_j(n)$。因此可以将神经元 j 的局域梯度表示为

$$\delta_j(n) = e_j(n)\phi_j'(v_j(n)) = a[d_j(n) - o_j(n)]o_j(n)[1-o_j(n)] \qquad (6\text{-}29)$$

其中，$o_j(n)$ 是神经元 j 输出端的函数信号，而 $d_j(n)$ 是它的期望响应。另一方面，对任意的一个隐层神经元 j，可以将局域梯度表示为

$$\delta_j(n) = \phi_j'(v_j(n))\sum_k \delta_k(n)w_{kj}(n) = ay_j(n)[1-y_j(n)]\sum_k \delta_k(n)w_{kj}(n) \qquad (6\text{-}30)$$

从式(6-28)可以看出，导数 $\phi_j'(v_j(n))$ 当 $y_j(n) = 0.5$ 时取最大值，当 $y_j(n) = 0$ 或 $y_j(n) = 1$ 时取最小值 0。既然神经网络的一个突触权值的变化总量与导数 $\phi_j'(v_j(n))$ 成正比，因此对于一个 Sigmoid 激活函数来说，突触权值改变最多的神经元是那些函数信号在它们中间范围之内的网络的神经元。正是反向传播学习这个特点导致它作为学习算法的稳定性。

3. 学习率

反向传播算法使用最速下降法在权空间的计算中给出了轨迹的一种近似。使用的学习率参数 η 越小，从一次迭代到下一次迭代的网络突触权值的变化量就越小，轨迹在权空间就越光滑。然而，这种改进是以减慢学习的速度为代价的。另一方面，如果让 η 的值太大以加快学习速度的话，结果就有可能使网络的突触权值的变化量不稳定(即振荡)。一个既要加快学习速率又要保持稳定的简单方法是修改式(6-10)的 delta 规则，使它包括动量项，表示为

$$\Delta w_{ji}(n) = \alpha \Delta w_{ji}(n-1) + \eta \delta_j(n)y_i(n) \qquad (6\text{-}31)$$

这里 α 是动量常数，通常是正数。它控制围绕 $\Delta w_{ji}(n)$ 反馈环路。式(6-31)称为广义 delta 规则，它包括式(6-11)的 delta 规则作为特殊情况(即 $\alpha = 0$)。

在反向传播算法中，动量的使用对更新权值来说的一个较小的变化，而它对算法的学习可能会有一些有利的影响。而且动量项对于使学习过程不停止在误差曲面上一个浅层的局部最小可能也有益处。

在导出反向传播算法时，假设学习率参数 η 是一个常数。然而，事实上它应该被定义为 η_{ji}，也就是说，学习率参数应该是依赖连接的。

4. 训练的串行和集中方式

在反向传播算法的实际应用中，学习结果是从指定的训练例子多次呈现给多层感知器而得到的。在学习过程中，整个训练集的完全呈现称为一个回合(epoch)。学习过程是在一个回合接一个回合的基础上进行的，直到网络的突触权值和误差水平稳定下来，并且

整个训练集上的均方误差收敛于某个极小值。从一个回合到下一个回合时,将训练样本的呈现顺序随机化是一个很好的实践。这种随机化易于在学习循环中使得权空间搜索具有随机性,因此可以在突触权向量演化中避免极限环出现的可能性。

对于一个给定的训练集,反向传播学习可能会以下面两种基本方式之一进行:

1) 串行方式

反向传播学习的串行方式也被认为是在线方式或随机方式。在这种运行方式中,权值的更新出现在每个训练样本呈现之后;这正是导出目前反向传播算法公式所引用的运行方式。具体地,考虑包含 N 个训练样本的一个回合,其顺序 $(x(1),d(1)),(x(2),d(2)),\cdots,(x(N),d(N))$。第一个样本 $(x(1),d(1))$ 呈现给神经网络时,完成以前描述的前向和后向计算,导致神经网络的突触权值和偏置水平的一定调整。接着,第二个样本 $(x(2),d(2))$ 呈现时,重复前向和后向的计算,导致神经网络的突触权值和偏置水平的进一步调整。直到最后一个样本 $(x(N),d(N))$ 考虑完以后,这个过程才结束。

2) 集中方式

在反向传播学习的集中方式中,权值更新要在组成一个回合的所有样本呈现后才进行。对于特定的一个回合,将代价函数定义为式(6-2)和式(6-3)均方误差,重新写成下面的组合形式:

$$E_{av} = \frac{1}{2N}\sum_{n=1}^{N}\sum_{j\in C}e_j^2(n) \tag{6-32}$$

这里误差信号 $e_j(n)$ 表示训练样本 n 由式(6-1)中所定义的输出神经元 j 有关的误差。误差 $e_j(n)$ 等于 $d_j(n)$ 和 $y_j(n)$ 的差,它们分别是期望响应向量 $d(n)$ 的第 j 个分量和神经网络输出的相应的值。在式(6-32)中关于 j 的内层求和是对网络的输出层的所有神经元进行的,而关于 n 的外层求和是对当前回合的整个训练集来进行的。对于学习率参数 η,应用于从 i 连接到 j 的 w_{ji} 的修正值由 delta 规则定义:

$$\Delta w_{ji}(n) = -\eta\frac{\partial E_{av}}{\partial w_{ji}} = -\frac{\eta}{N}\sum_{n=1}^{N}e_j(n)\frac{\partial e_j(n)}{\partial w_{ji}} \tag{6-33}$$

要计算偏导数 $\partial e_j(n)/\partial w_{ji}$,用以前的方式处理。根据式(6-33),在集中方式中,权值的修正值 $\Delta w_{ji}(n)$ 是在整个训练集提交训练以后才决定。

从在线运行的观点来看,训练的串行方式比集中方式要好,因为对每一个突触权值来说,需有更少的局部存储。而且,既然以随机方式给定网络的训练例子,利用一个例子接一个例子的方法更新权值使得在权值空间的搜索自然具有随机性。这使得反向传播算法要达到局部最小的可能性降低了。

5. 停止准则

通常,反向传播算法不能证明收敛性,并且没有定义得很好的准则来停止其运行。本书建议的收敛准则如下:

当每个回合的均方误差的变化的绝对速率足够小时,认为反向传播算法已经收敛。

如果每个回合的均方误差的变化的绝对速率是 $0.1\%\sim1\%$,一般就认为它足够小。有时候,每个回合都会用到小到 0.01% 这样的值。可是,这个准则可能会导致学习过程的过早终止。此外,还有一个有用的且有理论支持的收敛准则。在每一个学习迭代之后,都可以检查网络的泛化性能。当泛化性能是适当的,或泛化性能明显达到峰值时,学习过程被终止。

6.2.3 BP 神经网络的实现及程序代码

1. BP 神经网络的设计

本次实验采用 Java 语言实现。设计了包含一个隐含层的神经网络,即一个 2 层的神经网络。每层都含有一个一维特征矩阵 *X* 即输入数据,一个二维权值矩阵 *W*,一个一维的误差矩阵 error,同时该神经网络中还包含了一个一维的目标矩阵 target,记录样本的真实类标。

特征矩阵 *X*:第一层隐含层的矩阵 *X* 的长度为输入层输入数据的特征个数+1,隐含层 *X* 矩阵的长度则是上一层结点的个数+1,*X*[0]=1。

权值矩阵 *W*:第一维的长度设计为结点(即神经元)的个数,第二维的长度设计为上一层结点的个数+1;*W*[0][0]为该结点的偏置量。

误差矩阵 Error:数组长度设计为该层的结点个数。

目标矩阵 target:输出层的结点个数与其一致。

激活函数:采用 Sigmoid 函数:$1/(1+e^{-x})$

2. BP 神经网络的实现

```
1    import java.util.Scanner;
2    public class BpNet {
3    private static final int IM = 1;                        //输入层数量
4        private static final int RM = 8;                    //隐含层数量
5        private static final int OM = 1;                    //输出层数量
6        private double learnRate = 0.55;                    //学习速率
7        private double alfa = 0.67;                         //动量因子
8        private double Win[][] = new double[IM][RM];        //输入到隐含连接权值
9        private double oldWin[][] = new double[IM][RM];
10       private double old1Win[][] = new double[IM][RM];
11       private double dWin[][] = new double[IM][RM];
12       private double Wout[][] = new double[RM][OM];       //隐含到输出连接权值
13       private double oldWout[][] = new double[RM][OM];
14       private double old1Wout[][] = new double[RM][OM];
15       private double dWout[][] = new double[RM][OM];
16       private double Xi[] = new double[IM];
17       private double Xj[] = new double[RM];
18       private double XjActive[] = new double[RM];
19       private double Xk[] = new double[OM];
20       private double Ek[] = new double[OM];
21       private double J = 0.1;
22       public static void main(String[] arg) {
```

```
23              BpNet bpNet = new BpNet();
24              bpNet.train();
25              Scanner keyboard = new Scanner(System.in);
26              System.out.println("Please enter the parameter of input:");
27              double parameter;
28              while((parameter = keyboard.nextDouble()) != -1)
29              System.out.println(parameter + " * 2 + 23 = " + bpNet.bpNetOut(parameter/100.0)
                [0] * 100.0);
30          }
31      public void train() {
32              double y;
33              int n = 0;
34              //初始化权值和清零
35              bpNetinit();
36              System.out.println("training...");
37              while(J > Math.pow(10, -17)) {
38                  for(n = 0; n < 20; n++) {
39                  y = n * 2 + 23;                      //逼近对象
40                  //前向计算输出过程
41                  bpNetForwardProcess(n / 100.0, y / 100.0);
42                  //反向学习修改权值
43                  bpNetReturnProcess();
44                  }
45              }
46              //在线学习后输出
47              for(n = 0; n < 20; n++) {
48                  y = n * 2 + 23;                      //逼近对象
49                  System.out.printf("%.1f ", y);
50                  System.out.printf("%f ", bpNetOut(n / 100.0)[0] * 100.0);
51                  System.out.println("J = " + J);
52              }
53              System.out.println("n = 20 " + "Out:" + this.bpNetOut(20 / 100.0)[0] * 100);
54      }
55          //
56          // BP 神经网络权值随机初始化
57          // Win[i][j]和 Wout[j][k]权值初始化为[-0.5,0.5]
58          //
59          public void bpNetinit() {
60          //初始化权值和清零
61              for(int i = 0; i < IM; i++)
62              for(int j = 0; j < RM; j++) {
63                  Win[i][j] = 0.5 - Math.random();
64                  Xj[j] = 0;
65              }
66              for(int j = 0; j < RM; j++)
67              for(int k = 0; k < OM; k++) {
68                  Wout[j][k] = 0.5 - Math.random();
69                  Xk[k] = 0;
```

```
70                  }
71              }
72          //
73          // BP 神经网络前向计算输出过程
74          // @param inputParameter 归一化后的理想输入值(单个 double 值)
75          // @param outputParameter 归一化后的理想输出值(单个 double 值)
76          //
77      public void bpNetForwardProcess(double inputParameter, double outputParameter {
78          double input[] = {inputParameter};
79          double output[] = {outputParameter};
80          bpNetForwardProcess(input, output);
81      }
82          //
83          // BP 神经网络前向计算输出过程——多个输入,多个输出
84          // @param inputParameter 归一化后的理想输入数组值
85          // @param outputParameter 归一化后的理想输出数组值
86          //
87      public void bpNetForwardProcess(double inputParameter[],double outputParameter[]){
88          for(int i = 0; i < IM; i++) {
89              Xi[i] = inputParameter[i];
90          }
91          //隐含层权值和计算
92          for(int j = 0; j < RM; j++) {
93              Xj[j] = 0;
94              for(int i = 0; i < IM; i++) {
95                  Xj[j] = Xj[j] + Xi[i] * Win[i][j];
96              }
97          }
98          //隐含层 S 激活输出
99          for(int j = 0; j < RM; j++) {
100             XjActive[j] = 1 / (1 + Math.exp( - Xj[j]));
101         }
102         //输出层权值和计算
103         for(int k = 0; k < OM; k++) {
104             Xk[k] = 0;
105             for(int j = 0; j < RM; j++) {
106                 Xk[k] = Xk[k] + XjActive[j] * Wout[j][k];
107             }
108         }
109         //计算输出与理想输出的偏差
110         for(int k = 0; k < OM; k++) {
111             Ek[k] = outputParameter[k] - Xk[k];
112         }
113         //误差性能指标
114         J = 0;
115         for(int k = 0; k < OM; k++) {
116             J = J + Ek[k] * Ek[k] / 2.0;
117         }
```

```
118         }
119       //
120     //BP 神经网络反向学习修改连接权值过程
121       //
122     public void bpNetReturnProcess() {
123     //反向学习修改权值
124         for(int i = 0; i < IM; i++) {
125     //输入到隐含权值修正
126           for(int j = 0; j < RM; j++) {
127             for(int k = 0; k < OM; k++) {
128                 dWin[i][j] = dWin[i][j] + learnRate * (Ek[k] * Wout[j][k] *
129                         XjActive[j] * (1 - Xj Active[j]) * Xi[i]);
130               }
131               Win[i][j] = Win[i][j] + dWin[i][j] + alfa * (oldWin[i][j] -
132               old1Win[i][j]); old1Win[i][j] = oldWin[i][j];
133             oldWin[i][j] = Win[i][j];
134           }
135         }
136         for(int j = 0; j < RM; j++) {
137     //隐含到输出权值修正
138           for(int k = 0; k < OM; k++) {
139               dWout[j][k] = learnRate * Ek[k] * XjActive[j];
140               Wout[j][k] = Wout[j][k] + dWout[j][k] + alfa * (oldWout[j]
[k] -
141                     old1Wout[j][k]);
142             old1Wout[j][k] = oldWout[j][k];
143             oldWout[j][k] = Wout[j][k];
144           }
145         }
146       }
147       //
148     // BP 神经网络前向计算输出,训练结束后测试输出
149     // @param inputParameter 测试的归一化后的输入值
150     // @return 返回归一化后的 BP 神经网络输出值,需逆归一化
151       //
152     public double[] bpNetOut(double inputParameter) {
153         double[] input = {inputParameter};
154         return bpNetOut(input);
155       }
156       //
157     // BP 神经网络前向计算输出,训练结束后测试输出
158     // @param inputParameter 测试的归一化后的输入数组
159     // @return 返回归一化后的 BP 神经网络输出数组
160       //
161     public double[] bpNetOut(double[] inputParameter) {
162     //在线学习后输出
163         for(int i = 0; i < IM; i++) {
164         Xi[i] = inputParameter[i];
```

```
165         }
166         //隐含层权值和计算
167         for(int j = 0; j < RM; j++) {
168             Xj[j] = 0;
169             for(int i = 0; i < IM; i++){
170                 Xj[j] = Xj[j] + Xi[i] * Win[i][j];
171             }
172         }
173         //隐含层 S 激活输出
174         for(int j = 0; j < RM; j++) {
175             XjActive[j] = 1 / (1 + Math.exp( - Xj[j]));
176         }
177         //输出层权值和计算
178         double Uk[] = new double[OM];
179         for(int k = 0; k < OM; k++) {
180             Xk[k] = 0;
181             for(int j = 0; j < RM; j++) {
182                 Xk[k] = Xk[k] + XjActive[j] * Wout[j][k];
183                 Uk[k] = Xk[k];
184             }
185         }
186         return Uk;
187     }
188 }
189
190
```

Public voidbpNetinit(): BP 神经网络权值随机初始化，Win[i][j]和 Wout[j][k]权值初始化为[−0.5,0.5]。

Public voidbpNetForwardProcess(double inputParameter, double outputParameter): BP 神经网络前向计算输出过程。

参数：inputParameter——归一化后的理想输入值（单个 double 值）。

outputParameter——归一化后的理想输出值（单个 double 值）。

public voidbpNetForwardProcess(double[]inputParameter,double[] outputParameter): BP 神经网络前向计算输出过程——多个输入，多个输出。

参数：intputParameter——归一化后的理想输入数组值。

outputParameter——归一化后的理想输出数组值。

public voidbpNetReturnProcess(): BP 神经网络反向学习修改连接权值过程。

public double[]bpNetout(double inputParameter): BP 神经网络前向计算输出，训练结束后测试输出。

参数：inputParameter——测试的归一化后的输入值。

返回：返回归一化后的 BP 神经网络输出值，需逆归一化。

public double[]bpNetout(double[] inputParameter): BP 神经网络前向计算输出，

训练结束后测试输出。

　　参数：inputParameter——测试的归一化后的输入数组。

　　返回：返回归一化后的 BP 神经网络输出数组。

3. BP 神经网络的实现结果

　　如图 6.16 所示第一列为理想输出值(函数 $Y=n*2+23$，n 从 0 到 19)，第二列为训练完后 BP 神经网络计算输出值，第三列为误差性能指标(方差和)。可以观察到第一列和第二列的值非常接近，说明神经网络训练逼近模型还是很成功的。最后我们还测试了 $n=30$ 时，BP 神经网络模型输出值接近 83.0，也很理想(我们只训练了 n 从 0 到 19 的数据)。

```
BpNet [Java Application] C:\Program Files\Java\jdk1.8
training...
23.0  22.999979  J=1.8581842202956324E-18
25.0  24.978617  J=1.8581842202956324E-18
27.0  26.987045  J=1.8581842202956324E-18
29.0  28.994663  J=1.8581842202956324E-18
31.0  31.001149  J=1.8581842202956324E-18
33.0  33.006268  J=1.8581842202956324E-18
35.0  35.009893  J=1.8581842202956324E-18
37.0  37.012010  J=1.8581842202956324E-18
39.0  39.012712  J=1.8581842202956324E-18
41.0  41.012189  J=1.8581842202956324E-18
43.0  43.010707  J=1.8581842202956324E-18
45.0  45.008581  J=1.8581842202956324E-18
47.0  47.006145  J=1.8581842202956324E-18
49.0  49.003719  J=1.8581842202956324E-18
51.0  51.001582  J=1.8581842202956324E-18
53.0  52.999943  J=1.8581842202956324E-18
55.0  54.998919  J=1.8581842202956324E-18
57.0  56.998515  J=1.8581842202956324E-18
59.0  58.998613  J=1.8581842202956324E-18
61.0  60.998968  J=1.8581842202956324E-18
n=20 Out:62.99920223482145
Please enter the parameter of input:
30
30.0*2+23=82.83399397170832
```

图 6.16　实现结果图

　　可见经过多次(通常上万次)权值修正函数的微调，神经网络结构已几乎具有函数 $Y=n*2+23$ 的功能。

4. 建立 BP 神经网络拟合二次函数(Python 代码)

```
1    from __future__ import print_function
2    import tensorflow as tf
3    import numpy as np
4    import matplotlib.pyplot as plt
5
6    def add_layer(inputs, in_size, out_size, activation_function = None):
7        # add one more layer and return the output of this layer
8        Weights = tf.Variable(tf.random_normal([in_size, out_size]))
9        biases = tf.Variable(tf.zeros([1, out_size]) + 0.1)
10       Wx_plus_b = tf.matmul(inputs, Weights) + biases
11       if activation_function is None:
```

```
12              outputs = Wx_plus_b
13          else:
14              outputs = activation_function(Wx_plus_b)
15          return outputs
16
17      # Make up some real data
18      x_data = np.linspace(-1,1,300)[:, np.newaxis]
19      noise = np.random.normal(0, 0.05, x_data.shape)
20      y_data = np.square(x_data) - 0.5 + noise
21
22      # define placeholder for inputs to network
23      xs = tf.placeholder(tf.float32, [None, 1])
24      ys = tf.placeholder(tf.float32, [None, 1])
25      # add hidden layer
26      l1 = add_layer(xs, 1, 10, activation_function = tf.nn.relu)
27      # add output layer
28      prediction = add_layer(l1, 10, 1, activation_function = None)
29
30      # the error between prediciton and real data
31      loss = tf.reduce_mean(tf.reduce_sum(tf.square(ys - prediction),
32                          reduction_indices = [1]))
33      train_step = tf.train.GradientDescentOptimizer(0.1).minimize(loss)
34
35      # important step
36      init = tf.initialize_all_variables()
37      sess = tf.Session()
38      sess.run(init)
39
40      # plot the real data
41      fig = plt.figure()
42      ax = fig.add_subplot(1,1,1)
43      ax.scatter(x_data, y_data)
44      plt.ion()
45      plt.show()
46
47      for i in range(1000):
48          # training
49          sess.run(train_step, feed_dict = {xs: x_data, ys: y_data})
50          if i % 50 == 0:
51              # to visualize the result and improvement
52              try:
53                  ax.lines.remove(lines[0])
54              except Exception:
55                  pass
56              prediction_value = sess.run(prediction, feed_dict = {xs: x_data})
57              # plot the prediction
58              lines = ax.plot(x_data, prediction_value, 'r-', lw = 5)
59              plt.pause(0.1)
```

5. 神经网络拟合二次函数的实验结果

拟合二次函数,如图 6.17 所示。

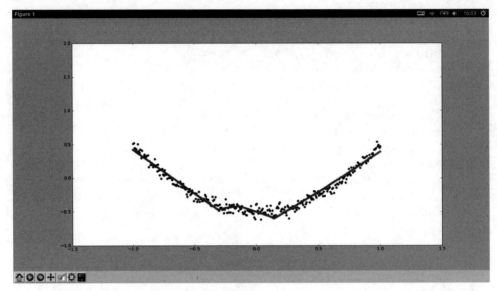

图 6.17　拟合二次函数图

在了解神经网络结构的巨大潜力后,也应注意到它的一些局限。注意事项如下:

输入样本归一化的重要性:

(1) 避免数值过大问题:若不进行归一化处理,所得的输出、权值等往往会很大,而偏差也就很大,权值调节中需要偏差＊权值＊输入,及偏差的积分和,这得到的数值将会很大,超出了数量级,也就超出了计算机等处理器的数值范围,权值修正很差。

(2) 归一化将有单位的量换成无量纲的,便于 BP 网络的计算。

(3) 使网络快速收敛。

尽量使尽可能多的输入样本归一化,不完全归一化也能实现效果。注意事项如下:

(1) 归一化方法:

$$(测量值 － 最低标度)/(最大标度 － 最低标度)＝(求占得百分比)$$

(2) 可能陷入局部最优解:

在神经网络训练过程中,由于初始化权值的随机,一直无法满足偏差最小情况,学习时间很长还没有出结果,可能就是陷入了局部凹坑。需要重新初始化 BP 神经网络。

(3) 它就是一个黑盒子:

神经网络将不断训练数据,不断调整连接权值。就像是在不断总结经验,给它一系列输入,对应得到一系列输出。一直在模仿,就如熟能生巧一样,仿佛它自己找到了事物的规律。就如中医一样,有很多前人的经验,有些确实有很好的疗效,甚至凭多年的经验,自己能够抓药配药。但一直没有强有力的科学理论依据,所以充满未知,稳定性也得不到保证。

（4）对数据要求较高：

计算机只能处理计算机语言，所以要处理现实中的问题，就必须转换为计算机能处理的数据，图片就需要转换为二进制编码，但二进制编码也包含了广泛的内容（颜色编码、方位编码、明亮编码）。当你训练神经网络时用的是什么特征的数据，那么测试时的数据也就该在这个特征范围内。

6.2.4 BP 神经网络的应用实例

1981 年生物学家格若根（W. Grogan）和维什（W. Wirth）发现了两类蚊子（或飞蠓）：Apf 和 Af。他们测量了这两类蚊子每个个体的翼长和触角长，数据如表 6.4 所示。

表 6.4 两类蚊子数据

翼　　长	触　角　长	类　　别
1.78	1.14	Apf
1.96	1.18	Apf
1.86	1.20	Apf
1.72	1.24	Af
2.00	1.26	Apf
2.00	1.28	Apf
1.96	1.30	Apf
1.74	1.36	Af
1.64	1.38	Af
1.82	1.38	Af
1.90	1.38	Af
1.70	1.40	Af
1.82	1.48	Af
1.82	1.54	Af
2.08	1.56	Af

如果抓到五只新的蚊子，它们的翼长和触角长分别为[1.78, 1.09]、[2.07, 1.58]、[1.88, 1.40]、[1.90, 1.42]、[1.98, 1.28]，问它们分别应属于哪一个种类？

现在，使用反向传播算法对其进行求解。

1. 建立神经网络

图 6.18 所示为本示例神经网络结构图。

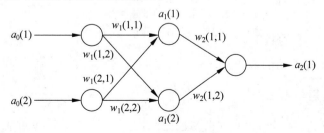

图 6.18 神经网络结构图

其中，$a_0(1)$、$a_0(2)$是网络输入，$a_1(1)$、$a_1(2)$是两个隐藏单元的输出，也是输出单元的输入，$a_2(1)$是网络输出，$w_i(j,k)$是相应边上的权值（$i=1,2$；$j=1,2$；$k=1,2$）。

2. 准备训练数据

因为反向传播算法使用的神经元是 Sigmoid 单元，其输出值在 0 和 1 之间，所以规定目标为 Apf 类时取值 0.9、目标为 Af 类时取值 0.1。训练数据如表 6.5 所示。

表 6.5　神经网络训练数据

翼　长	触　角　长	类　别
1.78	1.14	0.9
1.96	1.18	0.9
1.86	1.20	0.9
1.72	1.24	0.1
2.00	1.26	0.9
2.00	1.28	0.9
1.96	1.30	0.9
1.74	1.36	0.1
1.64	1.38	0.1
1.82	1.38	0.1
1.90	1.38	0.1
1.70	1.40	0.1
1.82	1.48	0.1
1.82	1.54	0.1
2.08	1.56	0.1

3. 设置隐藏层和输出层单元的权重系数矩阵

$$W_1 = \begin{bmatrix} w_1(1,1) & w_1(1,2) & w_1(1,3) \\ w_1(2,1) & w_1(2,2) & w_1(2,3) \end{bmatrix}$$

$$W_2 = \begin{bmatrix} w_2(1,1) & w_2(1,2) & w_2(1,3) \end{bmatrix}$$

其中，$w_i(j,3)$为阈值；$i=1,2$；$j=1,2$。

初始权值可以随机产生，但为了使本例的实验结果具有可再现性，初始权值和阈值设定如下：

$$W_1 = \begin{bmatrix} -0.0075 & -0.0124 & 0.0339 \\ -0.0334 & -0.0334 & -0.0048 \end{bmatrix}$$

$$W_2 = \begin{bmatrix} 0.0457 & -0.0353 & 0.0370 \end{bmatrix}$$

4. 正向计算各单元的输出

1）计算隐藏层单元

$$u_1(1) = w_1(1,1)a_0(1) + w_1(1,2)a_0(2) + w_1(1,3)a_0(3) = \sum_{j=1}^{3} w_1(1,j)a_0(j)$$

$$u_1(2) = w_1(2,1)a_0(1) + w_1(2,2)a_0(2) + w_1(2,3)a_0(3) = \sum_{j=1}^{3} w_1(2,j)a_0(j)$$

其中，令 $a_0(3) = -1$，作为一固定输入，则：$w_1(j,3)$ 作为固定输入神经元相应的权系数，$j = 1,2$。$w_2(1,1)$ 将 $u_1(1)$、$u_1(2)$ 代入下式，则两个隐藏单元的输出为：

$$a_1(i) = \sigma(u_1(i)) = \frac{1}{1 + \exp(-u_1(i))} \quad (i = 1,2)$$

$a_1(i)$ 也是输出单元的两个输入。

2）计算输出单元

$$u_2(1) = \sum_{j=1}^{3} w_2(1,j)a_1(j)，取 a_1(3) = -1。代入下式，则输出单元的输出为：$$

$$a_2(1) = \sigma(u_2(1)) = \frac{1}{1 + \exp(-u_2(1))}$$

5. 反向计算权值修正

1）计算输出单元

$$\delta_2(1) = a_2(1)(1 - a_2(1))(t(1) - a_2(1))$$

代入下式调整输出单元权值：

$$w_2(1,j) = w_2(1,j) + \eta\delta_2(1)a_1(j)$$

其中，$j = 1,2$。学习速率设为 $\eta = 0.1$。

2）计算隐藏层单元

$$\delta_1(i) = a_1(i)(1 - a_1(i))w_2(1,i)\delta_2(1)$$

其中，$i = \{1,2\}$。

代入下式调整隐藏单元权值：

$$w_1(i,j) = w_1(i,j) + \eta\delta_1(i)a_0(j)$$

其中，$i = 1,2；j = 1,2,3$。学习速率设为 $\eta = 0.1$。

正向计算各单元的输出，反向进行权值修正，反复多次，直到满足终止条件。

6. 终止条件设计

(1) 误差 $E = \frac{1}{2}\sum_{d \in C}(t_d - a_d)^2$ 小于某个阈值，如 10^{-4}。

其中，D 为训练样例集合；t_d 为训练样例 d 的目标值；a_d 为训练样例 d 的实际输出。

(2) 训练次数达到一定的次数，如 40000 次。

7. 实验结果

本实验使用 MATLAB 编程，对实例 $T_1 = [1.78, 1.09]$，$T_2 = [2.07, 1.58]$，$T_3 = [1.88, 1.40]$，$T_4 = [1.90, 1.42]$，$T_5 = [1.98, 1.28]$ 预测目标值。结束条件设置为训练次数达到 40000 次，结束训练后得到的网络是：

两个隐藏单元的输出：

$$a_1(i) = \sigma(u_1(i)) = \frac{1}{1 + \exp(-u_1(i))} \quad (i = 1, 2)$$

其中：$u_1(1) = 0.6649a_0(1) + 0.3019a_0(2) + 1.6577$

$\qquad\qquad u_1(2) = -6.6950a_0(1) + 9.1968a_0(2) - 10.2625$

输出单元的输出：

$$a_2(1) = \sigma(u_2(1)) = \frac{1}{1 + \exp(-u_2(1))}$$

其中：$u_2(1) = 0.2661a_0(1) + 0.8549a_1(2) + 4.1947$

对实例 T_1、T_2、T_3、T_4、T_5，网络预测的目标值分别是：0.9492、0.0597、0.1054、0.0972、0.8891，对应蚊子的种类分别为：Apf、pf、pf、pf、Apf。

6.3　Hopfield 神经网络

1982 年，美国加州工学院物理学家霍普菲尔特（J. Hopfield）在《美国科学院院报》上发表文章，提出了离散型反馈网络，1984 年，他又提出了连续型反馈网络。这两种网络模型具有良好的计算能力，可以解决联想存储、求最优路径等问题。本书主要简单讨论离散 Hopfield 网络。

6.3.1　Hopfield 神经网络结构

Hopfield 网络是由若干基本神经元构成的一个全互连的神经网络，其任意神经元之间均有连接，是一种对称结构。一个典型的 Hopfield 网络结构如图 6.19 所示。霍普菲尔特提出的离散网络模型是一个离散时间系统，每个神经元只有两种状态，可用 0 和 1 表示。

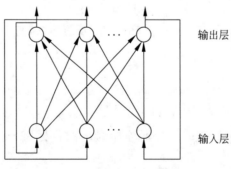

图 6.19　Hopfield 网络结构

由连接权值

$$w_{ij} = \begin{cases} w_{ij}, & i \neq j \\ 0, & i = j \end{cases}$$

所构成的矩阵是一个零对角的对称矩阵。在该网络中，每当有信息进入输入层时，在输入层不做任何计算,直接将输入信号分布地传送给下一层各有关结点。如果用 $X_j(t)$ 表示结点 j 在时刻 t 的状态,则该结点在下一时刻(即 $t+1$)的状态由下式确定:

$$X_j(t+1) = \text{sgn}\left(\sum_{j=1}^{n} w_{ji} X_i(t) - \theta_j \right) = \begin{cases} 1, & \sum_{i=1}^{n} w_{ij} X_i(t) - \theta_j > 0 \\ 0, & \sum_{i=1}^{n} w_{ij} X_i(t) - \theta_j \leqslant 0 \end{cases}$$

其中,函数 sgn() 为符号函数;θ_j 为神经元 j 的阈值。

整个网络的状态用 $X(t)$ 表示,它是由各结点的状态所构成的向量。对于图 6.20,若假设输出层只有两个结点,并用 1 和 0 分别表示每个结点的状态,则整个网络共有 4 种状态,分别为:

$$00, 01, 10, 11$$

如果假设输出层有 3 个结点,则整个网络共有八种状态,每个状态是一个 3 位的二进制数,如图 6.20 所示。

在图 6.20 中,立方体的每一个顶角代表一个网络状态。一般来说,如果在输出层有 n 个神经元,则网络就有 2^n 个状态,它可以与一个 n 维超立体的顶角相联系。当有一个输入向量输入到网络后,网络的迭代过程就不断地从一个顶角转向另一个顶角,直至稳定于一个顶角为止。如果网络的输入不完全或只有部分正确,则网络将稳定于所期望顶角附近的一个顶角那里。

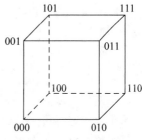

图 6.20　3 个神经元的 8 个状态

霍普菲尔特的离散网络模型有两种工作方式,即串行(异步)方式及并行(同步)方式。所谓串行方式,是指在任一时刻 t 只有一个神经元 i 发生状态变化,而其余 $n-1$ 个神经元保持状态不变。所谓并行方式,是指在任一时刻 t,都有部分或全体神经元同时改变状态。

离散 Hopfield 网络中的神经元与生物神经元的差别较大,因为生物神经元的输入、输出是连续的,并且生物神经元存在延时,霍普菲尔特后来又提出了连续时间的神经网络,在这种网络中,神经元的状态可取 0～1 的任一实数值。

从前面 Hopfield 神经网络(HNN)的模型定义中,可以看到对于 n 个结点的 HNN 有 2^n 个可能的状态,即神经网络状态可以用一个包含 0 和 1 的向量表示。

每一时刻神经网络处于一个状态。状态的变化采用随机异步更新方式,即随机地选择下一个要更新的神经元,且允许所有神经元具有相同的平均变化概率。

结点状态更新包括 3 种情况:由 0 变为 1、由 1 变为 0 和状态保持不变。

按照单元异步更新工作方式,某一时刻神经网络中只有一个结点被选择进行状态更新,当该结点状态变化时,神经网络状态就以某一概率转移到另一状态;当该结点状态保持时,神经网络状态更新的结果保持前一时刻的状态。

通常,神经网络从某一初始状态经过多次更新后才可能达到某一稳态。使用异步状态更新策略有如下两个优点:

（1）算法实现容易,每个神经元结点有自己的状态更新时刻,不需要同步机制。

（2）以串行方式更新神经网络的状态可以限制神经网络的输出状态,避免不同稳态以等概率出现。

一旦给出 HNN 的权值和神经元的阈值,则网络的状态转移序列就确定了。以下给出一个例子来说明。

例 6.1 计算如图 6.21 所示 3 结点 HNN 的状态转移关系。

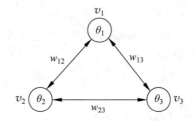

图 6.21　一个 3 结点的 Hopfield 神经网络

该神经网络的参数为:

$$w_{12} = w_{21} = 1$$
$$w_{13} = w_{31} = 2$$
$$w_{23} = w_{32} = -3$$
$$\theta_1 = -5, \quad \theta_2 = 0, \quad \theta_3 = 3$$

现在以初态(可任意选定)$v_1 v_2 v_3 = (000)$为例,以异步运行神经网络,考察各个结点的状态转移情况。现在考虑每个结点 v_1、v_2、v_3 以等概率(1/3)被选择。假定首先选择结点 v_1,则结点状态为

$$\text{Net}_1 = w_{12} v_2 + w_{13} v_3 - \theta_1 = 1 \times 0 + 2 \times 0 - (-5) = 5 > 0$$

结点输出为 $v_1 = 1$。

即神经网络状态由(000)变化到(100),转移概率为 1/3。

如选择结点 v_2,则结点状态为

$$\text{Net}_2 = 1 \times 0 + (-3) \times 0 - 0 = 0$$

结点 2 输出为 $v_2 = 0$,即神经网络状态由(000)变化到(000)(也可以称为网络状态保持不变),转移概率为 1/3。

如选择结点 v_3,则结点状态为

$$\text{Net}_3 = 2 \times 0 + (-3) \times 0 - 3 = -3 < 0$$

结点 3 输出为 $v_3 = 0$,即神经网络状态由(000)变化到(000),同样,转移概率为 1/3。

从上面神经网络的运行看出,在图 6.19 给定的神经网络参数情况下,神经网络状态(000)不会转移到(010)和(001),而是以 1/3 的概率转移到(100),以 2/3 的概率保持不变。

同理,可以计算出其他状态之间的转移关系,如图 6.22 所示。图中标出了状态保持不变的转移概率,其余未标注的均为 1/3。

从这个例子可以看出两个显著的特征:

（1）状态(110)是一个满足前面定义的稳定状态。

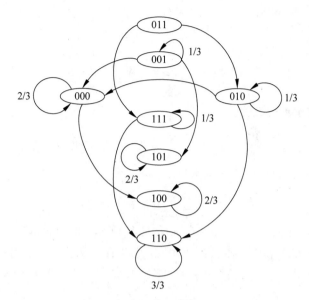

图 6.22　3 结点 Hopfield 神经网络状态转移

（2）从任意初始状态开始，神经网络经过有限次状态更新后，都将到达该稳定状态。

Hopfield 神经网络是一类反馈动力学系统，稳定性是这类系统的重要特性。对于这类模型，如 Hopfield 神经网络，有如下稳定性判据。

定理 6.1　若神经网络的连接权矩阵 W 是零主对角元素的对称矩阵，即满足 $w_{ji}=w_{ij}$，且 $w_{ii}=0,i=1,2,\cdots,n$，神经网络状态按串行异步方式更新，则神经网络必收敛于状态空间中的某一稳定状态。

用能量函数的概念对系统稳定性进行描述，分析能量函数与稳定性之间的关系。

图 6.22 所示的状态转移关系有这样的规律：任意一个状态要么在同一"高度"变化，要么从上向下转移。这种图示的安排并非偶然。Hopfield 神经网络模型是一个多输入、多输出、带阈值的二态非线性动力系统。

在满足一定的参数条件下，某种能量函数在神经网络运行过程中是不断降低，最后趋于稳定平衡状态的。这种能量函数作为神经网络计算求解的工具，因而被称为计算能量函数。

也就是说，Hopfield 神经网络状态变化分析的核心是对每个神经网络的状态定义一个能量 E，任意一个神经元结点状态发生变化时，能量 E 都将减少。

假设第 i 个神经元结点状态 v_i 的变化量记为 Δv_i，相应的能量变化量记为 ΔE_i。

所谓能量 E_i 随状态变化而减小意味着 ΔE_i 总是负值。

考察两种情况：

（1）当状态 v_i 由 0 变为 1 时，$\Delta v_i>0$，必有 $Net_i>0$。

（2）当状态 v_i 由 1 变为 0 时，$\Delta v_i<0$，必有 $Net_i\leqslant0$。

所以 Δv_i 与 Net_i 的积总是正的。按照能量变化量为负的思路，可将能量的变化量 ΔE_i 表示为

$$\Delta E_i = -\mathrm{Net}_i \Delta v_i$$

即

$$\Delta E_i = \left(-\sum_{\substack{j=1 \\ j \neq i}}^{n} w_{ij} w_j + \theta_i \right) \Delta v_i$$

故结点 i 的能量可定义为

$$E_i = -\left(\sum_{\substack{j=1 \\ j \neq i}}^{n} w_{ij} w_j - \theta_i \right) v_i$$

由此, Hopfield 将网络整体能量函数定义为

$$E = -\frac{1}{2} \sum_{i=1}^{n} \sum_{j \neq i}^{n} w_{ij} v_i v_j + \sum_{i=1}^{n} \theta_i v_i \tag{6-34}$$

显然, E 是对所有的 $E_i(i=1,2,\cdots,n)$ 按照某种方式求和而得到。

所谓按照某种方式求和, 即式(6-34)中出现的 1/2 因子。其原因在于离散 Hopfield 神经网络模型中, $w_{ij} = w_{ji}$, 将会对 E_i 中的每一项计算两次。如对于 3 个结点的网络, 其结点能量为

$$E_1 = -w_{12} v_1 v_2 - w_{13} v_1 v_3 + \theta_1 v_1$$
$$E_2 = -w_{12} v_1 v_2 - w_{23} v_2 v_3 + \theta_2 v_2$$
$$E_3 = -w_{13} v_1 v_3 - w_{23} v_2 v_3 + \theta_3 v_3$$
$$\sum E_i = E_1 + E_2 + E_3 = -2w_{12} v_1 v_2 - 2w_{13} v_1 v_3 - 2w_{23} v_2 v_3 + \theta_1 v_1 + \theta_2 v_2 + \theta_3 v_3$$

则

$$E = -\frac{1}{2} \sum_{i=1}^{3} \sum_{j \neq 1}^{3} w_{ij} v_i v_j + \sum_{i=1}^{3} \theta_i v_i$$

由上面给出 E 的定义, 显然有以下结论。

定理 6.2 在离散 Hopfield 模型状态更新过程中, 能量函数 E 是随状态变化而严格单调递减的。

定理 6.3 离散 Hopfield 模型的稳定状态与能量函数 E 在状态空间的局部极小点是一一对应的。

通过下面的例子说明定理 6.3。

例 6.2 计算例 6.1 所示 3 结点模型的各状态的能量。

如首先选择状态 $v_1 v_2 v_3 = (011)$, 此时, 网络的能量为

$$E = -w_{12} v_1 v_2 - w_{13} v_1 v_3 - w_{23} v_2 v_3 + \theta_1 v_1 + \theta_2 v_2 + \theta_3 v_3$$
$$= -1 \times 0 \times 1 - 2 \times 0 \times 1 - (-3) \times 1 \times 0 + (-5) \times 1 + 0 \times 1 + 3 \times 0 = -6$$

其余状态的能量如表 6.6 所示。

表 6.6 一个 3 结点模型各状态的能量

v_1	v_2	v_3	v_4
0	0	0	0
0	0	1	3
0	1	0	0

续表

v_1	v_2	v_3	v_4
0	1	1	6
1	0	0	−5
1	0	1	−4
1	1	0	−6
1	1	1	−2

显然,状态 $v_1 v_2 v_3 = (110)$ 处的能量最小。图 6.23 右边的数值变化说明了能量单调下降的对应状态。从任意初态开始,神经网络沿能量减小(包括同一级能量)的方向更新状态,最终能达到对应能量极小的稳态。

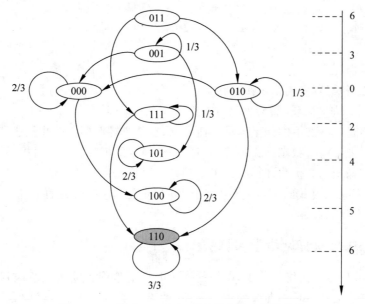

图 6.23 3 结点 Hopfield 神经网络状态能量变化

例 6.3 运行图 6.24 所示 4 结点模型,并计算其各状态的能量。

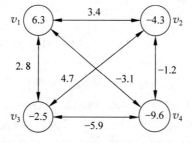

图 6.24 一个 4 结点 Hopfield 神经网络

任意给定一个初始状态为 $V(0) = \{1, 0, 1, 0\}$,先用式(6-34)计算 $E(0)$ 得:

$$E(0) = 1.0$$

第一轮迭代如下：

$$\text{Net}_1(1) = -3.5 < 0, \quad v_1(1) = 0$$
$$\text{Net}_2(1) = 12.4 < 0, \quad v_2(1) = 1$$
$$\text{Net}_3(1) = 5.3 < 0, \quad v_3(1) = 0$$
$$\text{Net}_4(1) = 0.6 < 0, \quad v_4(1) = 0$$

有

$$E(1) = -14$$

新一轮迭代如下：

$$\text{Net}_1(2) = -3.2 < 0, \quad v_1(2) = 0$$
$$\text{Net}_2(2) = 7.8 < 0, \quad v_2(2) = 1$$
$$\text{Net}_3(2) = 1.3 < 0, \quad v_3(2) = 1$$
$$\text{Net}_4(2) = 2.5 < 0, \quad v_4(2) = 1$$

仍有

$$E(2) = -14$$

继续迭代下去，神经网络仍稳定在该状态：$V = \{0,1,1,1\}$，$E = -14$。

因此，$V = \{0,1,1,1\}$ 是神经网络的一个稳定状态。

神经网络稳定状态下的能量为最小值 -14，也就是神经网络的能量达到最小。

神经网络能量极小状态即为神经网络的一个稳定平衡状态。能量极小点的存在为信息的分布式存储记忆和优化计算提供了基础。如果将记忆的样本信息存储于不同的能量极小点，当输入某一模式时，神经网络就能"联想记忆"与其相关的存储样本，实现联想记忆。

6.3.2 Hopfield 神经网络学习算法

在图 6.18 所示的网络结构中，网络的输出要反复地作为输入重新送到输入层，这就使得网络的状态处在一种不断改变中。因而，就提出了网络的稳定性问题。所谓网络是稳定的，是指从某一时刻开始，网络的状态不再改变。

设用 $X(t)$ 表示网络在时刻 t 的状态，例如，当 $t = 0$ 时，网络的状态就是由输入模式确定的初始状态。如果从某一时刻 t 开始，存在一个有限的时间段 Δt，使得从这一时刻开始，神经网络的状态不再发生变化，即

$$X(t + \Delta t) = X(t), \quad \Delta t > 0$$

则称该网络是稳定的。

如果将神经网络的稳定状态当作记忆，则神经网络由任一初始状态向稳定状态的变化过程实质上就是寻找记忆的过程。因此，稳定状态的存在是实现联想记忆的基础。在前面的感知器和 BP 神经网络模型中，都注意学习的研究，而较少关心稳定性问题，因为网络不存在反馈。Hopfield 网络正好相反，由于它是反馈型神经网络，它主要关心系统的稳定性，或者说将学习与稳定性有效地结合起来。

Hopfield 网络的学习过程是在系统向稳定性转化的过程中自然完成的。其学习算法如下：

（1）设置互连权值。

$$w_{ij} = \begin{cases} \sum_{s=1}^{m} x_i^s x_j^s, & i \neq j \\ 0, & i = j, i \geq 1, j \leq n \end{cases}$$

其中，x_i^s 为 S 型样例的第 i 个分量，它可以为 1 或 0，样例类别数为 m，结点数为 n。

（2）对未知类别的样例初始化。

$$y_i(i) = x_i, \quad 1 \leq i \leq n$$

其中，$y_i(t)$ 为结点 i 在时刻 t 的输出，当 $t=0$ 时，$y_i(0)$ 就是结点的初始值；x_i 为输入样本的第 i 个分量。

（3）迭代运算。

$$y_i(t+1) = f\left(\sum_{i=1}^{n} w_{ij} y_i(t) \right), \quad 1 \leq j \leq n$$

其中，函数 f 为阈值型。重复这一步骤，直到新的迭代不能再改变结点的输出即收敛为止。这时，各结点的输出与输入样例达到最佳匹配。

（4）转第（2）步继续。

6.3.3　Hopfield 网络应用实例及程序代码

首先，我们考虑用该神经网络存储一张二值图片，根据某个阈值色度可将每一张图片导出为 0-1 图片。假设图片的像素为 $n \times n$（也可以用向量代表），我们需要使用一个含有 n 个结点的网络来存储这张照片。根据前文提到的权值，每一个权重矩阵都有一个局部最小值，那么权重矩阵相加带来的结果就是许多个局部最小值。

根据实验结果，该网络会自动筛选出和原图像最类似的测试图像，故猜测，在构造出来的能量空间内，若输入一个测试图像，即向量的位置靠近某一个局部极小值，在迭代的过程中收敛到这个极小值，即回忆起所谓的原始图像。当然这个状态空间不是日常认为的三维空间，而是更类似固体物理中的 k 空间。再利用输入的训练图片，根据之前的公式，获得权重矩阵，或者耦合系数矩阵之后（就像上文说的，一个矩阵包含了所有图片的信息），将该记忆矩阵保存。之后便到了更新神经元的步骤。为了得知神经网络的回忆特性，我们输入一个有扰动的图片，观察网络能否回忆起该图片扰动之前的样子。依然是将图片矩阵化，得到二值矩阵。这里我们采用异步更新法则，根据激活函数获得 +1 与 −1 二值。异步更新法则也是更符合生物体的回忆特性，每次只更新一个神经元，每一个神经元更新都可以用到最新更新神经元的状态，从而可以减小计算内存，加快计算速度。迭代的结果，可能有 3 个：有限循环状态、混沌状态、稳定状态。若网络是不稳定的，由于 DHNN 网每个结点的状态只有 1 和 −1 两种情况，网络不可能出现无限发散的情况，而只可能出现限幅的自持震荡，这种网络称为有限环网络。在有限环网络中，系统在确定的几个状态之间循环往复，系统也可能不稳定收敛于一个确定的状态，而是在无限多个状态之间变化，但是轨迹并不发散到无穷远，这种现象叫做混沌。为保证异步方式工作时网络收敛，权重矩阵应为对称阵，而这一点在程序中和前文的理论准备中已经有体现。最后，测试图片迭代至稳态或者亚稳态，此时的状态即可认为网络已回忆起原始图片。

代码实现：

首先，说明自己使用的库名、库类型与模块等，本代码所使用的主要如下：

```
1    import numpy as np
2    import random
3    from PIL import Image
4    import os
5    import re
6    import matplotlib.pyplot as plt
7    from IPython.core.interactiveshell import InteractiveShell
8    InteractiveShell.ast_node_interactivity = "all"
```

之后，开始按照自己的习惯把算法分解成可理解的若干分块。在这个过程中，发现有许多步骤需要将图片转换为二值矩阵或者其逆操作，故先写几个函数便于调用。

下面这个函数用于将 jpg 格式或者 jpeg 格式的图片转换为二值矩阵。先生成 x 这个全零矩阵，从而将 imgArray 中的色度值分类，获得最终的二值矩阵。这个函数在全文中将多次调用。

```
1    def readImg2array(file, size, threshold = 145):
2        #file is jpg or jpeg pictures
3        #size is a 1 * 2 vector, eg (40,40)
4        pilIN = Image.open(file).convert(mode = "L")
5        pilIN = pilIN.resize(size)
6        #pilIN.thumbnail(size, Image.ANTIALIAS)
7        imgArray = np.asarray(pilIN, dtype = np.uint8)
8        x = np.zeros(imgArray.shape, dtype = np.float)
9        x[imgArray > threshold] = 1
10       x[x == 0] = -1
11       return x
```

下面再定义的便是其逆变换，由于 Python 中已经有该逆变换的函数，故只是稍作加工便可使用。

```
1    def array2img(data, outFile = None):
2
3        #data is 1 or -1 matrix
4        y = np.zeros(data.shape, dtype = np.uint8)
5        y[data == 1] = 255
6        y[data == -1] = 0
7        img = Image.fromarray(y, mode = "L")
8        if outFile is not None:
9            img.save(outFile)
10       return img
11
```

写到这一步,已经可以输入原始图片获得该二值矩阵了。这里需要注意,选取图片时尽量选取黑白分明的图片以获得好的显示,可以调整 size 与 threshold 参数改变最后图片的对比度以及图片大小。如图 6.25 便是一张标准的输出图像:

下面是另一个为了方便计算而编写的程序,利用 x.shape得到矩阵 x 的每一维个数,从而得到 m 个元素的全零向量。将 x 按 i/j 顺序赋值给向量 **tmp1**。最后得到从矩阵转换的向量。

图 6.25   图像输出结果

```
1    def mat2vec(x):
2        #x is a matrix
3        m = x.shape[0] * x.shape[1]
4        tmp1 = np.zeros(m)
5
6        c = 0
7        for i in range(x.shape[0]):
8            for j in range(x.shape[1]):
9                tmp1[c] = x[i,j]
10               c += 1
11       return tmp1
```

接下来便是非常重要的一步,创建 H_{ij} 即权重矩阵。根据权重矩阵的对称特性,可以很好地减少计算量。

```
1    # use Hebbian rule create weight matrix
2    def create_W_single_pattern(x):
3        # x is a vector
4        if len(x.shape) != 1:
5            print ("The input is not vector")
6            return
7        else:
8            w = np.zeros([len(x),len(x)])
9            for i in range(len(x)):
10               for j in range(i,len(x)):
11                   if i == j:
12                       w[i,j] = 0
13                   else:
14                       w[i,j] = x[i] * x[j]
15                       w[j,i] = w[i,j]
16       return w
```

下一个需要建立的函数便是输入测试图像之后对神经元的随机升级,利用异步更新,以及前面提到的迭代公式,从而获取更新后的神经元向量以及系统能量。

```
1    # randomly update
2    def update_asynch(weight, vector, theta = 0.5, times = 100):
3        energy_ = []
4        times_ = []
5        energy_.append(energy(weight, vector))
6        times_.append(0)
7        for i in range(times):
8            length = len(vector)
9            update_num = random.randint(0, length - 1)
10           next_time_value = np.dot(weight[update_num][:], vector) - theta
11           if next_time_value >= 0:
12               vector[update_num] = 1
13           if next_time_value < 0:
14               vector[update_num] = -1
15           times_.append(i)
16           energy_.append(energy(weight, vector))
17
18       return (vector, times_, energy_)
19
```

为了更好地看到迭代对系统的影响,我们按照定义计算每一次迭代后的系统能量,最后画出 E 的图像,便可验证前文的观点。

```
1    def energy(weight, x, bias = 0):
2    # weight: m * m weight matrix
3    # x: 1 * m data vector
4    # bias: outer field
5        energy = -x.dot(weight).dot(x.T) + sum(bias * x)
6        # E is a scalar
7        return energy
```

定义完主要的函数之后,我们来到主体部分,调用前文定义的函数,便可简洁地把主函数表达清楚。可以调整 size 和 threshold 参数获得更好的输入效果,但是也有可能会增大计算机的计算量而增加运行时间。为了增加泛化能力,可正则化之后打开训练图片,并且通过该程序获取权重矩阵。

```
1    # main
2    # import training picture
3    size_global = (80, 80)
4    threshold_global = 60
5
6    train_paths = []
7    train_path = "/Users/lichan/Desktop/hopfield/train_pics/"
8    for i in os.listdir(train_path):
9        if re.match(r'[0-9 a-z A-Z-_] * .jp[e] * g', i):
10           train_paths.append(train_path + i)
```

```
11    flag = 0
12    for path in train_paths:
13        matrix_train = readImg2array(path, size = size_global, threshold = threshold_global)
14        vector_train = mat2vec(matrix_train)
15        plt.imshow(array2img(matrix_train))
16        plt.title("train picture" + str(flag + 1))
17        plt.show()
18        if flag == 0:
19            w_ = create_W_single_pattern(vector_train)
20            flag = flag + 1
21        else:
22            w_ = w_ + create_W_single_pattern(vector_train)
23            flag = flag + 1
24
25    w_ = w_/flag
26    print("weight matrix is prepared!!!!!")
27
```

得到权重矩阵之后的第一步自然是输入测试图片，依然正则化之后，根据图片-矩阵-图片的方式，将测试图片转换为二值图像，如图 6.26 所示。

```
1     # # import test data
2     test_paths = []
3     test_path = "/Users/lichan/Desktop/hopfield/test_pics/"
4     for i in os.listdir(test_path):
5         if re.match(r'[0 - 9 a - z A - Z - _] * .jp[e] * g', i):
6             test_paths.append(test_path + i)
7     num = 0
8     for path in test_paths:
9         num = num + 1
10        matrix_test = readImg2array(path, size = size_global, threshold = threshold_global)
11        vector_test = mat2vec(matrix_test)
12        plt.subplot(221)
13        plt.imshow(array2img(matrix_test))
14        plt.title("test picture" + str(num))
15
```

最后一步，我们利用对测试图片的矩阵（神经元状态矩阵）进行更新迭代，直到满足我们定义的迭代次数。最后将迭代末尾的矩阵转换为二值图片输出。运用之前定义的函数，这一步一气呵成。

```
1     # plt.show()
2         oshape = matrix_test.shape
3         aa = update_asynch(weight = w_, vector = vector_test, theta = 0.5 , times = 8000)
4         vector_test_update = aa[0]
5         matrix_test_update = vector_test_update.reshape(oshape)
6     # matrix_test_update.shape
7     # print(matrix_test_update)
```

```
8           plt.subplot(222)
9           plt.imshow(array2img(matrix_test_update))
10          plt.title("recall" + str(num))
11
12          # plt.show()
13          plt.subplot(212)
14          plt.plot(aa[1],aa[2])
15          plt.ylabel("energy")
16          plt.xlabel("update times")
17
18          plt.show()
19
```

至此,实现 Hopfield 的 Python 程序已经全部完成,我们来看一下在输入图片和训练-回忆之后得到的输出图像的对比,如图 6.26 所示,输入图像是一幅眼部经过遮挡的图像,输出图像是经过联想记忆的图像。

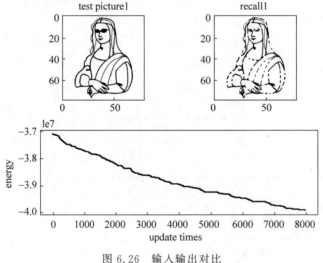

图 6.26　输入输出对比

在输入测试图片,迭代 8000 次之后,程序可以较为精准地回忆起原图片。并且可以看出,系统的能量符合随着迭代次数而减小的特点,逐渐进入稳态或者亚稳态。程序依然有许多不足,例如在照片精度较大的情况下运行的时间过长,而且输出的图像精度不够(主要是参量函数的计算以及 Hopfield 模型结点数不够多导致)。

6.4　神经网络在专家系统中的应用

自人工智能作为一个学科面世以来,关于它的研究途径就存在两种不同的观点。一种观点主张对人脑的结构及机理开展研究,并通过大规模集成简单信息处理单元来模拟人脑对信息的处理,神经网络就是这一观点的代表。关于这方面的研究一般被称为连接机制、连接主义或结构主义。另一种观点主张通过运用计算机的符号处理能力来模拟人的逻辑思维,其核心是知识的符号表示和对用符号表示的知识的处理,专家系统是这一观点的典型代表。关于这方面的研究一般被称为符号机制、符号主义或功能主义。

其实,这两方面的研究都各有所长,也各有所短,分别反映了人类智能的一个方面。因而,人们在对每一方面继续开展研究的同时,也已开始研究两者的结合问题,本节将对此做一简单讨论。

6.4.1 神经网络与专家系统的互补性

1. 传统专家系统中存在的问题

自 1968 年第一个专家系统问世以来的 30 年中,专家系统已经获得了迅速的发展,取得了受人瞩目的成就,被广泛应用于多个领域中,称为人工智能中最活跃的一个分支。但是,由于受串行符号处理的束缚,致使某些困难问题长久得不到解决,而且随着应用的不断扩大,这些缺陷日益显得更加突出,严重阻碍了它的进一步发展。其主要问题有:

(1) 知识获取的"瓶颈"问题。知识获取是专家系统建造中的瓶颈问题,这不仅影响到专家系统开发的进度,而且直接影响到知识的质量及专家系统的功能,这是目前人们亟待解决的问题。

(2) 知识的"窄台阶"问题。目前,一般专家系统只能应用于相当窄的知识领域内,求解预定的专门问题,一旦遇到超出知识范围的问题,就无能为力,不能通过自身的学习增长知识,存在所谓的窄台阶问题。

(3) 系统的复杂性与效率问题。目前在专家系统中广泛应用的知识表示形式有产生式规则、语义网络、谓词逻辑、框架和面向对象方法等,虽然它们各自以不同的结构和组织形式描述知识,但都是把知识转换成计算机可以存储的形式存入知识库的,推理时再依一定的匹配算法及搜索策略到知识库中去寻找所需的知识。这种表示和处理方式一方面需要对知识进行合理的组织与管理,另一方面由于知识搜索是一串行的计算过程,必须解决冲突等问题,这就产生了推理的复杂性、组合爆炸及无穷递归等问题,影响到系统的运行效率。

(4) 不具有联想记忆功能。目前的专家系统一般还不具备自学习能力和联想记忆功能,不能在运行过程中自我完善,不能通过联想记忆、识别和类比等方式进行推理,当已知的信息带有噪声、发生畸变等不完全时,缺少有力的措施进行处理。

2. 神经网络中存在的问题

神经网络具有许多诱人的长处,例如它具有强大的学习能力,能从样例中学习,获取知识;易于实现并行计算,而且便于硬件上的实现,从而可大大提高速度;由于信息在网络中是分布表示的,因而它对带有噪声或缺损的输入信息有很强的适应能力。神经网络的这些长处正是传统专家系统所缺乏的。但是,与专家系统相比,它也有一些明显的缺陷。例如,神经网络的学习及问题求解具有"黑箱"特性,其工作不具有可解释性,人们无法知道神经网络得出的结论是如何得到的,而"解释"对于医疗、保险等许多应用领域来说都是必不可少的,这就限制了它的应用。另外,神经网络的学习周期较长,收敛速度慢,缺乏有效的追加学习能力,为了让一个已经训练好的网络再学习几个样例,常常需要对整个网络重新进行训练,浪费了许多时间。

3. 神经网络与专家系统的集成

神经网络与传统的专家系统各有自己的长处与不足,而且一方的长处往往又是另一方的不足,这就使人们想到把两者集成起来,以达到"取长补短"的目的。当然,由于两者在结构、表示方式等多方面都不相同,要使其集成在一起需要解决许多理论及技术上的问题。

根据集成时的侧重点不同,一般可把集成方式分为三种模式,即神经网络支持专家系统、专家系统支持神经网络及两者对等。

所谓神经网络支持专家系统是指,以传统的专家系统技术为主,辅以神经网络的有关技术。例如,知识获取是传统专家系统建造中的瓶颈问题,而学习恰是神经网络的主要特征,因而可把神经网络用于专家系统的知识获取,这样就可通过领域专家提供相应的事例由系统自动地获取知识,省却了知识工程师获取知识的手工过程。再如,在推理中可运用神经网络的并行推理技术以提高推理的效率等。

所谓专家系统支持神经网络是指,以神经网络的有关技术为核心,建立相应领域的专家系统,针对神经网络在解释等方面的不足,辅以传统专家系统的有关技术,这样建立的系统一般称为神经网络专家系统,下面我们将讨论在这种系统中的知识表示及推理等问题。

所谓神经网络与专家系统的对等模式是指,在求解复杂问题时,仅仅使用神经网络或传统专家系统可能都不足以解决问题,此时可把问题分解为若干个子问题,然后针对每个子问题的特点分别用神经网络及传统的专家系统进行解决。这就要求在一个系统中同时具有神经网络及传统的专家系统,在它们之间建立一种松耦合或紧耦合的联系。

把神经网络与传统专家系统集成起来是一件有相关难度的工作,尽管目前已有一些集成系统问世(例如新加坡航空公司的航空设备故障诊断系统等),但规模都还比较小,求解的问题也都还比较单一,进一步地应用还需要做更多的研究工作。

6.4.2　基于神经网络的知识表示

知识表示是人工智能的基础,它是对客观世界进行的形式化描述。在基于神经网络的系统中,知识的表示方法与传统专家系统中所用的方法(如产生式、语义网络等)完全不同,传统专家系统中所用的方法是知识的显式表示,而神经网络中的知识表示是一种隐式的表示方法。在这里,知识并不像在产生系统中那样独立地表示为每一条规则,而是将某一问题的若干知识在同一网络中表示。例如在有些神经网络系统中,知识是用神经网络所对应的有向带权图的邻接矩阵及阈值向量表示的。如对图 6.27 所示的异或逻辑的神经网络来说,其邻接矩阵为

$$\begin{bmatrix} 0 & 0 & 1.004 & 1.070 & 0 \\ 0 & 0 & 1.135 & 1.100 & 0 \\ 0 & 0 & 0 & 0 & 2.102 \\ 0 & 0 & 0 & 0 & -3.121 \\ 0 & 0 & 0 & 0 & 0 \end{bmatrix}$$

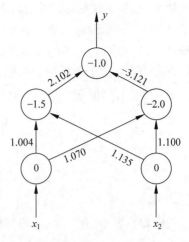

如以产生式规则来描述,该网络代表了下述
四条规则:

IF $x_1=0$ AND $x_2=0$ THEN $y=0$

IF $x_1=0$ AND $x_2=1$ THEN $y=1$

IF $x_1=1$ AND $x_2=0$ THEN $y=1$

IF $x_1=1$ AND $x_2=1$ THEN $y=0$

下面再来看一个用于医疗诊断的例子。假设
整个系统的简易诊断模型只有 6 种症状,两种疾

图 6.27 表示"异或"逻辑的神经网络

病,3 种治疗方案。对网络的训练样例是选择一批合适的病人并从病历中采集如下信息:

症状:对每一症状只采集有、无及没有记录这 3 种信息。

疾病:对每一疾病也只采集有、无及没有记录这 3 种信息。

治疗方案:对每一治疗方案只采集是、否采用这两种信息。

其中,对"有""无""没有记录"分别用 +1、-1、0 表示。这样对每一个病人就可以构
成一个训练样例。

假设根据症状、疾病及治疗方案间的因果关系,以及通过训练样例对网络的训练得到
了如图 6.28 所示的神经网络。其中,$x_1,x_2,\cdots,x_6$ 为症状;x_7,x_8 为疾病名;x_9,x_{10},
x_{11} 为治疗方案;x_a,x_b,x_c 是附加层,这是由于学习算法的需要而增加的。在此网络中,
$x_1,x_2,\cdots,x_6$ 是输入层;x_9,x_{10},x_{11} 是输出层;两者之间以疾病名作为中间层。

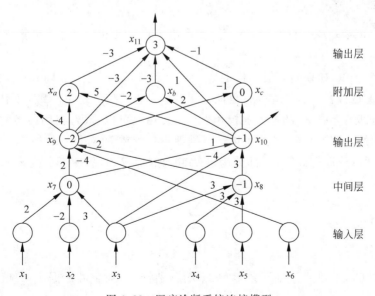

图 6.28 医疗诊断系统连接模型

对图 6.28 及有关问题说明如下：

(1) 这是一个带有正负权值 w_{ij} 的前向网络，由 w_{ij} 可构成相应的学习矩阵。在该矩阵中，当 $i \geqslant j$ 时，$w_{ij} = 0$；当 $i < j$ 且结点 i 与结点 j 之间不存在连接弧时，w_{ij} 也为 0；其余为图中连接弧上所标出的数据，这个学习矩阵可用来表示相应的神经网络。

(2) 神经元取值为 $+1, 0, -1$，特性函数为一离散型的阈值函数，计算公式为：

$$X_j = \sum_{i=0}^{n} w_{ij} x_i$$

$$x_j' = \begin{cases} +1, & X_j > 0 \\ 0, & X_j = 0 \\ -1, & X_j < 0 \end{cases}$$

其中，X_j 表示结点 j 输入的加权和；x_j' 为结点 j 的输出。另外，为计算方便，上式中增加了 $w_{0j} x_0$，x_0 的值为常数 1，w_{0j} 的值标在结点的圆圈中，它实际上是 $-\theta_j$，即 $w_{0j} = -\theta_j$，θ_j 是结点 j 的阈值。

(3) 图中连接弧上标出的 w_{ij} 值是根据一组训练样例，通过运用某种学习算法（如 B-P 算法）对网络进行训练得到的，这就是神经网络专家系统所进行的知识获取。

(4) 由全体 w_{ij} 的值及各种症状、疾病、治疗方案名所构成的集合就形成了该疾病诊治系统的知识库。

6.4.3　基于神经网络的推理

基于神经网络的推理是通过网络计算实现的。把用户提供的初始证据用作网络的输入，通过网络计算最终得到输出结果。例如对上一段给出的诊治疾病的例子，若用户提供的证据是 $x_1 = 1$（即病人有 x_1 这个症状），$x_2 = x_3 = -1$（即病人没有 x_2 与 x_3 这两个症状），当把它们作为输入送入网络后，就可算出 $x_7 = 1$，这是由于

$$0 + 2 \times 1 + (-2) \times (-1) + 3 \times (-1) = 1 > 0$$

由此可知该病人患的疾病是 x_7。若再给出进一步地证据，还可推出相应的治疗方案。

在这个例子中，如果病人的症状是 $x_1 = x_3 = 1$（即该病人有 x_1 与 x_3 这两个症状），此时即使不知他是否有 x_2 这个症状，也能推出该病人患的疾病是 x_7，因为不管病人是否还有其他症状，都不会使 x_7 的输入加权和为负值。由此可以看出，在用神经网络进行推理时，即使已知的信息不完全，照样可以进行推理。一般来说，对每一个神经元 x_i 的输入加权和可分为两部分进行计算，一部分为已知输入的加权和，另一部分为未知的输入加权和，即

$$I_i = \sum_{x_j \text{已知}} w_{ij} x_j$$

$$U_i = \sum_{x_j \text{未知}} |w_{ij}|$$

当 $|I_i| > U_i$，未知部分将不会影响 x_i 的判别符号，从而可根据 I_i 的值来使用特性函数：

$$x_i = \begin{cases} 1, & I_i > 0 \\ -1, & I_i < 0 \end{cases}$$

由以上例子可以看出网络推理的大致过程,一般来说,正向网络推有如下步骤:

(1) 将已知数据作为输入赋予网络输入层的各个结点。

(2) 利用特性函数分别计算网络中各层的输出。计算中,前面一层的输出将作为后面一层有关结点的输入,逐层进行计算,直至计算出输出层的输出值。

(3) 用阈值函数对输出层的输出进行判定,从而得到输出结果。

上述推理具有如下特征:

(1) 同一层的处理单元(神经元)是完全并行的,但层间的信息传递是串行的。由于层中处理单元的数目要比网络的层数多得多,因此它是一种并行推理。

(2) 在网络推理中不会出现传统专家系统中推理的冲突问题。

(3) 网络推理只与出入及网络自身的参数有关,而这些参数又是通过使用学习算法对网络进行训练得到的,因此它是一种自适应推理。

以上讨论了基于神经网络的正向推理,其实在神经网络中也可实现逆向及双向推理,但它们要比正向推理复杂一些。

6.5 习题

(1) 何谓人工神经网络?它有哪些特征?

(2) 什么是人工神经元?它有哪些连接方式?

(3) 试述单层感知器的学习算法。

(4) 何谓 BP 模型?试述 BP 学习算法的步骤。

(5) 什么是网络的稳定性?试述 Hopfield 网络学习算法。

(6) 神经网络与传统专家系统在哪些方面可以互补?

(7) 神经网络与专家系统有哪些集成方式?

第**7**章

计 算 智 能

计算智能是受到大自然智慧和人类智慧的启发而设计出的一类算法的统称,用于解决科学研究和工程实践中遇到的复杂问题。近年来,众多研究者提出了很多具有启发式特征的计算智能算法,这些算法或模仿生物界的进化过程,或模仿生物的生理构造和身体机能,或模仿动物的群体行为,或模仿自然界的物理现象。基于"从大自然中获取智慧"的理念,计算智能最典型的代表有人工神经网络、遗传算法、人工免疫算法、模拟退火算法、蚁群算法等,它们大多是仿生算法,具有自学习、自组织、自适应的特征和简单、通用、鲁棒性强、适于并行处理等优点,在很多情况下可以作为全局优化算法。本章详细介绍了人工免疫算法、蚁群算法、粒子群算法以及模拟退火算法的原理、算法模型和应用。

7.1 人工免疫算法

人工免疫算法是受一种生物免疫系统启发,模拟自然免疫系统功能的一种智能实现方法,它也是一种学习生物自然防御机理的学习技术,具有耐噪声、无监督学习、自组织、记忆等进化学习的重要特征,展现了新颖的解决问题方法的潜力。其研究成果涉及控制、数据处理、优化学习、故障诊断和网络安全等许多领域。

7.1.1 自然免疫系统

在自然界中,免疫是指肌体对感染具有抵抗能力而不患疫病或传染病。生物免疫系统是一个由众多组织、细胞与分子等构成的复杂系统,它由免疫活性分子、免疫细胞、免疫组织和器官组成,具有识别机制,能够从人体自体细胞(被感染的细胞)或自体分子和外因感染的微组织中检测并消除病毒等病原体。免疫系统能够"记忆"每一种感染源,当同样的感染再次发生时,免疫系统会更迅速地反应并更有效地处理,这在免疫学上叫免疫应答。免疫系统能和其他几个系统及器官相互作用调节身体的状态,保障身体处于稳定、正常的功能状态。

免疫系统的主要功能有以下三方面:

1. 免疫防御

免疫防御指机体排斥外源性抗原异物的能力,这是机体藉以自净、不受外来物质干扰和保持物种纯净的生理机制。这种功能的主要体现:一是抗感染,即传统的免疫概念;而是排斥异种或同种异体的细胞和器官,这是器官移植需要克服的主要障碍。免疫防御低下时,机体易出现免疫缺陷疾病,过高时则易出现超敏反应性组织损伤。

2. 免疫自稳

免疫自稳指机体识别和清除自身衰老残损的组织、细胞的能力,这是机体藉以维持正常内环境稳定的重要机制。免疫自稳功能失调时,易导致某些生理平衡的紊乱或者自身免疫疾病。

3. 免疫监视

免疫监视指机体杀伤和清除异常突变细胞的能力,机体藉以监视和抑制恶性肿瘤在体内生长。免疫监视功能低下,则机体易患恶性肿瘤。

生物免疫系统是高度复杂的系统,对检测和消除病原体显示出精确的能力,同时它也是一个大规模并行自适应信息处理系统。免疫系统固有的特性包括多样性、分布性、动态性、适应性、鲁棒性、自治性、自我监测、错误耐受等。生物免疫系统的这些特性对现代人工智能系统都有重要的借鉴作用。

7.1.2 人工免疫算法模型

目前主要存在两种类型的免疫算法,一种是基于免疫学原理的免疫算法;另一种是与遗传算法等其他计算智能融合的免疫遗传和进化算法。人工免疫算法模型主要考虑三方面:①抗原、抗体的形式;②抗原与抗体以及抗体与抗体之间相互作用机制;③整个系统的构造。在人工免疫算法中,抗原就是待解决的问题或待分析的数据;抗体是问题的解或解的特征值;抗体与抗原的亲和度(力)表示抗体对抗原识别的程度;抗体与抗体的亲和度表示两个抗体之间的相似程度。抗原与抗体的相互作用机制和整个系统的构造是根据问题本身的特点来确定的。抗体与抗原的相互作用可以是解与问题的适应度,也可以是特征值与数据组的相似度等;而系统的结构可以是算法形式或网络形式等。

下面介绍模仿免疫系统抗体与抗原的识别和结合、抗体产生过程而抽象出来的人工免疫算法框架。其主要功能就是:在抗体刺激度的指导下,抗体通过反复地与抗原接触,不断地经历亲和力成熟过程,最终获得可以反映问题解的特征值的优良抗体群体。

人工免疫算法的步骤:
步骤 1 识别抗原。免疫系统确认抗原入侵;
步骤 2 产生初始抗体群体。激活记忆细胞产生抗体,清除以前出现过的抗原,从包

含最优抗体(最优解)数据库中选择一些抗体。初始抗体群体也可以随机产生或依据先验知识产生;

步骤 3 抗体评价。抗体与抗原接触,然后,计算抗原和抗体之间的亲和力,对抗体进行评价;

步骤 4 产生记忆。在记忆库规模范围内,将群体中优良抗体存入记忆库。与抗原有最大亲和力的抗体加给记忆细胞。由于记忆细胞数目有限,新产生的与抗原具有更高亲和力的抗体替换较低亲和力的抗体;

步骤 5 结束判断。依据问题所确定的结束条件,判断记忆库中的抗体是否满足要求,若满足,则结束;

步骤 6 抗体的亲和力成熟。对抗体群体进行克隆选择和超变异操作,改变群体中的抗体,使群体在保持多样性的情况下与抗原更好地匹配;

步骤 7 群体控制及新抗体群体产生,即抗体的死亡和产生。在群体规模的范围内,对抗体群体与记忆库中的抗体进行评价,依据群体规模参数将刺激度最差的一部分抗体删除,形成新一代抗体群体。高亲和力抗体受到促进,高密度抗体受到抑制。转步骤 3。

同遗传算法类似,免疫算法中一个很关键的问题是对抗体的评价。步骤 3 中,评价的结果取决于以下四个因素:

- 抗体与抗原的匹配度(识别):即解相对于问题的适应度,匹配度越大,抗体评价值就越高。
- 抗体间的相互刺激作用(记忆的维持):抗体之间的相互刺激作用实质上是一种记忆维持机制,因此,抗体间的刺激度越大,抗体评价值越高。
- 抑制作用(浓度控制):即为保持解群体的多样性,对群体中相同的解个体的数目加以限制。浓度越高的抗体,浓度惩罚值越大,对应抗体的评价值越低。
- 抗体的奖励(Baldwin 效应):对于那些有良好特性的抗体给予额外的奖励。一个抗体即使当前并不是优良个体,但包含优良的特性,即可在该抗体的评价值中加上一个奖励值。

抗体评价值与上述四要素的关系可以根据具体问题,设置为不同的形式。一般来讲,匹配度的影响最大,刺激和抑制作用其次,奖励效应的作用最小。步骤 6 中的克隆选择、超变异操作是抗体的重组、随机变换等。依据上述一般框架,构造人工免疫系统的最关键的几个方面包括:抗体和抗原的形式;抗体与抗原、抗体与抗体的相互作用;整个系统的构造形式;抗体评价函数形式及各个决定因素的求取;抗体亲和力成熟的实现;记忆库的设计和使用;结束条件的设计。在实际应用中,这些关键方面的具体实现形式又取决于所要解决的问题中对象的特性。

7.1.3 人工免疫算法的应用

早期的人工免疫系统都是以多学科合作的方式开发的,关注所抽取的免疫学理论。近些年,人工免疫系统在形式上越来越多样,在应用范围上越来越广泛。其基本理论变化不大,但其设计方式已经与早期研究有很大差别,主要是面向工程应用进行开发设计,而较少深入去理解关键的免疫系统生物学性质。

生物免疫系统性能启发人们在不同的领域应用免疫原理解决具体问题。面向工程的应用主要是指利用免疫学理论和免疫系统机制,解决不同技术领域的问题。由于免疫系统的复杂性,这类应用通常仅模拟特异的免疫系统机制,而忽略其中的诸多细节。人工免疫系统在开发与应用时,都试图模拟实现免疫系统对病毒等病原体的识别和防御机制,在各类人工甚至自然系统中实现对异常现象的自动发现、及时处理。典型的有计算机安全、基于免疫原理的工业设备的故障诊断、故障检测、故障耐受等。这些应用能够利用的免疫学机制,包括阴性选择机制、克隆选择机制和免疫网络理论等。

1. 计算机安全

计算机安全是免疫系统一个重要的应用领域,特别是在入侵检测方面表现尤为突出。因为自然免疫系统本身就是一个分布式、具有自适应性和自学习能力的生物入侵检测系统,它在抵抗病毒和细菌等病原体的入侵方面担当着与计算机入侵检测系统类似的任务。因此,人们很自然地将借鉴自然免疫系统的人工免疫算法应用于计算机入侵检测。基于免疫的计算机系统比当前操作系统支持的系统更具辨别和保护能力。

2. 故障诊断

基于人工免疫系统的故障诊断,是将免疫机理设计用于软件或硬件系统的故障诊断的算法或模型,并用现代计算机系统编程实现,属于软计算基数。其内容主要包含免疫错误检测、免疫故障耐受和免疫故障诊断。故障诊断是继信息安全之后的另一个从免疫系统直接映射而来的应用领域。

3. 智能优化

作为一种智能优化搜索策略,人工免疫系统在函数优化、组合优化、调度问题等方面得到应用并取得了很好的效果。基于免疫原理实现的免疫算法,在组合优化求解中显示了强大的能力,多数情况下免疫算法取得了比现有启发式算法更好的求解结果,尤其在求解的效率方面,其在智能优化领域显示出了广阔的应用前景。

4. 数据挖掘

数据挖掘是"从巨量数据中获取有效的、新颖的、潜在有用的、最终可理解模式的非平凡过程"。采用人工免疫模型的数据挖掘任务目前主要集中在数据聚类分析、数据浓缩、归类任务等方面。应用人工免疫系统进行数据挖掘时,可对训练数据进行建模,对输入空间的大区域有泛化能力,并能对得到的进化网络提供很好的解释,获取更多的有用信息。还可以用进化免疫网络来研究未标识数据集合的聚类和过滤问题,表明免疫系统具有强大的计算能力。

除了上述四个方面的应用,由于人工免疫系统独特的分布式、自适应、自组织系统功能和并行、鲁棒的信息处理能力,使得它在模式识别、图像处理、机器人控制等方面都有广泛的应用。

7.2　蚁群算法

蚁群算法(Ant Colony Optimization,ACO),又称蚂蚁算法,是一种模拟进化算法,是典型的群体计算智能。它是由意大利学者多里科(Marco Dorigo)于1991年提出,其灵感来源于蚂蚁在寻找食物过程中发现路径的行为。具有分布计算、信息正反馈和启发式搜索等特点,在求解组合优化、连续时间系统的优化中得到广泛应用。

7.2.1　蚁群算法基本原理

自然界常常是人类创新思想的源泉。自然界中蕴含的内在规律、生物的作息规则往往被借鉴,并诞生新的学科。许多这种在自然界启示下诞生的新学科新方法都在数学基础没有被完全证明的情况下,通过仿真实验验证了其有效性,因为神奇的生物界常常可以通过自身的演化解决许多在人类看来十分复杂的优化问题。而在这些方法被验证有效性后,科学家们又不断尝试着给出其数学理论的证明,在对数学理论基础探索的过程中,不论是这些思想和方法本身,还是自然界生物界的理论,都会不断地发展和完善。

蚁群优化算法(Ant Colony Optimization,ACO)由Dorigo等人于1991年在第一届欧洲人工智能会议(European Conference on Artificial Intelligence,ECAL)上提出,是模拟自然界真实蚂蚁觅食过程的一种随机搜索算法。蚁群算法与遗传算法(Genetic Algorithm,GA)、粒子群优化算法(Particle Swarm Optimization,PSO)、免疫算法(Immune Algorithm,IA)等同属于仿生优化算法,具有鲁棒性强、全局搜索、并行分布式计算、易与其他方法结合等优点,在典型组合优化问题如旅行商问题(Traveling Salesman Problem,TSP)、车辆路径问题(Vehicle Routing Problem,VRP)、车间作业调度问题(Job shop Scheduling Problem,JSP)和动态组合规划问题如通信领域的路由问题中均得到了成功的应用。

在对图7.1所示的蚂蚁觅食过程的观察中,我们不禁要提出两个疑问:①蚂蚁没有发育完全的视觉感知系统,甚至很多种类完全没有视觉,它们在寻找食物的过程中是如何选择路径的呢?②蚂蚁往往像军队般有纪律、有秩序地搬运食物,它们通过什么方式进行群体间的交流协作呢?仿生学家经过长期的试验与研究告诉我们问题的答案:无论是蚂蚁与蚂蚁之间的协作还是蚂蚁与环境之间的交互,均依赖于一种化学物质——信息素(Pheromone)。蚂蚁在寻找食物的过程中往往是随机选择路径的,但它们能感知当前地面上的信息素浓度,并倾向于往信息素浓度高的方向行进。信息素由蚂蚁自身释放,是实

图7.1　蚂蚁的觅食行为

现蚁群内间接通信的物质。由于较短路径上蚂蚁的往返时间比较短,单位时间内经过该路径的蚂蚁多,所以信息素的积累速度比较长路径快。因此,当后续蚂蚁在路口时,就能感知先前蚂蚁留下的信息,并倾向于选择一条较短的路径前行。这种正反馈机制使得越来越多的蚂蚁在巢穴与食物之间的最短路径上行进。由于其他路径上的信息素会随着时间蒸发,最终所有的蚂蚁都在最优路径上行进。蚂蚁群体的这种自组织工作机制适应环境的能力特别强,假设最优路径上突然出现障碍物,蚁群也能够绕行并且很快重新探索出一条新的最优路径。

图 7.2 是蚂蚁通过传递信息素寻找食物的示意图。蚂蚁 1 正处于一个路口,它将根据"自己瞧瞧"(启发式信息)和"兄弟们的气息"(信息素浓度)来选择前进的路线。选择是一个概率随机的过程,启发式信息多、信息素浓度大的路线有更大的概率被选中。当小概率事件发生时,例如蚂蚁 2 选择了一条非常长的路径,它只会产生很少的信息素(并且信息素仍在不断蒸发),使得后面的蚂蚁选择这条路的概率降低甚至不再选择这条路径。而当某只蚂蚁(蚂蚁 3)发现了一条当前最短的路径时,它将产生最多的信息素,并且由于之后的蚂蚁选择这条路径的概率较大,这条路径上爬过的蚂蚁较多(蚂蚁 4、蚂蚁 5……),信息素浓度将不断增加,以至于最后所有的蚂蚁都在这条路上行进。但考虑到当前最短的路径有可能是一条局部最优路径,蚂蚁 6 的探索行为也是必需的。

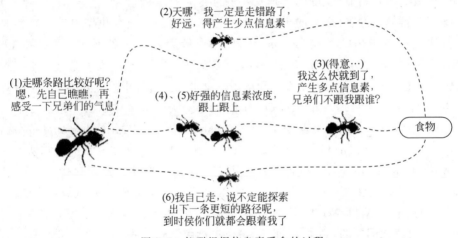

图 7.2　蚁群根据信息素觅食的过程

通过对自然界蚁群觅食过程进行抽象建模,我们可以对蚁群觅食现象和蚁群优化算法中的各个要素建立一一对应关系。如表 7.1 所示。

表 7.1　蚁群觅食现象和蚁群优化算法的基本定义对照表

蚁群觅食现象	蚁群优化算法
蚁群	搜索空间的一组有效解(表现为种群规模 m)
觅食空间	问题的搜索空间(表现为问题的规模、解的维数 n)
信息素	信息素浓度变量
蚁巢到食物的一条路径	一个有效解
找到的最短路径	问题的最优解

7.2.2　蚁群算法研究进展

第一个 ACO 算法—蚂蚁系统(Ant System,AS)是以 NP 难的 TSP 问题作为应用实例而提出的。AS 算法初步形成的时候虽然能找到问题的优化结果,但其算法的执行效率在当时并不优于其他传统方法,因此 ACO 并未受到国际学术界的广泛关注。1992—1996 年间关于蚁群算法的研究处于停滞状态,直到 1996 年 Dorigo 的 Ant system: optimization by a colony of cooperating agents 一文正式发表在 *IEEE Transaction onSystem, Man,and Cybernetics*。这篇文章详细地介绍了 AS 的基本原理和算法流程,并对 AS 的 3 个版本:蚂蚁密度(Ant-Density)、蚂蚁数量(Ant-Quantity)和蚂蚁圈(Ant-Cycle)进行了性能比较。在蚂蚁密度和蚂蚁数量这两种 AS 版本中,蚂蚁都是每到达一个城市就释放信息素,而在蚂蚁圈中.蚂蚁是在构建了一条完整的路径之后再根据路径的长短信息来释放信息素。现在一般我们所讲的 AS 就是蚂蚁圈,另外两者由于性能不佳已经被淘汰。Dorigo 还在该文中将算法的应用领域由旅行商问题延伸到指派问题和车间作业调度问题,并将 AS 的性能与爬山法、模拟退火、禁忌搜索、遗传算法等进行了仿真实验比较,发现在大多数情况下,AS 的寻优能力都是最优的。这是蚁群优化算法发展历史上的一个里程碑,此后 ACO 在国际上受到了越来越多的关注。

AS 是蚁群算法的雏形,它的出现为各种改进算法的提出提供了灵感。这些典型的 ACO 算法包括精华蚂蚁系统(ElitistAS,EAS)、最大最小蚂蚁系统(MAX-MIN AS, MMAS)、基于排列的蚂蚁系统(Rank-Based AS,AS_{rank})等,它们大多是在 AS 上直接进行改进。通过修正信息素的更新方式和增添信息素维护过程中的额外细节,ACO 算法的性能得到了提高。1997 年,ACO 的创始人 Dorigo 在 *IEEE Transactions on Evolutionary Computation* 发表"Antcolony system:A cooperative learning approach to the traveling salesman problem"一文,提出了一种大幅度改动 AS 特征的算法——蚁群系统(Ant Colonv System,ACS)。实验结果表明 ACS 的算法性能明显优于 AS,ACS 是蚁群优化算法发展史上的又一里程碑。之后蚁群算法继续发展,新拓展算法不断出现,例如采用下限技术的 ANTS 算法、超立方体框架 AS 算法等。传统的 ACO 算法是解决离散空间的组合优化问题的,到了 21 世纪,各种连续蚁群算法的出现,进一步扩展了蚁群算法的应用领域。

7.2.3　蚁群算法模型

蚁群搜索食物的过程与旅行商问题中寻找最优路径过程非常相似,真实蚂蚁是要找到连接食物源与巢穴之间的最短路径,而旅行商问题是要找到图上代价最小的遍历路径。因而,最初人工蚁群算法被提出来就是用于求解旅行商问题。蚁群算法具有和蚂蚁系统类似的过程,人工蚂蚁与真实蚂蚁也有很多相似之处。

(1) 人工蚂蚁也具有信息素释放和挥发机制,并且通过信息素进行间接的通信。人工蚂蚁根据路径上的相当于信息素的数字信息量的强度选择路径,并在所经过的路径上留下相应的数字信息量。

（2）人工蚂蚁也利用正反馈机制，以信息素作为反馈，随着时间的推移，最优路径上的信息素数字信息量将积累得越来越大，从而被选择的概率也越来越大，最终所有人工蚂蚁将趋向于选择该路径。

（3）在状态转移的策略上，人工蚂蚁也是采用概率机制。应用概率的决策机制向着邻近状态转移，从而建立问题的解决方案。

（4）人工蚂蚁也是一个相互合作的个体。通过相互之间的协作在全局范围内找到问题较好的解决方案。每只人工蚂蚁都建立一个可行解，但是最优的解决方案必须由整个蚁群合作才能取得。

蚁群算法通过对系统中找到的较优解的自增强作用，使得问题的解朝着全局最优解的方向不断前进，最终才能够有效地获得相对满意的解。

在给出求解旅行商问题的蚂蚁算法之前，首先对算法中所使用的的符号和计算模型进行简要说明。

信息素量：蚂蚁根据某一概率函数选择下一个城市。其中，概率函数与城市间距离 d_{ij} 以及存放在该边上的信息素量 $\tau_{ij}(t)$ 有关。$\tau_{ij}(t)$ 表示 t 时刻边 l_{ij} 上的信息素量。

禁忌表：每只人工蚂蚁 k 只能走合法路线，除非是一次周游（人工蚂蚁走完所有的城市称为一次周游）结束，不允许转到已访问的城市，该过程由蚂蚁 k 的禁忌表 tabuk 来控制。蚂蚁 k 在经过城市 i 以后，就将 i 加入到自己的禁忌表 tabuk 中，表示下一次不能再选择城市 i。tabuk(s) 表示禁忌表中第 s 个元素，也就是蚂蚁所走过的第 s 个城市。禁忌表 tabuk 记录了蚂蚁 k 当前走过的城市。当所有 n 个城市都加入到 tabuk 中时，蚂蚁 k 便完成了一次周游，此时蚂蚁 k 所走过的路径便是 TSP 问题的一个可行解。

转移概率：在算法的初始时刻，将 m 只蚂蚁随机地放到 n 个城市，同时，将每只蚂蚁的禁忌表的第一个元素设置为它当前所在的城市。此时，各边上的信息素量是相等的，可设为 $\tau_{ij}(0)=C$（C 为一常数）。接下来，每只蚂蚁根据路径上残留的信息素量和两城市之间的距离等信息独立地选择下一个城市。

在 t 时刻，蚂蚁 k 从城市 i 转移到城市 j 的概率 $P_{ij}^{k}(t)$ 定义为：

$$\begin{cases} P_{ij}^{k}(t)=\dfrac{[\tau_{ij}(t)]^{\alpha}[\eta_{ij}(t)]^{\beta}}{\sum\limits_{s\in J_{k}(T)}[\tau_{is}(t)]^{\alpha}[\eta_{is}(t)]^{\beta}} & j\in J_{k}(i) \\ P_{ij}^{k}(t)=0 & \text{其他} \end{cases}$$

其中，$J_{k}(i)=\{1,2,\cdots,n\}$-tabuk 表示蚂蚁 k 下一步允许选择的城市的集合。η_{ij} 是一个启发式因子，表示蚂蚁从城市 i 转移到城市 j 的期望程度。在蚂蚁算法中，η_{ij} 通常取城市 i 和城市 j 之间距离的倒数，也就是 $\eta_{ij}=\dfrac{1}{d_{ij}}$。$\alpha$ 和 β 分别表示信息素和启发式因子的相对重要程度，用来平衡它们之间的权重关系。

信息素更新法则：当所有蚂蚁完成一次周游后，各路径上的信息素根据下式来更新：

$$\tau_{ij}(t+1)=(1-\rho)*\tau_{ij}(t)+\Delta\tau_{ij}(t)$$

$$\Delta\tau_{ij}=\sum_{k=1}^{m}\tau_{ij}^{k}$$

其中, $\rho(0<\rho<1)$ 表示边上信息素的蒸发系数, $1-\rho$ 表示信息素的持久性系数, $\Delta\tau_{ij}$ 表示本次迭代中, 边 l_{ij} 上信息素的增量, $\Delta\tau_{ij}^k$ 表示第 k 只蚂蚁在本次迭代中留在边 l_{ij} 上的信息素:

$$\Delta\tau_{ij}^k=\frac{Q}{L_k}$$

其中, Q 为正常数, L_k 表示第 k 只蚂蚁在本次周游中所走过的路径的长度和。如果蚂蚁 k 没有经过边 l_{ij}, 则 $\Delta\tau_{ij}^k$ 的值为 0。

求解旅行商问题的蚁群算法步骤:

步骤 1　初始化: 设蚂蚁个数 m, 最大进化代数 NCMAX, 当前进化代数 NC=0, 时间 $t=0$, 每条边 l_{ij}(两个城市间) 上的信息素浓度 $\tau_{ij}(t)=C$, $\Delta\tau_{ij}(t)=0$。将 m 个蚂蚁随机地置于 n 个城市上;

步骤 2　禁忌表中的索引 $s=1$。将蚂蚁 k 的起点城市加入到禁忌表 tabuk 中;

步骤 3　如果禁忌表 tabuk 不满, 则:

$s=s+1$;

对每只蚂蚁 k, 做:

计算转移概率 $P_{ij}^k(t)$, 使用轮盘赌方法选择下一个要到的城市 j;

蚂蚁 k 移到城市 j, 并将城市 j 加入到 tabuk 中;

步骤 4　(1) 对每只蚂蚁:

计算蚂蚁 k 走过的周游长度 L_k;

更新当前的最优路径。

(2) 对每条边 l_{ij}, 做:

对每只蚂蚁, 若蚂蚁 k 在本次周游中经过 l_{ij}, 则进行边 l_{ij} 的信息素更新:

$$\Delta\tau_{ij}=\Delta\tau_{ij}+\Delta\tau_{ij}^k \qquad 其中, \Delta\tau_{ij}^k=\frac{Q}{L_k}$$

步骤 5　对每条边 l_{ij}, 计算信息素量:

$$\tau_{ij}(t+1)=(1-\rho)*\tau_{ij}(t)+\Delta\tau_{ij}; 其中, \Delta\tau_{ij}=\sum_{k=1}^{m}\tau_{ij}^k;$$

步骤 6　$t=t+1$, NC=NC+1, 并对每条边 l_{ij}, $\Delta\tau_{ij}(t)=0$;

步骤 7　如果 NC<NCMAX, 且没出现停滞现象, 则清空所有禁忌表, 转步骤 2, 否则, 输出最优路径, 算法终止。

7.2.4　蚁群算法的相关应用

蚁群优化算法自 1991 年由 Dorigo 提出并应用于 TSP 问题以来, 已经发展了近 20 年。由于具有鲁棒性强、全局搜索、并行分布式计算、易与其他方法结合等优点, 近年来 ACO 的应用领域不断扩张, 如车间调度问题、车辆路径问题、分配问题、子集问题、网络路由问题、蛋白质折叠问题、数据挖掘、图像识别、系统辨识等。这些问题大多是 NP 难的组合优化问题, 用传统算法难以求解或无法求解, 各种蚁群算法及其改进版本的出现, 为这些难题提供了有效而高效的解决手段。

1. 车间作业调度问题

车间作业调度问题(Job Shop Scheduling Problem,JSP)是生产与制造业的核心问题,它的本质是在时间上合理地分配系统的有限资源,以达到特定的目标。典型的JSP包括一个待加工的零件集合,每种零件都有一个工序集合,为了完成各个工序,需要在多台机器上执行操作。调度的目的就是为各个零件合理地分配机床等资源,合理地安排加工时间,在满足一些现实约束条件的同时,达到某些目标的最优化。车间调度问题是一个NP难问题,包括的种类也很多,蚁群优化算法在解决不同类别的JSP时所表现出来的性能也往往有一些差异。不过总的来说,ACO是针对JSP的各种求解方法中非常优秀的一种,JSP在ACO的应用研究中处于一个比较核心的地位,如表7.2所示。

表7.2　蚁群优化算法在车间调度问题中的应用

应　用	英　文
工序车间问题	Job-shop scheduling problem,JSP
开放车间问题	Open-shop scheduling problem,OSP
排列流车间问题	Permutation flow shop problem,PFSP
单机器总延迟问题	Single machine total tardiness problem,SMTTP
单机器总权重延迟问题	Single machine total weighted tardiness problem,SMTWTP
资源受限项目调度问题	Resource constrained project scheduling problem,RCPSP
组车间调度问题	Group-shop scheduling problem,GSP
带序列依赖设置时间的单机器总延迟问题	Single machine total tardiness problem with sequence dependent setup times,SMTTPDST

2. 车辆路径问题

车辆路径问题(Vehicle Routing Problem,VRP)是运输组织优化的核心问题,它的一般描述是:对一系列指定的客户,确定车辆配送行驶路线,使得车辆从货仓出发,有序地经过一系列客户点,并返回货仓。要求在满足一定约束的条件下(如车辆载重、客户需求、时间窗等),使总运输成本最小。从VRP的定义中我们不难发现,VRP实际上包含了TSP作为它的子问题,VRP也是一个NP难问题,且它涉及了更多的约束,比TSP更难解。近年来,学者们对利用蚁群优化算法解决各种VRP问题进行了大量的研究,取得了丰富的成果,如表7.3所示。

表7.3　蚁群优化算法在车辆路径问题中的应用

应　用	英　文
有容量限制的VRP	Capacitated vehicle routing problem,CVRP
多车场VRP	Multi-depot vehicle routing problem,MDVRP
周期性VRP	Period vehicle routing problem,PVRP
分离配送VRP	Split delivery vehicle routing problem,SDVRP
随机需求VRP	Stochastic vehicle routing problem,SVRP
集货送货一体化VRP	Vehicle routing problem with pick-up and delivery,VRPPD
有时间窗的VRP	Vehicle routing problem with time windows,VRPTW

7.3 粒子群优化算法

粒子群优化算法(Particle Swarm Optimization,PSO)又翻译为粒子群算法、微粒群算法或微粒群优化算法,也是一种模拟进化算法,是通过模拟鸟群觅食行为而发展起来的一种基于群体协作的随机搜索算法,也是群体智能家族中的典型代表。

7.3.1 粒子群优化算法简介

粒子群优化算法是对粒子群系统的模拟,主要是模拟鸟群的捕食行为。一群鸟在随机地搜索食物,在这个区域里只有一块食物,所有的鸟都不知道食物在哪里,但根据历史经验,它们都知道当前的位置离食物还有多远。而且它们相互之间可以通信,每只鸟都能把自己当前位置传递给邻近的伙伴。因此,每只鸟都知道是否有一个伙伴比自己更接近食物,一旦发现,这只鸟就会向该邻近伙伴移动。这是一种基于邻域原理找到食物的最简单、有效的策略,即搜索目前离食物最近的鸟的邻域。这样,依靠群体中个体之间的交互作用,通过向近邻学习和历史学习,达到对解进行优化的目的。

粒子群优化算法作为进化计算的一个分支,是由 Eberhart 和 Kennedy 于 1995 年提出的全局搜索算法,同时它也是一种模拟自然界的生物活动以及群体智能的随机搜索算法。因此粒子群优化算法一方面吸取了人工生命(Artificial Life)、鸟群觅食(Birds Flocking)、鱼群学习(Fish Schooling)和群理论(Swarm Theory)的思想,另一方面又具有进化算法的特点,和遗传算法、进化策略、进化规划等算法有相似的搜索和优化能力。

粒子群优化算法的发明,可以说是 Eberhart 和 Kennedy 在借鉴前人科学家对自然界生物群体活动的认识以及这些活动行为计算机可视化仿真的基础上,并与各自的研究背景知识相结合的产物。Eberhart 是一位电子电气工程师,Kennedy 是一名社会心理学家,他们在合作研究 PSO 的时候,目的就是为了将社会心理学上的个体认知、社会影响、群体智慧等思想融入到组织性和规律性很强的群体行为中,开发一个可以用于工程实践的优化模型和优化工具。

在动物的群体行为中,科学家们很早就发现了自然界的鸟群、兽群、鱼群等在其迁徙、捕食过程中,往往表现出高度的组织性和规律性(如图 7.3 所示)。这些现象受到了高度的重视和广泛的关注,吸引着大批生物学家、动物学家、计算机科学家、行为学家和社会心理学家等的深入研究。例如 1987 年,Reynolds 实现了鸟群运动的计算机可视化仿真。1990 年,动物学家 Heppner 和 Grenander 也对动物的群体活动规律进行了研究,包括大规模群体同步聚合,突然地改变方向,规律的分散与重组等相关的机制和潜在的规律。众多的研究成果都为粒子群优化算法的发明奠定了思想来源和理论基础。

在群体智慧方面,社会心理学在揭示人类以及动物的群体活动过程中所表现出来的智慧方面取得的研究成果也被引入到了 PSO 中。Wilson 在 20 世纪 70 年代就指出:"至少在理论上,在群体觅食的过程中,群体中的每个个体都会受益于所有成员在这个过程中所发现和累积的经验。"因此 PSO 直接采用了这一思想。Kennedy 和 Eberhart 也指出,他们在设计 PSO 的时候,除了考虑模拟生物的群体活动之外,更重要的是融入了个体认

图 7.3 动物界中的鸟群、兽群和鱼群

知(Self-Cognition)和社会影响(Social-Influence)这些社会心理学的理论。这些也许是 Kennedy 在结合了自身研究领域的优势和社会生物学家 Wilson 的启发的成果。后来在 1996 年,Boyd 和 Richerson 在研究人类的决策过程时,也提出了个体学习和文化传递的概念。根据他们的研究结果,人们在决策过程中使用两类重要的信息:一是自身的经验,二是其他人的经验。也就是说,人们根据自身的经验和他人的经验进行自己的决策。这也给 PSO 的合理性提供了另一个佐证。

因此,粒子群优化算法是一种群体智能(Swarm Ielligence,SI)算法,它结合了动物的群体行为特性以及人类社会的认知特性,它的思想来源如图 7.4 所示。

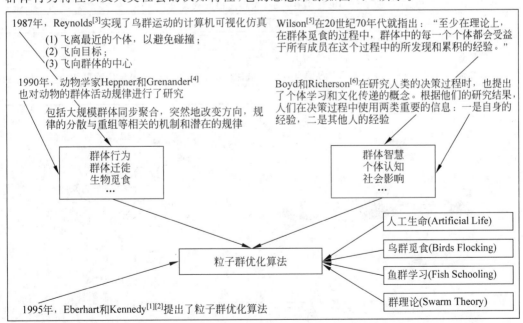

图 7.4 粒子群优化算法的基本思想来源

7.3.2 粒子群优化算法基本原理

在自然界鸟群捕食的过程,小鸟们是通过什么样的机制找到食物的呢?事实上,捕食的鸟群都是通过各自的探索与群体的合作最终发现食物所在的位置的。可以考虑这样的一个情景,一群分散的鸟在随机地飞行觅食,它们不知道食物所在的具体位置,但是有一个间接的机制会让小鸟知道它当前位置离食物的距离(例如食物香味的浓淡等)。于是各只小鸟就会在飞行的过程中不断地记录和更新它曾经到达的离食物最近位置,同时,它们通过信息交流的方式比较大家所找到的最好位置,得到一个当前整个群体已经找到的最佳位置。这样,每只小鸟在飞行的时候就有了一个指导的方向,它们会结合自身的经验和整个群体的经验,调整自己的飞行速度和所在位置,不断地寻找更加接近食物的位置,最终使得群体聚集到食物位置。

在粒子群优化算法中,鸟群中的每只小鸟被称为一个"粒子",通过随机产生一定规模的粒子作为问题搜索空间的有效解,然后进行迭代搜索,得到优化结果。和小鸟一样,每个粒子都具有速度和位置,可以由问题定义的适应度函数确定粒子的适应值,然后不断进行迭代,由粒子本身的历史最优解和群体的全局最优解来影响粒子的飞行速度和下一个位置,让粒子在搜索空间中探索和开发,最终找到全局最优解。鸟群觅食的基本生物要素和粒子群优化算法的基本定义如表 7.4 所示,而图 7.5 则给出了从生物界的鸟群觅食行为到粒子群优化算法的关系示意图。

表 7.4 鸟群觅食和粒子群优化算法的基本定义对照表

鸟 群 觅 食	粒 子 群 优 化 算 法
鸟群	搜索空间的一组有效解(表现为种群规模 N)
觅食空间	问题的搜索空间(表现为维数 D)
飞行速度	解的速度向量 $v_i = [v_{i1}, v_{i2}, \cdots, v_{iD}]$
所在位置	解的位置向量 $x_i = [x_{i1}, x_{i2}, \cdots, x_{iD}]$
个体认知与群体协作	每个粒子 i 根据自身历史最优位置和群体的全局最优位置更新速度和位置
找到食物	算法结束,输出全局最优解

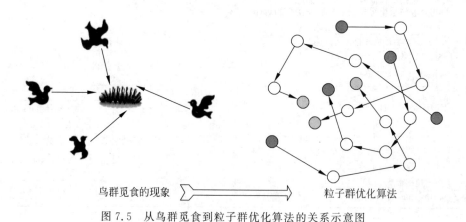

鸟群觅食的现象　　　　　　　　　　粒子群优化算法

图 7.5 从鸟群觅食到粒子群优化算法的关系示意图

7.3.3 粒子群优化算法模型

粒子群算法从粒子群系统中得到启示并用于解决优化问题。粒子群算法中,每个优化问题的解都是搜索空间中的一只鸟,称之为"粒子"。所有粒子都有一个评价其 t 时刻所在位置 $x(t)$ 性能的函数 $\tau(x(t))$,即该粒子的适应值(粒子与食物的距离);每个粒子还有一个速度 $v(t)$ 决定其飞翔的方向和距离。依据这些信息,粒子们将追随当前的最优粒子在解空间中移动(搜索)。

粒子群算法的一般过程是,首先初始化一群随机粒子(随机解),然后通过迭代找到最优解。在每一次迭代中,粒子通过跟踪两个"极值"来更新自己。第一个就是粒子本身所找到的最优解,这个极值是全局极值 g_{Best},则将其作为群体最优位置,直到满足终止条件。另外,也可以不用整个种群而只是用其中一部分最优粒子的邻居,那么在所有邻居中的极值就是局部极值。

基本的粒子群算法步骤:

步骤1 初始化:$t=0$,对每个微粒 p_i,在允许范围内随机设置其初始位置 $x_i(t)$ 和速度 $v_i(t)$,每个微粒 p_i 的 p_{Besti} 设为其初始位置适应值,p_{Besti} 中的最好值设为 g_{Best};

步骤2 评价每个微粒的适应值 $\tau(x_i(t))$;

步骤3 对每个微粒 p_i,如果 $\tau(x_i(t)) < p_{Besti}$,则 $p_{Besti} = \tau(x_i(t))$,$x_{p_{Besti}} = x_i(t)$;

步骤4 对每个微粒 p_i,如果 $\tau(x_i(t)) < g_{Besti}$,则 $g_{Besti} = \tau(x_i(t))$,$x_{g_{besti}} = x_i(t)$;

步骤5 调整当前微粒的速度 $v_i(t)$:

$v_i(t) = v_i(t-1) + \rho(x_{p_{Besti}} - x_i(t))$,其中 ρ 为一位置随机数。

调整当前微粒的位置 $x_i(t)$:

$x_i(t) = x_i(t-1) + v_i(t) * \Delta t$,其中,$\Delta t = 1$。

$t = t+1$;

步骤6 若达到最大迭代次数,或者满足足够好的适应值,或者最优解停滞不再变化,则终止迭代;否则,返回步骤2。

通常,算法中,粒子离其先前发现的最佳解越远,使该粒子移到它的最佳解所需要的速度就越快。ρ 用于控制粒子运行轨迹的平滑度。

7.3.4 粒子群优化算法的相关应用

随着 PSO 的不断改进和完善,PSO 被众多的研究者应用到了越来越多的领域当中,作为连续领域的优化方法,PSO 基本上能够胜任所有这方面的应用。很多已经在遗传算法中得到很好应用的领域在采用了 PSO 作为优化方法之后,都取得了更好的优化效果并且提高了优化速度,同时也降低了程序的复杂度,使得算法应用更加高效。

粒子群算法首先被应用到非线性函数优化及神经网络的训练。此后,粒子群算法的应用领域不断扩大,如将其应用到各类连续问题和离散问题的参数优化中,包括模糊控制器的设计、机器人路径规划和模式识别等;将离散粒子群算法应用到 0-1 规划问题及带有排序关系的优化问题,包括背包问题、电网机组控制、数据挖掘、TSP 问题、VRP 问题、Job-Shop 及资源分配等。对于车辆路径问题(VRP),大都通过近似取整的方法,将粒子连续位置空间映射到离散排序空间,再通过粒子在连续空间的位置迁移引发离散状态的变化。也有用随机键表示法表示粒子的位置,把粒子群算法应用于排列流水作业调度及单一机器人调度问题上。除此之外,粒子群算法的应用还包括系统设计、多目标优化、自动目标检测、时频分析等。

7.4 模拟退火算法

复杂组合优化问题与固体的退火过程之间有相似之处,Kirkpatrick 等人将两者建立联系,并提出了模拟退火算法。模拟退火算法是一种通用的优化算法,在生产调度、控制工程、机器学习、神经网络、信号处理等领域中得到了广泛应用。

7.4.1 模拟退火算法思想

模拟退火(Simulated Annealing, SA)算法的基本思想,早在 1953 年就已经由 Metropolis 提出。不过直到 1983 年,Kirkpatrick 等人才真正成功地将模拟退火算法应用到求解组合优化问题上,模拟退火算法才逐渐为人们所接受,并且成为一种有效的优化算法,在很多工程和科学领域得到广泛的应用。

模拟退火算法的思想来源于物理退火原理(如图 7.6 所示)。在热力学和统计物理学的研究中,物理退火过程是首先将固体加温至温度充分高,再让其徐徐冷却。加温时,固体内部粒子随着温度的升高而变为无序状态,内能增大,而徐徐冷却时粒子渐趋有序,如果降温速度足够慢,那么在每个温度下,粒子都可以达到一个平衡态,最后在常温时达到基态,内能减为最小。另一方面,粒子在某个温度 T 时,固体所处的状态具有一定的随机性,而这些状态之间的转换能否实现由 Metropolis 准则决定。

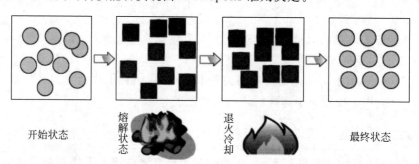

开始状态　　熔解状态　　退火冷却　　最终状态

图 7.6　固体从高温状态退火冷却到低温状态过程示意图

Metropolis 准则定义了物体在某一温度 T 下从状态 i 转移到状态 j 的概率 P_{ij}^T 如公式所示。

$$P_{ij}^T = \begin{cases} 1, & E(j) \leqslant E(i) \\ \mathrm{e}^{-\frac{E(j)-E(i)}{KT}} = \mathrm{e}^{-\left(\frac{\Delta E}{KT}\right)}, & \text{其他} \end{cases}$$

其中,e 为自然对数,$E(i)$ 和 $E(j)$ 分别表示固体在状态 i 和 j 下的内能,$\Delta E = E(j) - E(i)$,表示内能的增量,K 是波尔兹曼(Boltzmann)常数。

从 Metropolis 准则可以看到,在某个温度 T 下,系统处于某种状态,由于粒子的运动,系统的状态会发生变化,并且导致系统能量的变化。如果变化是朝着减少系统能量的方向进行的,那么就接受该变化,否则以一定的概率接受这种变化。另一方面,从 P_{ij}^T 的公式可以看到,在同一温度下,导致能量增加的增加量 $\Delta E = E(j) - E(i)$ 越大,接受的概率越小;而且随着温度 T 的降低,接受系统能量增大的变化的概率将会越小,图 7.7 表示的是当 K 取 1,T 分别取 3 和 2 的时候,$P(T)$ 随 ΔE 的变化而变化的曲线。由图 7.7 可见,随着温度的降低,能量增加的状态将变得更难被接受。当温度趋于 0 时,系统接受其他使得能量增加的状态的概率趋于 0,所以系统最终将以概率 1 处于一个具有最小能量的状态。

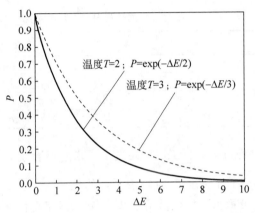

图 7.7 温度分别为 3 和 2 时 Metropolis 接受概率与能量增量的关系示意图

模拟退火算法在优化问题的时候,采用的就是类似于物理退火让固体内部粒子收敛到一个能量最低状态的过程,实现算法最终收敛到最优解的目的。表 7.5 给出了模拟退火算法和物理退火过程相关概念的类比关系。

表 7.5 物理退火过程和模拟退火算法的基本概念对照表

物理退火过程	模拟退火算法
物体内部的状态	问题的解空间(所有可行解)
状态的能量	解的质量(适应度函数值)
温度	控制参数
溶解过程	设定初始温度
退火冷却过程	控制参数的修改(温度参数的下降)
状态的转移	解在邻域中的变化
能量最低状态	最优解

算法首先会生成问题解空间上的一个随机解,然后对其进行扰动,模拟固体内部粒子在一定温度下的状态转移。算法对扰动后得到的解进行评估,将其与当前解进行比较并且根据 Metropolis 准则进行替换。算法会在同一温度下进行多次扰动,以模拟固体内部的多种能量状态。另外,模拟退火算法还通过自身参数的变化来模仿温度下降的过程。算法参数 T 代表温度,每一代逐渐变小。在每一代中,算法根据当前温度下的 Metropolis

转移准则对解进行扰动。这样的操作在不同的温度下不断地重复,直到温度降低到某个指定的值。这时候得到的解将作为最终解,相当于固体的能量最低状态。

7.4.2　模拟退火算法模型

Kirkpatrick 等人将组合优化问题与固体退火过程进行了对照。设有一个定义在有限集 S 上的组合优化问题,$i \in S$ 是该问题的一个解,$f(i)$ 是解 i 的指标函数。i 对应物理系统的一个状态,$f(i)$ 对应该状态的能量 $E(i)$。控制参数 t 对应固体退火中的温度 T,用于控制算法的进程。粒子的热运动则用解在邻域中的交换来代替。这样,一个组合优化问题与固体退火过程对应起来,对照关系如表 7.6 所示。

表 7.6　组合优化问题与退火过程的类比

固体退火过程	组合优化过程
物理系统中的一个状态 i	组合优化问题的解 i
状态的能量 E	解的指标函数 f
能量最低状态	最优解
温度 T	控制参数 t

模拟固体的退火过程,Kirkpatrick 等人提出了求解组合优化问题的模拟退火算法。根据 Metropolis 准则,粒子在温度 T 时趋于平衡的概率为 $e^{\frac{E(i)-E(j)}{KT}}$。用固体退火模拟组合优化问题,将内能 E 模拟为指标函数值 f,即得到求解组合优化问题的模拟退火算法。

模拟退火算法的基本过程是,由初始解 i 和控制参数初值 t 开始,对当前解重复"产生新解→计算指标函数差→接受或舍弃"的迭代,并逐步衰减 t 值,算法终止时的当前解即为所得近似最优解,这是一种启发式随机搜索过程。

模拟退火算法步骤:

步骤 1　随机选择一个解 i,$k=0$,$t_0 = T_{max}$(初始温度),计算指标函数 $f(i)$;

步骤 2　如果满足结束条件,则转步骤 8;

步骤 3　如果在当前温度内达到了平衡条件,则转步骤 7;

步骤 4　从 i 的领域 $N(j)$ 中随机选择一个解 j,计算指标函数 $f(j)$;

步骤 5　如果 $f(j) \leqslant f(i)$,则 $i=j$,$f(i)=f(j)$,转步骤 3;

步骤 6　计算接受解 j 的概率 $P_t(i => j) = e^{\frac{f(i)-f(j)}{t}}$。

　　如果 $P_t(i => j) > \text{Random}(0,1)$,则 $i=j$,$f(i)=f(j)$,转步骤 3;

步骤 7　$t_k + 1 = \text{Drop}(t_k)$,$k = k+1$,转步骤 2;

步骤 8　输出结果,算法终止。

其中,Random$(0,1)$ 是一个在 $[0,1]$ 间均匀分布的随机数发生器;Drop(t_k) 是一个温度下降函数,它按照一定的原则实施温度的缓慢下降;指标函数 $f(i)$ 是对解 i 优劣评价的数字度量,如在 TSP 问题中,$f(i)$ 应该是路程的长短。步骤 2 中的结束条件可以是迭代次数或能量阈值。从步骤 3 到步骤 6 是在给定温度下系统达到平衡的过程,每次循环随机地产生一个新解,然后按照 Metropolis 准则,步骤 5 表示 $E(j) \leqslant E(i)$ 时接受该解,步骤 6 表示 $E(j)>E(i)$ 随机地接受该解。

7.4.3　模拟退火算法的相关应用

模拟退火算法的应用很广泛,可以较高的效率求解最大截问题(Max Cut Problem)、0-1 背包问题、图着色问题、调度问题等。

当前对模拟退火算法的研究分为两类:

(1) 基于有限状态奇异马尔可夫链的有关理论,给出模拟退火算法的某些关于理想收敛模型的充分条件或充要条件,这些条件在理论上证明了当退火三原则(初始温度足够高、降温速度足够慢、终止温度足够低)满足时,模拟退火算法以概率 1 达到全局最优解。

(2) 针对某些具体问题,给出了模拟退火算法的若干成功应用。包括针对模拟退火算法中初始温度临界值难以确定的问题给出其确定的方法;用模拟退火算法解决结构优化问题,并取得了较好的效果;还有结合模拟退火算法和遗传算法,解决一些 NP 问题等。

目前,模拟退火算法无论是在理论研究还是在应用研究方面都成为研究热点,模拟退火算法是非线性数学优化理论中的一种模型,非常适合用于求解组合优化问题的近似全局最优解,在超大规模集成电路的计算机的辅助设计、模式识别和图像处理、求解 NP 完全问题、图的分配问题、人工智能和人工神经网络、离散或连续变量的结构优化问题等领域有着广泛的应用前景。

7.5　习题

(1) 简单介绍一下人工免疫算法的步骤。

(2) 简述自然蚁群系统的原理,用蚁群算法求解 TSP 问题。

(3) 查找资料,进一步了解粒子群算法的具体应用。

(4) 简单描述模拟退火算法的流程。

参 考 文 献

[1] 王永庆.人工智能原理与方法[M].西安：西安交通大学出版社，1998.
[2] 丁世飞.人工智能[M].2 版.北京：清华大学出版社，2015.
[3] 王宏生.人工智能及其应用[M].北京：国防工业出版社，2006.
[4] 贲可荣，张彦铎.人工智能[M].2 版.北京：清华大学出版社，2013.
[5] 柴玉梅，张坤丽.人工智能[M].北京：机械工业出版社，2012.
[6] 金聪，郭京蕾.人工智能原理与应用[M].北京：清华大学出版社，2009.
[7] 王汝传，徐小龙，黄海平.智能 Agent 及其在信息网络中的应用[M].北京：北京邮电大学出版社，2006.
[8] 蒋云良，徐从富.智能 Agent 与多 Agent 系统的研究[J].计算机应用研究，2003(04)：33-36.
[9] 符敏慧.智能 Agent 技术与个性化信息服务的实现[J].情报杂志，2004,023(001)：97-98.
[10] Rich，Knight. Artificial Intelligence[M]. New York：McGraw Hill Higher Education，1991.

图书资源支持

感谢您一直以来对清华版图书的支持和爱护。为了配合本书的使用，本书提供配套的资源，有需求的读者请扫描下方的"书圈"微信公众号二维码，在图书专区下载，也可以拨打电话或发送电子邮件咨询。

如果您在使用本书的过程中遇到了什么问题，或者有相关图书出版计划，也请您发邮件告诉我们，以便我们更好地为您服务。

我们的联系方式：

清华大学出版社计算机与信息分社网站：https://www.shuimushuhui.com/

地　　址：北京市海淀区双清路学研大厦 A 座 714

邮　　编：100084

电　　话：010-83470236　010-83470237

客服邮箱：2301891038@qq.com

QQ：2301891038（请写明您的单位和姓名）

资源下载：关注公众号"书圈"下载配套资源。

资源下载、样书申请
书圈

图书案例
清华计算机学堂

观看课程直播